职业教育机电类
系列教材

液压与气压传动技术

微课版

肖珑 楚雪平 / 主编

金宁宁 杨莉 于彪 / 副主编

彭伟 / 主审

U0212640

ELECTROMECHANICAL

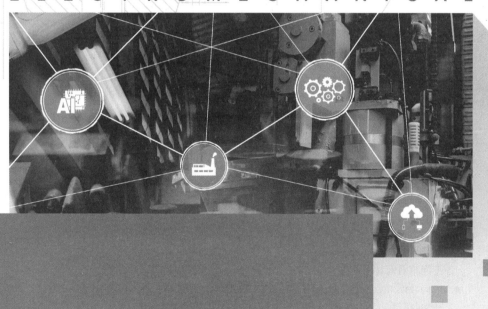

人民邮电出版社

北 京

图书在版编目（CIP）数据

液压与气压传动技术：微课版 / 肖珑，楚雪平主编
. -- 北京 ：人民邮电出版社，2024.4
职业教育机电类系列教材
ISBN 978-7-115-59420-4

Ⅰ．①液… Ⅱ．①肖… ②楚… Ⅲ．①液压传动－高
等职业教育－教材②气压传动－高等职业教育－教材
Ⅳ．①TH137②TH138

中国版本图书馆CIP数据核字(2022)第096714号

内 容 提 要

本书共9个项目，主要内容包括认识液压传动基础知识、认识液压传动的动力元件、认识液压传动的执行元件、搭建常用液压回路、识读典型液压系统图、认识气压传动基础知识、认识气压传动的执行元件、搭建气压传动常用回路和识读与分析典型气压系统图等。书中为难理解、难操作、难设计、综合性强的知识、操作技能、技术规范等配备了视频资源，以帮助读者理解书中的内容，实现理论和实践的有机结合。

本书既可作为高等职业院校机械类、机电类专业的教学用书，也可以用作应用型本科学生、培训机构学员、工程技术人员、社会自学人员的参考用书和培训教材。

◆ 主　　编　肖　珑　楚雪平
　　副主编　金宁宁　杨　莉　于　彪
　　主　　审　彭　伟
　　责任编辑　王丽美
　　责任印制　王　郁　焦志炜

◆ 人民邮电出版社出版发行　　北京市丰台区成寿寺路 11 号
　　邮编　100164　　电子邮件　315@ptpress.com.cn
　　网址　https://www.ptpress.com.cn
　　三河市君旺印务有限公司印刷

◆ 开本：787×1092　1/16
　　印张：16.75　　　　　　　　2024 年 4 月第 1 版
　　字数：392 千字　　　　　　2024 年 4 月河北第 1 次印刷

定价：59.80 元

读者服务热线：(010)81055256　印装质量热线：(010)81055316
反盗版热线：(010)81055315
广告经营许可证：京东市监广登字 20170147 号

前言 PREFACE

本书结合企业设备维护与维修、设备操作、设备安装与调试等岗位能力要求，对接人才培养要求，融合多轴数控加工、工业机器人操作与运维等1+X证书要求，将液压与气动基础知识及液压与气动系统的基本操作、技术规范、控制技术整合成项目。全书以项目任务为驱动，以企业实际应用为教学案例，采用视频、动画等多种资源呈现形式，使内容更形象、生动、浅显易懂，有利于克服读者在学习本门课程中遇到的原理难理解、控制技术难综合、理论与企业实际难结合的三大难题。

本书主要具有以下特点。

1. 全面贯彻党的二十大精神，落实立德树人根本任务。根据项目、任务的内容和特点设计素质目标，引导学生树立成为大国工匠的职业理想；培养其无私奉献、诚实守信的职业道德，忠诚、负责、认真的工匠精神，形成良好的职业规范和职业习惯；培养其创新意识和创新精神，辩证思维，学思践悟、知行合一的学习方法，以及乐观的精神和承受挫折的能力。相关拓展资料可登录人邮教育社区（www.ryjiaoyu.com）获取。

2. "互联网+新形态"教材。本书数字资源配套程度高，包括微课视频、实操视频等，读者扫描书中相应二维码即可观看学习。另外，本书还提供课件、教案、教学计划、习题及答案、考试试卷等配套教学资源，读者可登录人邮教育社区（www.ryjiaoyu.com）下载。

3. 在模式上进行了积极的创新，以项目任务为驱动，可实践性强。以学习者为中心，充分满足教师教学和学生学习的个性化要求。

4. 内容以液压与气压传动技术应用为重点，注重实践；项目完整、系统，引入企业实际案例；液压和气压传动技术对比讲解，方便读者快速掌握；微课精心设计、讲解详细、通俗易懂，注重实际应用。

5. 与其他同类图书相比，每个回路和系统都经过仿真验证，许多实操和系统实例都是首次出现。全书内容均为作者精心组织设计，适合数控技术、机电一体化技术、模具设计与制造、工业机器人等装备制造大类及相关专业，具有广泛的读者群。

6. "校校联合"、校企"双元"编写。本书编审团队主要来自"双高"建设单位——河南职业技术学院、郑州职业技术学院和区域知名企业，编审人员中既有教授、高级工程师，也有高级技师、能工巧匠，构建了师德、师风高尚的老中青教师结合的教材编写团队。

本书由河南职业技术学院肖珑、楚雪平任主编，河南职业技术学院金宁宁、杨莉，国机工业互联网研究院（河南）有限公司于彪任副主编，河南职业技术学院王美姣、徐瑞丽、黄金磊，郑州职业技术学院姬耀锋参与编写。本书由河南职业技术学院彭伟任主审。肖珑和于彪编写项目3；楚雪平编写项目4的任务4.1和任务4.2；金宁宁编写项目1、项目7和项目9的任务9.2；杨莉编写项目4的任务4.3、任务4.4和任务4.5；王美姣编写项目8的任务8.1；徐瑞丽编写项目2和项目5的任务5.2；黄金磊编写项目5的任务5.1和项目6；姬耀锋编写项目8的任务8.2、任务8.3和项目9的任务9.1。

本书在编写过程中得到郑州煤矿机械集团股份有限公司和北京华航唯实机器人科技股份有限公司在设备、技术及案例方面给予的大力支持，在此表示衷心的感谢！本书在编写过程中，参考了很多相关资料和书籍，得到了有关院校的大力支持与帮助，在此一并致谢！

由于编者水平有限，书中不妥之处在所难免，敬请广大读者批评指正。

编者

2023年9月

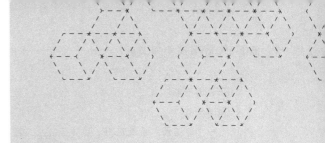

目录 CONTENTS

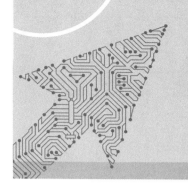

认识液压传动基础知识

••• 项目导入 •••

项目简介

　　本项目以维修作业中千斤顶的选用、功能组成，油液更换及防护为例，对液压传动原理加以阐述；用工业生产和生活中的常见案例和现象，将复杂的流体力学知识简单明了化，为学习者提供解决复杂理论问题的一种有效方法。

项目目标

1. 能描述液压传动的工作原理；
2. 能用液压传动的工作原理分析液压系统的压力问题；
3. 能用流体力学基础知识解释一些现象；
4. 能选用合适的液压油；
5. 养成科学的学习方法；
6. 培养敬业、精业的工匠精神；
7. 培养爱国热情，激发科技报国的使命担当。

学习路线

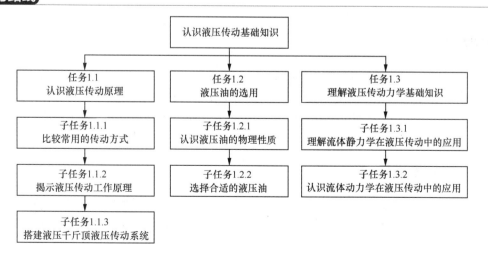

学思融合：液压技术的应用

阅读本书提供的拓展资料或查找液压在中国制造中的应用案例，并思考以下问题：

1. 液压技术对现代装备制造业有哪些作用？
2. 应该如何实现这些作用？
3. 液压系统如何为现代装备提供强大的动力？

••• 任务 1.1　认识液压传动原理 •••

任务描述

假如你是某品牌汽车制造厂质量部的一名新检修工，需要对生产线下线的汽车进行抽检，师傅让你准备好千斤顶。你打开工具柜，发现工具柜里有液压千斤顶，还有齿条千斤顶和螺旋千斤顶，你应该选哪一种呢？（师傅建议选液压千斤顶）

在接到任务后，请根据任务描述，分析以下问题：

1. 齿条千斤顶和螺旋千斤顶在传动方式上有什么共同点？
2. 师傅为什么建议选液压千斤顶？
3. 液压千斤顶是怎么工作的？
4. 液压千斤顶由哪些部分组成？

读者可尝试按照以下过程解决问题。

子任务 1.1.1　比较常用的传动方式

子任务分析

我们已经学习过常用的机械传动和电气传动，但是对于液压千斤顶的功能、原理、特点还不清楚，需要从了解千斤顶的功能开始，结合常用机械传动和电气传动的特点来进行分析，才能解开维修中选用液压千斤顶的秘密。

相关知识

千斤顶是一种特殊的起重设备，它是由下面将物品"顶起"的，而一般的起重机具是由上面将物品"提起"的。千斤顶起重高度小于1m，主要用于重物的起重、支撑等工作。其结构轻巧坚固、灵活可靠，一人即可携带和操作。根据结构特征，千斤顶分为螺旋千斤顶、齿条千斤顶和液压千斤顶三种（前两种为机械传动千斤顶）。

一、机械传动千斤顶

机械传动千斤顶按结构可分为螺旋千斤顶和齿条千斤顶。螺旋千斤顶又称为机械千斤顶，是由人力通过螺旋副传动，螺杆或螺母套筒作为顶举件来顶举重物的一种起重或顶压工具，常用于汽车修理及机械安装。齿条千斤顶由人力通过杠杆和齿轮带动齿条顶举重物。螺旋千斤顶采用螺旋传动，齿条千斤顶采用齿轮齿条传动，都属于机械传动方式。常用机械传动方式包括带传动、链传动、齿轮传动、螺旋传动、齿轮齿条传动、蜗轮蜗杆传动等，部分常见的机械传动方式如图 1-1-1 所示。

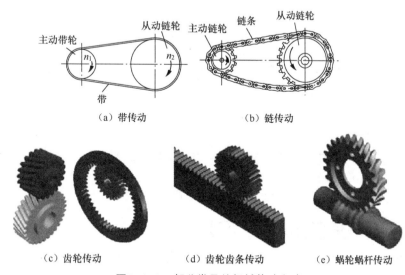

图1-1-1　部分常见的机械传动方式

如图 1-1-1 所示，机械传动有多种形式，但从传动原理上主要可以分为两类：一是摩擦传动，如带传动；二是啮合传动，如链传动、齿轮传动、齿轮齿条传动、螺旋传动等。尽管原理不同，但是传动件本身就是传动的媒介，所以机械传动方式存在两个共同点：第一，传动件间必须相互直接接触；第二，相互接触的传动件间必须有相互的机械作用。由此可知，各种机械传动方式的传动原理相同，都是利用机械的方式实现动力和运动传递。（解决问题 1）

二、液压千斤顶

液压千斤顶是由人力或电力驱动液压泵，通过液压传动，用缸体或活塞作为顶举件来顶举重物的。其结构原理如图 1-1-2 所示。

如图 1-1-2 所示，大活塞提升重物，但是人力操纵杠杆手柄在小活塞处，大、小活塞间并不直接接触，其传动原理不符合机械传动的"直接接触、相互机械作用"的特征，显然不是机械传动方式，而是液压传动方式，其传动原理将在本任务的子任务 1.1.2 中详细讲解。

汽车上应用的举升机其实是一种电动千斤顶，又称为电动液压千斤顶，由液压缸和电动泵站组合而成。与液压千斤顶相比，电动千斤顶用电动机驱动液压泵，由液压泵代替了液压千斤顶的人力驱动，其传动原理与液压千斤顶相同。电动千斤顶可作重型机械、桥梁工程、水利工程、港口建设等行业设备的起重之用。

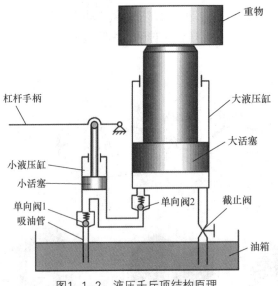

液压千斤顶的
工作原理

图1-1-2 液压千斤顶结构原理

子任务实施 分析选用液压千斤顶的原因

普通螺旋千斤顶构造简单，使用安全可靠，能利用螺纹自锁作用支撑重物，但传动效率低，返程慢。自降螺旋千斤顶的螺纹无自锁作用，装有制动器。放松制动器，重物即可自行快速下降，缩短返程时间，但这种千斤顶构造较复杂。螺旋千斤顶能长期支撑重物，应用较广，主要用于铁道车辆检修、矿山、建筑工程支撑和一般重物起升、下降。

齿条千斤顶质量轻，体积不大，比较好存放，但支撑没有螺旋千斤顶可靠，支撑的质量也有限。它主要用在作业条件不方便的地方或需要利用下部的托爪提升重物的场合，如铁路起轨作业。电动千斤顶主要用于整车举升、电力维护、桥梁维修等。

液压千斤顶结构紧凑，工作平稳，使用省时省力，举升和下降的速度都很快，而且最大承重普遍都很大，承载能力大于齿轮齿条千斤顶和螺旋千斤顶，使用广泛，常在厂矿、交通运输等部门用于车辆修理及起重、支撑等工作。（解决问题2）

子任务 1.1.2 揭示液压传动工作原理

子任务分析

经过对各种千斤顶的对比，确定选用液压千斤顶，由图 1-1-2 也可知液压千斤顶中大、小活塞不直接接触，其传动原理必定不同于常用机械传动。本任务通过分析液压千斤顶传动原理来探索液压传动的原理及工作特性。

相关知识

一、流体传动类型

因为液压千斤顶大、小活塞之间的媒介是液体，所以液体就是其传动的媒介。用流体作为传动介质（工作介质）的传动方式就是流体传动。常见的流体有液体和气体，所以流体传动包括液体传动和气体传动。

液体传动又分为液压传动和液力传动两种。其中，依靠静止的工作介质的压力能进行能量传递的液体传动称为液压传动，又叫静液压；依靠工作介质的动能进行能量传递的液体传动称为液力传动，又叫动液压。本书主要研究和分析液压传动（静液压）。

二、液压千斤顶工作原理

如图 1-1-2 所示，小活塞、单向阀 1 和 2 构成小活塞下端密封油腔，大活塞、单向阀 2 和截止阀构成大活塞下端密封油腔。上提杠杆手柄，小活塞随之向上移动，小活塞下端密封油腔容积增大，形成局部真空；油箱内油液压力保持为一个标准大气压（即 101.325kPa），所以此时油箱内油液会在大气压力的作用下，打开单向阀 1，经吸油管进入小活塞下端密封油腔，实现吸油；下压杠杆手柄，小活塞随之向下移动，小活塞下端密封油腔容积减小，其中油液因受到压缩而压力升高，打开单向阀 2 同时关闭单向阀 1，油液进入大活塞下端的密封油腔，实现压油，油液对大活塞产生向上的作用力而使大活塞向上移动，顶起重物。

再次上提杠杆手柄，单向阀 1 打开，单向阀 2 关闭，再次实现吸油，重物停止上移，位置保持，不会自行下落；再次下压杠杆手柄，单向阀 1 关闭，单向阀 2 打开，再次实现压油，重物继续上升。

多次重复上提和下压杠杆手柄，液压油会不断地补充进入大活塞下端密封油腔，重物就会慢慢升起。打开截止阀，大活塞下端密封油腔油液在重力的作用下通过管道和截止阀流回油箱，重物随大活塞一起向下移动并落回原位。（解决问题 3）

三、液压传动工作原理和特性

1. 分析液压千斤顶的传动过程

（1）人操作杠杆手柄向千斤顶输入的是什么形式的能量？

分析：杠杆手柄上下运动，产生能量，那么杠杆手柄向千斤顶输入的是机械能。

（2）大活塞向重物传递的是什么形式的能量？

分析：大活塞向上运动，产生了机械运动，从而推动重物上移，那么大活塞向重物传递的能量也是机械能。这是千斤顶向外输出的能量。

由上可知，千斤顶的输入能量和输出能量都是机械能。

（3）小活塞下端密封油腔内油液获得的是什么形式的能量？

分析：这要从能量产生的方式进行分析。首先，在千斤顶吸油时，油液没有能量，只有在千斤顶压油时，也就是小活塞下端密封油腔内体积减小，其中油液受到压缩时，油液才产生能量。具体体现在打开单向阀 2，关闭单向阀 1，顶起重物。这种能量是由于静止液体在密闭容积内受到压缩而产生的，所以称作压力能（液压能），突出其"压"这个特征。杠杆手柄输入机械能，小活塞下端密封油腔容积减小，而使小活塞获得的机械能转换成压力能。这是传动过程中的第一次能量转换。

（4）重物上移，需要的机械能怎么获得？

分析：上述（3）得出油液传递的能量形式是压力能，而重物上移需要的是机械能，这就要再次进行能量转换。当大活塞上移时，大活塞下端密封油腔变大，重物就上移。所以第二次能量转换的方式就是大活塞下端密封油腔容积变大。

2. 液压传动的工作原理

由前面对液压千斤顶工作原理的分析可知，只有在小活塞下移过程中，大活塞才会上移，说明在进行传动。小活塞下移实现机械能到压力能的转换，大活塞上移实现压力能到机械能的转换，经过两次能量转换。小活塞上移或者停止时，大活塞也停止，说明传动不再进行。由此可以总结出其传动原理是不断进行能量转换，能量转换停止，传动也就停止。传动必须在密闭容器中进行，且容积要发生大小变化。

液压千斤顶以液体为工作介质，利用液体的压力能来传递运动和动力，就构成了典型的液压传动系统。这就是液压传动的工作原理。

像液压千斤顶一样，以流体为工作介质，利用流体的压力能来传递运动和动力的一种传动方式就是液/气压传动。液压传动和气压传动的原理相同，只是由于介质不同，使得两种传动方式有一些不同的特点。

3. 液压传动的两个工作特性

（1）千斤顶大、小活塞间力的传递。图 1-1-3 所示为液压千斤顶原理示意图，大活塞上重物负载为 W，小活塞上施加的力为 F_1，大、小活塞截面积分别为 A_2 和 A_1。

负载对大活塞下端密封油腔内的油液产生压力 p，$p =$

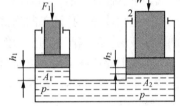

图1-1-3　液压千斤顶原理示意图

W/A_2。液体的压力是由于密闭容器内油液受到"前挡后推"力的作用建立起来的。图 1-1-2 中单向阀 2 打开后，大、小活塞下端密封油腔连通，若不计任何压力损失，根据帕斯卡原理"在密闭容器内，施加于静止液体的压力将以等值同时传递到液体各点"，大、小活塞下端密封油腔内油液压力必定相等，千斤顶要顶起大活塞及重物，在小活塞下端密封油腔就必须要产生一个等值的压力 p，即小活塞上必须施加的力为 $F_1 = pA_1$，因而有

$$p = \frac{F_1}{A_1} = \frac{W}{A_2} \text{ 或 } \frac{W}{F_1} = \frac{A_2}{A_1} \qquad (1\text{-}1\text{-}1)$$

由式（1-1-1）可知，在液压传动中，力不但可以传递，而且根据作用面积的不同（$A_2 > A_1$），力可以放大或缩小，即传递的力与作用面积成正比，且根据等压力原则传递。由 $p = W/A_2$ 可知，负载 W 决定流体工作压力 p，由压力 p 再确定输入的动力 F_1。

由此可得液压传动的工作特性之一：在液压传动中工作压力取决于负载，而与流入的流体多少无关。（此特性也适用于气压传动）

（2）千斤顶大、小活塞间运动的传递。若不考虑液体的可压缩性、泄漏和缸体、管路的变形，由图 1-1-3 可知，小活塞下端密封油腔挤压出的油液的体积必然等于大活塞下端密封油腔扩大的体积，即

$$A_1 h_1 = A_2 h_2 \text{ 或 } \frac{h_2}{h_1} = \frac{A_1}{A_2} \qquad (1\text{-}1\text{-}2)$$

式中：h_1、h_2 分别为小活塞和大活塞的位移。由式（1-1-2）可知，两活塞的位移和两活塞的面积成反比。

式（1-1-2）两端同除以活塞移动的时间 t 得

$$A_1 \frac{h_1}{t} = A_2 \frac{h_2}{t} \text{ 即 } \frac{v_2}{v_1} = \frac{A_1}{A_2} \qquad (1\text{-}1\text{-}3)$$

式中：v_1 和 v_2 分别为小活塞和大活塞移动的速度。

由式（1-1-3），可知，在液压传动中，速度（运动）不但可以传递，而且根据作用面积的不同，速度（运动）可以减小或增大，即传递的运动速度与作用面积成反比，且根据等体积变化原则传递。

$A_1 h_1/t$ 的物理意义是单位时间内液体流过面积为 A 的某一截面的体积，称为流量 q，即 $q=Av$，因此由式（1-1-3）可得

$$A_1 v_1 = A_2 v_2 \qquad\qquad (1\text{-}1\text{-}4)$$

由式（1-1-4）可得液压传动的工作特性之二：在液压传动中，输出的机械运动速度取决于流体的流量，而与流体的压力无关。调节进入大活塞下端密封油腔的流量，就能调节大活塞的运动速度，这就是在液压传动中能够实现无级调速的基本原理。（此特性也适用于气压传动）

（3）功率关系。大活塞端的输出功率 $P=Wv_2$，小活塞端的输入功率 $P=F_1 v_1$，不计损失，则有 $Wv_2=F_1 v_1$，由式（1-1-1）、式（1-1-3）和式（1-1-4）可得

$$P=pA_2 v_2 = pA_1 v_1 = pq \qquad\qquad (1\text{-}1\text{-}5)$$

由式（1-1-5）可知，在液压传动中，传递的功率可以用压力 p 和流量 q 的乘积来表示，压力 p 和流量 q 是液压传动中最基本、最重要的两个参数。压力对应机械传动的力，流量对应机械传动的速度（运动）。（此特性也适用于气压传动）

子任务实施　从应用角度描述液压千斤顶的功能

液压千斤顶的工作过程经过两次能量转换：第一次通过小活塞向下运动，其密闭容积减小，将人力输入的机械能转换成压力能，为液压传动系统提供动力；第二次通过大活塞向上运动，其密闭容积变大，将液压油传递的压力能转换为机械能，产生机械运动，执行动作。单向阀 1 和 2 控制油液流向，保证小活塞下端密封油腔要么通油箱要么通大活塞下端密封油腔；油箱、管道、过滤装置等也参与能量转换，如果没有这些元件，传动就不能完成。杠杆手柄的运动为液压千斤顶输入机械能，属于原动机部分。

子任务 1.1.3　搭建液压千斤顶液压传动系统

子任务分析

按功能对系统进行划分是解决复杂机器及系统的重要方法。下面参照液压千斤顶的功能组成部分，分析液压传动系统。

相关知识

一、液压传动系统组成

1. 液压千斤顶传动系统组成

由以上分析可知，液压油是传动的介质；液压千斤顶小活塞的功能是将人通过杠杆手柄输入的机械能转变成液压油的压力能，为千斤顶液压传动系统提供动力，可根据功能命名为动力元件；大活塞将液压油传递的压力能转变为机械能，执行提升重物的动作，可根据功能命名为执行元件；两个单向阀控制油液的流动方向，可根据功能命名为控制元件；油箱、管道、接头、过滤装置等，不参与能量转换，也没有控制功能，但是如果没有这些元件，传动就不能进行，

因此可根据其功能命名为辅助元件。因此，从功能上来说，液压千斤顶系统由动力元件、执行元件、控制元件、辅助元件和传动介质组成。

2. 汽车用液压粉碎台传动系统组成

图 1-1-4 所示为汽车用液压粉碎台液压原理，电动机驱动液压泵从油箱吸油，液压泵出口的油有一定的压力，进入管道，经过滤器、节流阀后进入换向阀。压力油经换向阀的 P 口和 A 口进入液压缸的无杆腔，液压缸的有杆腔的油液经换向阀的 B 口和 T 口流回油箱，油箱内压力为零。在无杆腔油液压力的作用下，液压缸活塞杆伸出（在图 1-1-4 中，活塞杆向右的方向为伸出），驱动粉碎台右移。节流阀调节和控制液压缸的运动速度，溢流阀调节液压泵出口的压力，并使液压泵出口压力始终为一个定值。过滤器保证油液的清洁度。

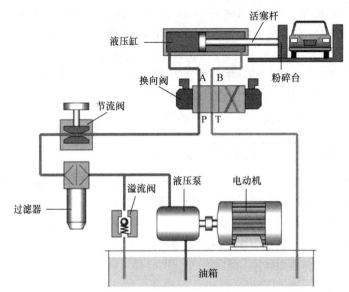

图1-1-4　汽车用液压粉碎台液压原理

在图 1-1-4 所示的液压系统中，液压油为传动介质，液压泵为液压系统提供液压能，液压缸活塞杆伸缩驱动粉碎台运动，执行粉碎动作，节流阀、溢流阀控制流量和系统压力，过滤器、油箱、管道、接头等辅助实现传动。

3. 液/气压传动系统的功能组成部分

由液压千斤顶和图 1-1-4 所示的传动实例可知，液/气压传动系统主要由以下几个部分组成。

（1）动力元件或能源装置。动力元件的功能是将原动机（一般是电动机）输入的机械能转换成流体压力能。液压传动系统中一般叫动力元件，主要是各种液压泵；气压传动系统中一般叫能源装置。

（2）执行元件。执行元件的功能是将流体的压力能转换为机械能，驱动工作机构做功。执行元件一般指液压缸（液压马达）或气缸（气动马达）。

（3）控制元件。控制元件的功用是控制和调节系统中流体的压力、流量、流动方向及系统执行机构的动作程序，以保证执行机构按要求工作。控制元件包括各种阀类元件。

（4）辅助元件。辅助元件是指动力元件、执行元件、控制元件以外的其他元件，功能是保证系统正常，如管路、接头、油箱或储气罐、过滤器、冷却器、消声器、压力表等。

（5）工作介质。工作介质是指传递能量的流体，即液压传动中的液压油或气压传动中的压缩空气。

二、液/气压传动系统的优缺点

1. 优点

（1）操作控制方便、省力，易于实现自动化，当机、电、液配合使用时，易于实现较复杂的自动工作循环和较远距离的操纵。

（2）可在运行过程中实现无级调速，调节简单、方便，传动平稳。

（3）液压传动系统易于实现过载保护，气压传动系统过载时不易发生危险，安全性好。

（4）在输出同等功率的条件下，液压传动系统体积小，质量轻，结构紧凑，惯性小，动态特性好。

（5）液压元件已实现了标准化、系列化、通用化，便于液压传动系统的设计、制造和使用中的液压元件的灵活布置。

（6）气压传动工作介质来源方便、干净，可直接排入大气，节省管道。

（7）气压传动可在易燃、易爆、粉尘多、污染大、强磁场、辐射及振动等场合中工作。

（8）液压油能够自动润滑，利于延长元件的使用寿命。

（9）空气的黏度小，流动时阻力损失小，便于集中供气和远距离传输与控制。

2. 缺点

（1）由于工作介质易泄漏，且具有可压缩性，因此液/气压传动系统不能保证严格的传动比，因此不宜用于对传动比要求精确的场合。

（2）相比电信号，液/气压信号传递速度较慢，不适用于需要高速传递信号的复杂回路。

（3）空气的可压缩性比液压油大，因而气压传动工作速度的稳定性比液压传动的差。

（4）液压油对温度比较敏感，油温变化容易引起液压油工作性能改变，故液压传动系统不宜用于温度变化范围较大的场合。若油液泄漏，则容易污染环境。此外，油液对污染较为敏感，故不宜用于环境差、粉尘多的场合。

（5）液压元件的制造精度要求较高，制造成本较高，故障较难诊断排除。

（6）气压传动系统排气噪声大，在高速排气时要加消声器。

（7）气压传动系统对压缩空气的质量要求高。

（8）气压传动系统因工作压力低（一般低于 1MPa），一般用于输出动力较小的场合。

三、液压传动系统图的绘制方法

液压传动系统图有两种不同的绘制方法，图 1-1-4 所示为结构原理图，图 1-1-5 所示为图形符号图。

结构原理图直观形象，易于理解，但图形复杂，不便于绘制。图形符号图用标准的元件图形符号来绘制液/气压传动系统图。需要注意的是，图形符号图不表示元件的实际结构、尺寸和安装位置，在图 1-1-5 中有三个油箱符号，但是实际系统中只有一个油箱；液压泵图形符号不能表示液压泵

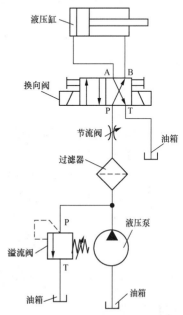

图1-1-5　汽车用液压粉碎台液压系统图形符号图

的类型和参数。

子任务实施　绘制液/气压传动系统框图

为了更加明确液/气压传动系统各组成部分之间的关系，绘制一个系统框图，如图1-1-6所示。

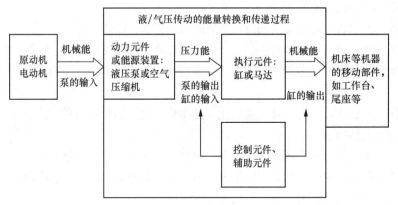

图1-1-6　液/气压传动系统框图

任务总结

本任务主要解答如何选用液压千斤顶的困惑，从对液压千斤顶的工作原理分析，总结出液/气压传动的工作原理、工作特性。以液压千斤顶和汽车用液压粉碎台液压系统中各元件在传动中的功能为例分析了液压传动系统的组成和系统图的绘制，并画出了液/气压传动系统框图，为后续液/气压传动系统的学习、分析和应用打下了理论基础。

•••　任务1.2　液压油的选用　•••

任务描述

师傅发现液压千斤顶的液压油需要更换了，要求你到库房找到某牌号的液压油，并进行更换。

1．液压油为什么需要更换？

2．为什么同种液压油在冬天和夏天看上去黏度不一样？

3．为什么师傅说液压油的黏度选择要合适？

4．师傅为什么强调液压油牌号，能随便选一个牌号吗？

5．液压油里的污染物是从哪里来的？

子任务1.2.1　认识液压油的物理性质

子任务分析

液压油是液压传动系统的工作介质，具有润滑、冷却、防锈、减少磨损和摩擦等作用，油液质量在很大程度上决定了液压系统的可靠性。选用合适的液压油之前，必须明确哪些因素影响液压油的选择。

相关知识

一、对液压油的性能要求

本任务中，师傅打开液压千斤顶，观察到油液的颜色发黑，并闻到有臭味，判断油液变质，其中混入了杂质；用手指触摸，油液滴下时不呈线状，判断油液的黏性变差，需要更换（解决问题1）。师傅强调，一定要根据液压设备的保养要求及时更换液压油，这是根据经验判断的，按照规范，应该参照液压传动系统对油液的性能要求做出判断。这些要求具体如下。

（1）液压油应具有适宜的黏度和良好的黏温特性，黏度随温度的变化要小。

（2）液压油应具有良好的热稳定性和氧化稳定性。

（3）液压油应具有良好的抗泡沫性和空气释放性，即要求油液在工作中产生的气泡少且混溶于油液中的微小气泡容易释放出来。

（4）液压油应在高温环境下具有较高的闪点，起防火作用；在低温的环境下具有较低的凝点。

（5）液压油应具有良好的防腐性、抗磨性和防锈性。

（6）液压油应具有良好的抗乳化性。液压油乳化会降低其润滑性，使酸性增加、使用寿命缩短。

（7）液压油要纯净，不含或含有极少量的杂质、水分和水溶性酸碱等。

这些主要是黏性、物理性能、化学性能及纯净度等方面的要求，其中最重要的是黏性。下面对黏性进行具体讲解。

二、液压油的黏性

1. 理解黏性的概念

用液体在运动平行平板中的层流现象来说明黏性。如图 1-2-1 所示，设两平行平板间充满液体，下平板固定不动（称为定板），上平板以速度 u_0 向右平移（称为动板）。

实验现象：两板间液体呈现出不同速度的运动状态，即附着在动板下面的液体层具有与动板相等的速度 u_0，从该层开始向下速度逐渐减小，直到附着在定板上的液体层速度为零。中间各液体层的速度则视它距定板的距离不同按线性规律或非线性规律变化。

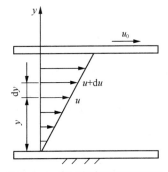

图1-2-1 黏性的平行平板实验

实验分析：液体分层流动；较快层带动较慢层流动；较慢层阻滞较快层的流动，液体分子间有摩擦力。

实验结论：液体在外力作用下流动（或有流动趋势）时，液体分子间内聚力会阻碍分子相对运动而产生一种内摩擦力，这种特性称为液体的黏性。即黏性就是流动液体内部产生摩擦力的特性，静止液体不呈现黏性。

2. 黏性的物理本质

黏性是流体内部的摩擦，与固体摩擦相同，可以用摩擦力来表示黏性大小。流体摩擦力用牛顿内摩擦定律计算：

$$F_f = \mu A \frac{\mathrm{d}u}{\mathrm{d}y} \qquad （1-2-1）$$

式中：F_f 为内摩擦力；$\mathrm{d}u/\mathrm{d}y$ 为速度梯度，即速度在垂直于该速度方向上的变化率；μ 为由流体性质决定的比例系数；A 为流体层的接触面积。当流体静止时，$\mathrm{d}u/\mathrm{d}y=0$，所以静止的流体不呈现黏性。由式（1-2-1）可得

$$\tau = \frac{F_f}{A} = \mu \frac{\mathrm{d}u}{\mathrm{d}y} \qquad （1-2-2）$$

由式（1-2-2）可得

$$\mu = \frac{\tau}{\dfrac{\mathrm{d}u}{\mathrm{d}y}} \qquad （1-2-3）$$

因此，μ 是单位速度梯度下，单位面积上的内摩擦力，直接表示黏性的大小。

μ=切应力/切应变，所以黏性的物理本质是流体抵抗剪切变形的能力。切应力与切应变满足线性关系的是牛顿流体，否则就是非牛顿流体。液压传动一般使用牛顿流体。

3. 黏性的表示

黏性用黏度表示，黏度就是表示黏性大小的物理量，是流体抵抗剪切变形能力的度量。黏度越大，这种能力就越强。液体黏性有以下三种表示方法。

（1）动力黏度：又叫绝对黏度，就是式（1-2-3）中的 μ。国际单位制中，其单位是 Pa·s（帕·秒）或者 N·s/m²（牛顿·秒/米²）。

（2）运动黏度：动力黏度 μ 和液体密度 ρ 的比值，无明确物理意义，用 γ 表示，单位为 m²/s 或 mm²/s。单位中只有长度和时间量纲，类似运动学的量，所以称为运动黏度。

μ 和 γ 不直接测量，只用于理论计算。习惯上常用它来表示液体的黏度，例如，国产液压油的牌号就是该种油液在 40℃时的运动黏度 γ 的平均值。

（3）相对黏度：又叫条件黏度，按一定条件测得，具有多种标准，我国采用恩氏黏度（°Et）。恩氏黏度用恩氏黏度计测定，即将 200mL 被测液体装入恩氏黏度计的容器中，在某一特定温度下，测出液体经其下部直径为 2.8mm 的小孔流尽所需的时间 t_1，与同体积的蒸馏水在 20℃时流过同一小孔所需的时间 t_2 的比值，便是被测液体在这一温度时的恩氏黏度。恩氏黏度是个相对值，所以没有量纲。工程上常用恩氏黏度根据经验公式计算出运动黏度。

4. 液体黏度的影响因素

（1）压力对液体黏度的影响。压力增加时，黏度变大。低压时对黏度的影响不明显，可忽略不计；压力大于 50MPa 时，黏度急剧增大。

（2）温度对液体黏度的影响。液体的黏度对温度变化十分敏感，温度升高时，液体的黏度急剧降低；温度降低时，液体的黏度升高。（解决问题 2）

油液黏度随温度变化的性质称为黏温特性。不同种类液压油的黏温特性不同。如图 1-2-2

所示，③号油液曲线相对平缓，说明黏温特性相对较好；⑤号油液曲线最陡，说明黏温特性相对较差。

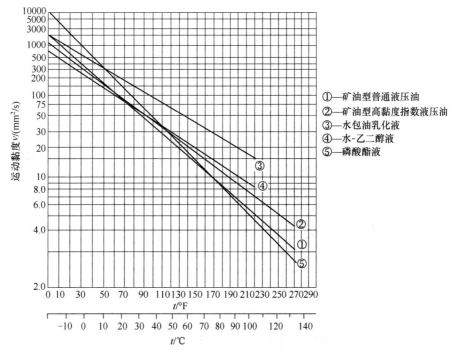

①—矿油型普通液压油
②—矿油型高黏度指数液压油
③—水包油乳化液
④—水-乙二醇液
⑤—磷酸酯液

图1-2-2　几种典型液压油的黏温特性曲线

在实际应用中，尽量选用黏温特性好的油液。黏温特性用黏度指数来衡量，黏度指数值越高，黏温特性越好。一般要求黏度指数在 90 以上。

5. 黏性对流体传动的影响

黏性使流体流动时内部产生摩擦，所以黏性会造成流体传动的能量损失，这种损失又叫沿程损失。但是黏性只能阻碍、延缓液体内部的相对运动，并不能消除这种运动。黏度越大，油液中造成的能量损失越大，液压阀中阀芯运动阻力越大；黏度较小时，增大泄漏，流量减小，也造成能量损失。因此，黏度必须合适。（解决问题 3）

学习了液体的黏性就能明白师傅为什么强调液压油的牌号了。（解决问题 4）

三、液压油的可压缩性

1. 可压缩性的概念

在任务 1.1 中，当小活塞下端密封油腔容积减小时，液压油的体积也减小。像这样液体受压力作用而体积减小的性质就叫可压缩性。

2. 可压缩性的表示

液体的可压缩性用压缩系数表示。压缩系数就是在一定温度下，每增加单位压力时体积的相对变化率，用 κ 表示，即

$$\kappa = -\frac{\Delta V / V_0}{\Delta p} \qquad (1\text{-}2\text{-}4)$$

式（1-2-4）中的负号说明：压力增大，体积减小，反之则体积增大。κ 越小，可压缩性越小。

在工程实际中，常用体积弹性模量 K（$K=1/\kappa$）来表示液体抵抗压缩能力的大小。K 越大，可压缩性越小。

压力增大时，K 增大，可压缩性减小；温度升高时，K 减小，可压缩性增大。常温下，纯净油液的体积弹性模量很大，一般认为油液不可压缩。当温度相同、黏度相同、初始压力相同时，若压力上升 0.1MPa，液体体积变化量为原体积的 1/2 000，气体体积变化量为原体积的 1/2。说明气体的可压缩性远大于液体的，所以气体的可压缩性不能忽略。

3. 分析可压缩性对传动的影响

要注意，当系统压力较高、执行元件容积较大时，动态计算中液体的可压缩性不能忽略。考虑液体可压缩性时，密闭容器内液体受外力作用时的特征像弹簧，称为弹簧效应。这是造成液压传动低速爬行的重要因素之一。所以工作介质的可压缩性会影响传动的平稳性。而气体的可压缩性远大于液体，所以气压传动的平稳性就低于液压传动。

子任务实施　分析液压油对传动的影响

黏性造成液压传动系统能量损失，主要影响因素是温度。不同油液的黏温特性不同，应用中尽量选用黏温特性好的油液。黏性是影响油液选择的主要因素之一。可压缩性影响传动的平稳性，但液体一般认为不可压缩，必须注意气体和液体可压缩性的不同。

子任务 1.2.2　选择合适的液压油

子任务分析

作为液压传动的工作介质，液压油的质量至关重要。在实际应用中，液压油的黏性和可压缩性都会受到系统压力和温度的影响。本任务解决在实际生产中如何根据系统压力、温度、运动速度等因素选用合适的液压油及如何避免液压油受到污染。

相关知识

一、液压油的类型

我国现在执行的液压油国家标准是《液压油（L-HL、L-HM、L-HV、L-HS、L-HG）》（GB 11118.1—2011），标准中将液压油分为 L-HL 抗氧防锈液压油、L-HM 抗磨液压油（高压、普通）、L-HV 低温液压油、L-HS 超低温液压油和 L-HG 液压导轨油五个品种。液压油的牌号标记如图 1-2-3 所示。

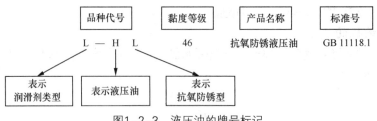

图1-2-3　液压油的牌号标记

牌号标记中黏度等级数字越大，黏度越大。国外液压油标准由设备生产商或标准化组织制定，产品标准即 ISO 11158—2009 应用最多，包括 HH、HL、HM、HR、HV、HG 六个质量等级，32、46、68 等多个黏度等级的技术规格。我国的液压油分类、品种代号及产品代号、名称和质量水平与世界主要国家的表示方法基本相同。在液压传动中，使用的液压油多数是石油基液压油。我国各种石油基液压油的特点及应用见表 1-2-1。

表 1-2-1　我国各种石油基液压油的特点及应用

序号	名称	特点	运动黏度
1	L-HL 石油基液压油	具有一定抗氧防锈性，适用于压力小于 7MPa 的液压系统和轻载齿轮箱	40℃时，黏度等级 15、22、32、46、68、100、150，黏度指数不小于 80。闪点（闪燃的最低温度）最高 215℃，最低 140℃
2	L-HM 石油基液压油	具有 L-HL 的性能，抗磨性强，适用于压力 7~21MPa 的液压系统	40℃时，普通型黏度指数不小于 85，黏度等级 32、46、68、100；高压型黏度等级 22、32、46、68、100、150，黏度指数不小于 95。闪点最高 215℃，最低 165℃
3	L-HV 石油基液压油	在 L-HM 基础上加强黏性和低温流动性。在寒区代替 L-HM 使用	40℃时，黏度等级 10、15、22、32、46、68、100，黏度指数不小于 130~140。闪点最高 190℃，最低 100℃
4	L-HS 石油基液压油	在 L-HM 基础上加强黏性和低温流动性。在寒区代替 L-HM 使用	40℃时，黏度等级 10、15、22、32、46，黏度指数不小于 130。闪点最高 180℃，最低 100℃
5	L-HG 石油基液压油	特殊的防爬性能，适用于润滑机床导轨及其液压系统	40℃时，黏度等级 32、46、68、100，黏度指数不小于 90。闪点最高 205℃，最低 175℃

二、选用合适的液压油

每种液压油都有其独特的特点，选用液压油主要是根据液压系统的工作环境、工况条件及液压油的特性，选择合适的液压油品种和黏度。

液压油种类繁多，且每种液压油都有其合适的应用场合。黏度是合理选用液压油的重要参数之一。实际上不存在能满足所有性能要求的液压油，要从工作压力、温度、环境、液压系统的类型、零部件的结构和材质以及经济性等诸多方面综合考虑。一般是先确定液压油的品种，然后确定液压油的黏度，再根据品种和黏度选择合适的牌号。

1. 确定液压油品种

选择油液品种时，优先选购产品推荐的专用液压油，这是保证设备工作可靠性和寿命的关键，如果确无专用液压油，可根据工作压力及工作温度范围、液压泵的类型、液压油的特性及液压元件的材质等因素进行考虑。

相对来说，齿轮泵对液压油的抗磨要求比叶片泵、柱塞泵低，因此齿轮泵可选用 L-HL 或 L-HM 油，而叶片泵、柱塞泵一般则选用 L-HM 油。含锌油（Zn-P-S）在钢-钢摩擦体上性能很好，但由于含有硫，对铜、银敏感，因此在含有铜、银材质部件的系统不能用，水易侵入的系统也尽量少用。无灰抗磨油（S-P-N）系具有优良的水解安定性、抗乳化性或可滤性，使用范围较广，因含有硫，对铜、银材质部件系统不适应。仅含磷的液压油是具有中负荷水平的抗磨液压油，其水解安定性、抗乳化性、可滤性也不错，由于不含硫，所以对银材质部件系统无伤害。

若液压系统中有铝元件，则不能选用碱性液压油。

2. 选定液压油的黏度

对液压系统所使用的液压油来说，首先要考虑黏度。若黏度太大，液流的压力损失和发热量大，使系统的效率降低；若黏度太小，则泄漏增大，也会使液压系统的效率降低。黏度的选择主要取决于液压泵的类型、工作压力、启动温度、工作温度及环境温度等。

中、低压液压系统的工作温度一般较环境温度高 $40 \sim 50℃$，在此温度下液压油的黏度应为 $13 \sim 16mm^2/s$，为了减轻磨损，液压油的黏度不得低于 $10mm^2/s$。高压液压系统，其工作温度比低压系统约高 $10℃$，为减少与压力有关的高漏失率，工作黏度应选大一点，约为 $25mm^2/s$。液压泵是液压系统中对液压油黏度反应最敏感的元件，所以各种泵都规定了使用液压油的黏度范围，在此黏度范围内，可以选取一个适当的黏度。液压泵最适宜的黏度是在容积效率与机械效率达到最佳平衡时的黏度。液压系统实际工作温度时的液压油的黏度应满足液压泵在最适宜的黏度范围内运转。同时，考虑到户外温差变化大，因此要求液压油有较好的黏温特性，黏度指数一般应在 130 以上。为防止泵的磨损，还需要限制最低黏度。

三、防止和控制液压油的污染

1. 液压油污染的原因

本任务中，液压千斤顶的油液变质的主要原因是油液受到了污染。污染是引起液压系统故障的主要原因。液压油的污染主要来自三个方面：系统内部残留、内部生成和外部入侵。

（1）系统内部残留：加工、装配、运输等过程中金属切屑、焊渣、型砂、尘埃、锈蚀物等残留物造成污染。

（2）内部生成：组装、运行、调试过程中组件所产生的元件磨损颗粒、油液氧化和分解产生的化学物质、管道锈蚀物剥落物等。

（3）外部入侵：外界侵入的污染物。如液压缸的活塞杆表面未设置防尘圈，引起外界污染物的侵入；维修过程中不注意清洁，将环境周围的污染物带入；脏的油桶未经过严格的清洗就使用，从而把污染物带入等。（解决问题 5）

2. 控制液压油污染的方法

油液污染会造成传动系统管道阻塞、元件表面磨损、液压油性能降低、引起爬行等严重后果，必须加以控制。针对污染原因采取如下措施。

（1）保持油液清洁。做到使用前、运转前和工作中都保持清洁。新换的液压油，使用前必须将其静放数天且经过滤后，再加入液压系统使用；液压元件在加工、装配、储存、运输等过程中必须清洗干净，液压系统在装配后、运转前应彻底进行清洗，清洗时必须保证密封；为防止工作中空气、水分的侵入，采用密封油箱，通气孔加上空气滤清器，做好防尘措施，经常检查并定期更换密封件等。

（2）控制油液工作温度。一般液压系统的工作温度应控制在 65℃ 以下，机床液压系统则应控制在 55℃ 以下。因为高温会加速油液的氧化变质而产生各种生成物，所以应控制油液最高使用温度。

（3）定期更换液压油。根据设备说明书和维护保养要求，定期检查和更换液压油。更换液压油时，油箱、管道和液压元件必须清洗。

（4）采用合适的滤油器。这是控制油液污染的重要手段。应根据设备要求，选用合适的过滤方式、不同精度和结构的滤油器，并定时检查、清洗滤油器和油箱。

子任务实施　液压油的选择、更换和防护

液压千斤顶的液压油一般选用石油基液压油，黏度必须合适，一般选用 L-HM46（46#抗磨液压油），普通型。找到了合适的液压油，就可以按照操作规范进行换油。

1. 安全操作规范

（1）新油和旧油应是同一牌号、同一规格。

（2）换油前，将旧油全部放完并将油箱冲洗干净。

（3）新油加入前，要经过不低于系统要求精度的过滤器过滤，若确实没有条件的，应在加入新油后运行 1h，再更换系统中的滤油器。

（4）换完油后，设备运行一段时间，再次检查油位，油位必须达到规定的高度。

2. 液压千斤顶换油

（1）将原有的液压油释放干净。

（2）清洗油箱，除掉里面的杂物，并晾干。

（3）拆掉回油管。

（4）油箱干燥后添加新液压油，液面应始终保持在油标的中心线上。

（5）重新安装管路。

任务总结

本任务主要分析了液压千斤顶油液的牌号、更换原因、更换操作等问题，分析了液压油对传动产生影响的物理性质，液压油的类型、选用方法、污染的防止和控制以及液压油牌号。重点是让学习者明确液压油性能尤其是黏度对液压传动的影响，掌握选用合适液压油的方法，同时也为学习者提供了液压油维护的一些经验做法。

••• 任务 1.3　理解液压传动力学基础知识 •••

任务描述

你今天随师傅到仓库查看储油罐内油液的高度，你看到罐子上方和罐子下方各安装了一个压力表。师傅要求你查看两个压力表的读数，然后进行计算，就得出了罐内油液的高度，可是你不知道这样计算的原因。

在接到任务后，请根据任务描述，分析以下问题：

1. 压力表测出的压力为什么不考虑大气压？

2. 液面高度的值和压力有什么关系？

3. 这个高度值是怎么计算出来的？

4. 如果油液是高速流动的，这种方法是否可行？

子任务 1.3.1　理解流体静力学在液压传动中的应用

子任务分析

　　师傅画出了储油罐示意图，测出了两个压力表的读数和压力表中心线与测压口的距离 h，该如何计算液面高度值？可以尝试学习以下的内容后再来计算。

相关知识

一、流体静力学基本方程及其物理意义

　　储油罐内的油液相对地面处于静止状态，根据任务 1.2 中所学，静止的流体没有黏性，但罐下方的压力表为什么有读数呢？显然油液受到了力的作用。那么下面先来分析油液受到的力。

　　油液相对惯性参考系静止，绝对平衡，如储油罐这样固定不动的容器中的流体。流体内部质点间没有相对运动，相对平衡，如装在等加速直线运动和做等角速度旋转运动容器内的液体。流体静力学就是研究流体在相对平衡状态下的力学规律及这些规律的应用。

　　1. 分析流体的受力

　　静止的流体不呈现黏性，所以流体内部不存在作用力。流体可以像固体一样整体视为刚体做各种运动。流体受到的力都只能来自其外部。

　　（1）质量力。质量力是指作用在液体的所有质点上的力，如重力、惯性力、磁力等。（力场作用）

　　特点：质量力为非接触力，与液体质量成正比，作用于液体质点即质量中心，如图 1-3-1 所示的汽车受到的重力 F_2。

　　（2）表面力。表面力是指作用在所研究的流体表面上的力，如压力、摩擦力、表面张力等。

　　特征：表面力通过接触产生，与接触面积成正比，如图 1-3-1 所示的液体的压力 p_1 和 p_2。

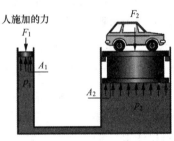

图1-3-1　汽车用液压千斤顶

　　2. 认识静压力及其特征

　　（1）认识静压力。在重力场中，流体受到重力和表面力，采用力的正交分解法，把合力沿着平行和垂直于接触表面的方向分解。流体相对平衡，不呈现黏性，所以在接触面平行方向分力为零，只有在垂直于接触面方向受力。

　　流体处于静止状态时，其单位面积上所受的法向作用力，叫作静压力，用 p 表示。

液体压力的产生

$$p = \lim_{\Delta A \to 0} \frac{\Delta F}{\Delta A} \qquad (1\text{-}3\text{-}1)$$

　　静压力其实就是物理学中的压强，在流体传动中习惯称为压力。因为流体只能受压，所以静压力的方向只能是接触面内法线方向，即指向流体内部。一般情况下，假定接触表面静压力均匀分布，则由式（1-3-1）的算法有

$$p = \frac{F}{A} \qquad (1\text{-}3\text{-}2)$$

　　式中：F 为垂直于接触面方向的力；A 为接触面面积。

静压力的单位：Pa、kPa（千帕）、MPa（兆帕）、GPa（吉帕）等，其换算关系为：

$1GPa=1×10^3MPa=1×10^6kPa=1×10^9Pa$。

生活中有很多液体静压力的例子，如水淹到胸口位置时，人会感到呼吸困难；高原地区气压低，水箱下部开口水能流出；等等。

（2）认识静压力的基本特征。

① 静压力垂直于其作用平面，其方向和该面的内法线方向一致。

② 静止液体内任一点的压力在各个方向上都相等。

由上述性质可知，静止液体总是处于受压状态，并且其内部任何质点都受平衡压力作用。

3. 静压力的表示

计量基准不同，流体的压力有不同的表示方法。静压力有两种不同的计量标准。

（1）绝对压力：以绝对真空为基准（零压）测量的压力。

（2）相对压力：以大气压力（p_a）为基准（零压）测量的压力。

如图1-3-2所示，$p_{绝对}=p_{相对}+p_a$，条件：$p>p_a$。

注意，图1-3-2中A点处，$p<p_a$，$p_{相对}$为负值，此时在A点出现真空度。但其$p_{绝对}$还是正值，只是绝对压力的值小于大气压力，所以真空度=$p_{大气}-p_{绝对}$，真空度的值不能为负值，只能是正值和零。真空度最大值为101.325kPa，最小值为零。压力表测出的是相对压力，又叫表压力。（解决问题1）

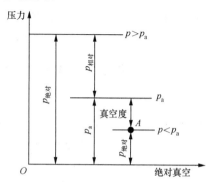

图1-3-2 静压力的表示

4. 分析流体静压力基本方程及其物理意义

（1）分析静压力基本方程。重力作用下液体中的压力是如何分布的？密度为ρ的液体在容器内处于静止状态，液体表面的压力为p_0，如图1-3-3（a）所示。求任意深度h处的压力。

选取某微元液体柱为研究对象，分析其受力，如图1-3-3（b）所示。液体柱受重力作用，且液体柱的上下表面都受液体静压力作用，方向如图1-3-3（b）所示。

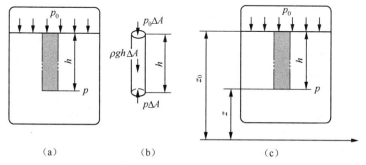

（a）　　　　（b）　　　　（c）

图1-3-3 静止液体压力分布规律

液体平衡，微元也平衡，所以液体柱受力平衡，则有

$$p\Delta A=p_0\Delta A+\rho gh\Delta A \qquad (1\text{-}3\text{-}3)$$

由式（1-3-3）可得

$$p=p_0+\rho gh \qquad (1\text{-}3\text{-}4)$$

式（1-3-4）就是静压力基本方程，从这个方程可以看出：

① 静止液体内任一点处的压力由两部分组成：液面上压力 p_0 和该点以上液体自重形成的压力 ρgh；

② 同一容器、同一液体中，静压力随液体深度呈线性分布，深度相同处各点压力相等。（解决问题2）

（2）探索流体静压力基本方程的物理意义。建立图1-3-3（c）所示的坐标系，则由 $p=p_0+\rho gh$，$h=z_0-z$，可得

$$z+\frac{p}{\rho g}=z_0+\frac{p_0}{\rho g}=C \qquad\qquad （1-3-5）$$

式（1-3-5）中，因为 $p/\rho g=pV/\rho gV=pV/mg=$ 压力能/液体重量，所以 $p/\rho g$ 为单位重量液体压力能，单位是 m，又叫压力水头；z 为单位重量液体的势能，又叫比位能，单位是 m，所以又叫位置水头。由式（1-3-5）可知，静止液体具有两种能量：压力能与位能，并且这两种形式的能量可相互转换，但总和对液体每点都保持不变。这就是静压力基本方程的物理意义。静压力基本方程就是能量守恒定律在流体传动中的体现。

二、流体静压力基本方程的应用

利用流体静力学基本原理，可以测量流体的压力、容器中的液位，计算油封高度及液体对固体壁面的作用力等。

1. 在液柱压差计中的应用

图1-3-4所示为U形管压差计，U形玻璃管内装指示液（图中深色液体）。要求测设备中两点之间的压差 p_1-p_2，设指示液的密度为 ρ_0，被测流体的密度为 ρ，R 为压差计的读数。

解：A 与 A' 为等压面，即 $p_A = p_{A'}$，合理利用等压面是流体静力学解题的关键点。由流体静力学基本方程可得

$$p_A=p_1+\rho g(m+R)$$

$$p_{A'}=p_2+\rho gm+\rho_0 gR$$

又由 $p_A = p_{A'}$，可得

$$p_1-p_2=(\rho_0-\rho)gR$$

如果被测流体是气体，$\rho \ll \rho_0$，则 $p_1-p_2=\rho_0 gR$。

根据压差计的读数和被测流体及指示液的密度就能计算出被测流体的压力差。

2. 在液位测量中的应用

图1-3-5所示为某化工生产设备，设备外面设置一个称为平衡器的小室，用一个装有指示液的U形管压差计将容器与平衡器连接起来，指示液密度为 ρ_0，平衡器内装的液体与容器内相同，密度为 ρ，其液面的高度维持在容器液面允许到达的最大高度处。求液面高度 h。

解：A 与 A' 为等压面，即 $p_A = p_{A'}$，由流体静力学基本方程可得

$$p_A=p+\rho g（m-R）+\rho_0 gR$$

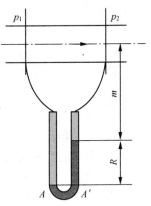

图1-3-4　U形管压差计

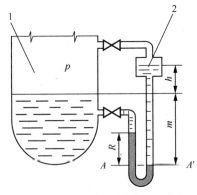

图1-3-5　U形管压差计测量液位

1—容器；2—平衡器（小室）

$$p_{A'}=p+\rho g\,(m+h)$$

又由 $p_A = p_{A'}$，可得

$$h = \frac{\rho_0 - \rho}{\rho}R$$

3. 在液体对容器壁面的压力计算中的应用

静止液体和固体壁面接触时，固体壁面上各点在某一方向上所受静压力的总和就是液体在这一方向上作用于固体壁面上的总压力。这个作用力总是指向壁面，通常称作液压作用力。液压作用力的大小、方向、作用点都与受压面形状和液体压力分布有关。

（1）固体承压面为平面。如图 1-3-6 所示，活塞受力平衡方程：$p_1A_1=p_2A_2+F$，液体作用在固体壁面上的总压力 F 等于液体静压力 p 与该平面承压面积 A 的乘积，其作用方向与该平面垂直。

（2）固体承压面为曲面。如图 1-3-7 所示，固体承压面为曲面时，接触力计算较为复杂，简化算法为：作用在曲面上的液压作用力在某方向上的分力=静压力×曲面在该方向垂直面内的投影面积，即

$$F = pA_x = p\frac{\pi d^2}{4}$$

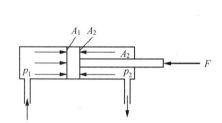

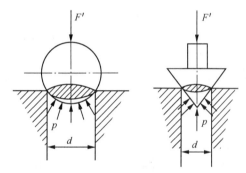

图 1-3-6　流体对平面固体承压面的接触力　　　　图 1-3-7　流体对曲面固体承压面的接触力

三、液压传动系统静压力传递原理

认识帕斯卡原理

静压力传递原理符合帕斯卡原理：在密闭容器内，施加于静止液体的压力可以等值地传递到液体各点。液压传动就是在这个原理的基础上建立起来的。在本项目任务 1.1 中已经详细地描述，在此不再赘述。

如图 1-3-8 所示，容器内盛有油液。已知油液的密度为 $\rho=900\text{kg/m}^3$，活塞上的作用力 $F=10\text{kN}$，活塞的面积 $A=1\times10^{-2}\text{m}^2$，活塞的自重不计。求活塞下方深 $h=1\text{m}$ 处的压力。

解：活塞与液体接触面的压力 $p_0=F/A=1\times10^6\text{Pa}$，深度为 h 处的液体压力为

$$p=p_0+\rho gh\approx 1.008\,8\times10^6\text{Pa}$$

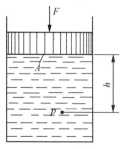

由此可见，液体受外力作用时，由液体自重形成的压力相对外力引起的压力要小得多，在液压系统中常可忽略不计。可以认为静止液体内各处的压力相等。

图 1-3-8　外力与液体自重的比较

子任务实施　用流体静力学基本方程计算储油罐内液面高度

已知：密闭容器（储油罐）内液体密度为 900kg/m^3，容器上方的压力表读数为 42kPa，记为 p_1，液面下方压力表读数为 58kPa，记为 p_2，下方压力表的水平中心线在测压口以上 0.55m，如图 1-3-9 所示。

解：测压口压力 $p=p_1+\rho g\Delta z=p_2+\rho gh$，可得

$$\Delta z=\frac{p_2-p_1}{\rho g}+h$$

代入数据可得 $\Delta z\approx2.36\text{m}$。（解决问题 3）

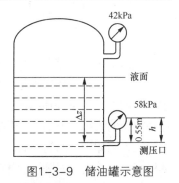

图1-3-9　储油罐示意图

子任务 1.3.2　认识流体动力学在液压传动中的应用

子任务分析

在高铁站、地铁站、汽车站人们总能看到地上有安全线，大风天人们的伞会被吹得翻过去，乒乓球比赛中的旋转球，水中航行的船不能离得太近等，这些都是什么原理？这就是本任务要解决的问题：流体流动中压力、速度和高度的关系。

相关知识

一、连续性方程及应用

与静力学不同，动力学中流体处于运动状态，有可压缩性和黏性，相比固体，研究运动规律非常困难。为了降低难度，假定液体不可压缩且没有黏性，这样的液体叫理想液体，实际中不存在。

假设液体不可压缩、连续（即流体能连续地充满所占据的空间，当流体流动时在其内部不形成空隙），则管道内的液体质量守恒。如图 1-3-10 所示，两通流截面积为 A_1、A_2 的流体的平均速度和密度分别为 v_1 和 v_2、ρ_1 和 ρ_2，则根据质量守恒定律可得

$$\rho v_1\mathrm{d}A_1\mathrm{d}t=\rho v_2\mathrm{d}A_2\mathrm{d}t$$

即

$$\rho v_1\mathrm{d}A_1=\rho v_2\mathrm{d}A_2$$

假设平均流速为 v，则

$$q=v_1A_1=v_2A_2=vA \tag{1-3-6}$$

图1-3-10　流体连续性原理

式（1-3-6）就是理想液体的连续性方程，即单位时间内流过流道任一截面的流体质量相等。

连续性方程表明流速与通流截面积成反比，通流截面积大的截面上流速小，在通流截面积小的截面上流速大。连续性方程是质量守恒定律在流体力学中的一种表达形式。连续性方程的典型应用是速度传递特性和调速规律。

如图 1-3-11 所示，两缸串联，不考虑泄漏和任何损失，缸 1 的速度传递到缸 2，缸 1 有杆腔排出的油液质量等于缸 2 无杆腔获得的油液的质量，即 $\rho v_1A_2=\rho v_2A_1$，可得 $v_2=v_1A_2/A_1$，即得

串联缸的速度传递特性。

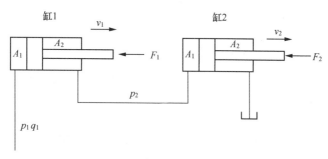

图1-3-11 串联缸的速度传递特性

在图 1-3-11 中，泵输入缸的流量为 q_1，有 $\rho q_1=\rho v_1 A_1$，即 $q_1=v_1 A_1$，可得液压缸调速规律。调节输入缸 1 无杆腔的液压油的流量即可调节缸 1 输出的速度。

二、伯努利方程及应用

伯努利方程是能量守恒定律在流体力学中的一种表达形式。

1. 理想液体的伯努利方程

流体流动时，压力、速度和密度都不随时间变化，则称为定常流动或恒定流动。假定流体为理想流体，密度为 ρ，在图 1-3-12 所示的管道内做定常流动。

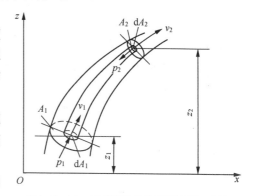

液体从管道内任意截面 A_1 流入，从截面 A_2 流出，两截面的高度分别为 z_1 和 z_2，压力分别为 p_1 和 p_2，平均流速分别为 v_1 和 v_2。流体处于运动状态，所以具有动能，结合流体静力学可知，流动流体内部有三种形式的能量：动能、位置势能和压力能。

图1-3-12 理想液体的伯努利方程示意图

忽略一切损失，根据能量守恒可知：

$$p_1 + \rho z_1 g + \frac{\rho v_1^2}{2} = p_2 + \rho z_2 g + \frac{\rho v_2^2}{2} \tag{1-3-7}$$

由于截面是任意选取的，因此式（1-3-7）可写成

$$\frac{p}{\rho} + gz + \frac{v^2}{2} = 常数 \tag{1-3-8}$$

式（1-3-7）和式（1-3-8）都是理想液体的伯努利方程，其物理意义是：密闭管道内做定常流动的理想液体，具有动能、位置势能和压力能三种形式的能量，三者之间可以相互转换，但三者之和在任一截面处为一常数。两式表明高速流动的流体压力、液面高度和速度之间相互关联，因此静止储油罐内油液高度的计算方法对于高速流动的流体不适用。（解决问题 4）

如果液体流动在同一水平面内，或者流场中坐标变化可以忽略，则有

$$\frac{p_1}{\rho} + \frac{1}{2}v_1^2 = \frac{p_2}{\rho} + \frac{1}{2}v_2^2 \tag{1-3-9}$$

式（1-3-9）表明：流速高的点处压力低，流速低的点处压力高。这就能解释高铁站设安全

线、船吸（指两船在较近距离驶过时，船舶之间出现的相互吸引、排斥、转头和波荡等相互作用的现象）、大风把伞吹翻过去及测血压时大臂必须和心脏等高等现象了。

2. 实际液体的伯努利方程

实际液体流动时，因液体有黏性，造成沿程损失；同时局部因素的改变，如管道形状和尺寸的变化、流速的变化、流动方向的改变等都会造成能量损失，这种损失叫作局部损失；沿程损失和局部损失之和是液压传动的总损失。因此式（1-3-7）中三种能量之和必然有一部分转换为其他形式的能量，这部分能量为 $\rho h_w g$ 对应的位置势能。用平均流速代替实际速度计算动能，必定存在误差，所以需要对式（1-3-7）中的动能进行修正。设动能速度修正系数为 α，则实际液体的伯努利方程为

$$\frac{p_1}{\rho} + z_1 g + \frac{\alpha_1}{2}v_1^2 = \frac{p_2}{\rho} + z_2 g + \frac{\alpha_2}{2}v_2^2 + h_w g \qquad (1\text{-}3\text{-}10)$$

式中：α_1 和 α_2 都为动能速度修正系数；$h_w g$ 对应两截面间流动的液体单位重量的能量损失。

3. 伯努利方程应用实例

文丘里流量计用于测量封闭管道中稳定流体的流量，原理如图 1-3-13 所示，h 为流量计的读数。根据读数 h，如何确定流量呢？

解：（1）选取 1-1 和 2-2 两个截面，两截面参数分别为 p_1、v_1、A_1，p_2、v_2、A_2。

（2）由式（1-3-7）列理想液体伯努利方程：

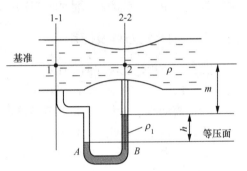

图1-3-13　文丘里流量计

$$\begin{cases} \dfrac{p_1}{\rho} + z_1 g + \dfrac{v_1^2}{2} = \dfrac{p_2}{\rho} + z_2 g + \dfrac{v_2^2}{2} \\ z_1 = z_2 \end{cases} \qquad (1\text{-}3\text{-}11)$$

（3）由连续性方程得

$$v_1 A_1 = v_2 A_2$$

（4）由 U 形管内的静压力平衡方程 $p_A = p_1 + \rho g(h+m)$，$p_B = p_2 + \rho g m + \rho_1 g h$，$p_A = p_B$，可得

$$p_1 - p_2 = (\rho_1 - \rho)gh \qquad (1\text{-}3\text{-}12)$$

联立式（1-3-11）和式（1-3-12）得

$$q = \frac{A_2}{\sqrt{1 - \left(\dfrac{A_2}{A_1}\right)^2}}\sqrt{\frac{2}{\rho}(p_1 - p_2)} = \frac{A_2}{\sqrt{1 - \left(\dfrac{A_2}{A_1}\right)^2}}\sqrt{\frac{2g(\rho_1 - \rho)}{\rho}h} = C\sqrt{h} \qquad (1\text{-}3\text{-}13)$$

三、动量方程及应用

1. 液体动量方程

对于定常流动，作用在液体控制体积上的外力总和等于单位时间内流出控制表面与流入控制表面的液体动量之差，即

$$\sum = \frac{\mathrm{d}M}{\mathrm{d}t} = \rho q(\beta_2 v_2 - \beta_1 v_1) \qquad (1\text{-}3\text{-}14)$$

式中： $\beta_2 v_2$ 和 $\beta_1 v_1$ 分别为流出表面和流入表面的动量修正系数和速度的乘积；力 F 为流出、流入控制表面时动量变化引起的力，称为稳态力。

2. 液体动量方程的应用

动量方程用于求解流动液体作用在固体壁面上的作用力。如图 1-3-14 所示，求图中滑阀阀芯所受的轴向稳态力。

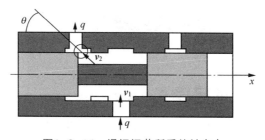

彩图 1-3-14

图1-3-14 滑阀阀芯所受的轴向力

解：（1）取控制体：阀进出口之间的液体。

（2）受力分析：液体对阀芯的作用力为 F_x，方向向左。

（3）列方程：列 x 方向的动量方程为

$$F_x = \rho q[\beta_2 v_2(-\cos\theta) - \beta_1 v_1 \cos 90°]$$

取 $\beta_2 = \beta_1 = 1$，得

$$F_x = -\rho q v_2 \cos\theta$$

阀芯所受的轴向稳态力 $F_x' = -F_x$，向右，即

$$F_x' = \rho q v_2 \cos\theta$$

滑阀阀芯所受的轴向稳态力 F_x' 使图 1-3-14 所示阀口关闭。

子任务实施　用流体动力学解释一些现象

在海面上行驶的船，必须保持一个安全距离，这是为什么？历史上的重大海难事故："奥林匹克"号和"豪克"号相撞事件是什么原因？根据伯努利方程知流体流速越高，压力越小，当两艘船平行同向航行时，两艘船中间的水比外侧的水流速高，中间的水对两船内侧的压力小于外侧的水对两船外侧的压力，在外侧水压的作用下，两船渐渐靠近，最后相撞。高铁站、地铁站、飞机场等的安全线也是基于这样的原理。

任务总结

本任务主要讨论了两个问题：流体静力学基本原理和流体动力学的三个基本方程及其在流体传动中的应用。以储油罐内油液高度测量和压差计为例分析流体静力学基本方程能解决的问题，以文丘里流量计为例分析了伯努利方程和连续性方程的应用等。本任务为学习者提供一种复杂问题简单化，再用实际条件修正，接近真实情况的学习方法。

02

项目2
认识液压传动的动力元件

●●● 项目导入 ●●●

项目简介

本项目以数控车床尾座套筒液压化改造中液压泵的选择为例，分析液压泵的工作原理、性能参数、符号，各种常用液压泵的原理和结构特点，让学习者掌握各种常用液压泵的区别、选用的方法及液压泵铭牌的识读。

项目目标

1. 能描述液压泵的原理和性能参数；
2. 能分析常用液压泵的工作原理和结构特点；
3. 能正确识读液压泵的铭牌；
4. 能合理选用液压泵；
5. 培养敬业、精业的工匠精神；
6. 培养学生学思践悟、知行合一的学习方法。

学习路线

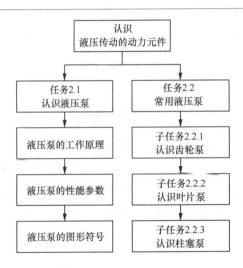

扫码观看"举一反三话方法"视频，并思考以下问题：

1. 怎样才能做到举一反三？
2. 生活中有哪些现象是流体力学的应用？
3. 你有哪些好的学习方法分享给同学？

举一反三话方法

●●● 任务 2.1 认识液压泵 ●●●

任务描述

假如你是某企业的设备维修人员，某车间现场技术人员计划将车间内的某台数控车床的手动尾座套筒改成液压尾座套筒，但是看不懂液压泵铭牌上的参数，现在请你为他们讲解液压泵铭牌上的参数如何识读。

在接到任务后，请根据任务描述，分析以下问题：

1. 该液压尾座套筒的动作是什么？
2. 液压泵是如何工作的？
3. 液压泵出口的工作压力如何确定？
4. 液压泵铭牌如何识读？

读者可尝试按照以下过程解决这些问题。

任务分析

识读液压泵铭牌，对于合理选用液压泵非常重要。本任务根据液压泵的功能和工作原理，分析液压泵铭牌上的参数如何识读。

相关知识

一、液压泵的工作原理

1. 数控车床液压尾座套筒

数控车床的尾座主要由尾座体和尾座套筒组成，顶尖和尾座套筒用锥孔连接，尾座套筒可带动顶尖一起移动。当数控系统发出尾座套筒伸出或缩回的指令后，由液压缸驱动尾座套筒伸出或缩回，并能调节尾座套筒伸出时的预紧力大小，以适应不同工件的需要。(解决问题 1)

显然，液压尾座由压力能驱动，由项目 1 可知，液压传动系统中提供压力能的是动力元件。液压传动系统的动力元件是指各种液压泵。液压泵如何实现机械能到压力能的转换呢？下面就进行详细介绍。

2. 液压泵的结构及工作原理

如图 2-1-1 所示，柱塞 2、缸体 3、单向阀 5 和单向阀 6 在柱塞的底部形成密闭容积，用 V

表示。柱塞 2 在弹簧 4 的作用下始终压紧在偏心轮 1 上。原动机驱动偏心轮 1 按图示方向旋转，以偏心轮旋转中心和圆心为界，从图示位置开始，在上半周内，偏心轮的回转半径逐渐减小，柱塞 2 在弹簧 4 的作用下逐渐伸出，柱塞底部密闭容积 V 逐渐增大，其内的压力逐渐下降，油箱中油液在大气压作用下，经吸油管顶开单向阀 6 进入密闭容积 V，从而实现吸油；在下半周内，偏心轮 1 的回转半径逐渐增大，柱塞 2 在偏心轮 1 的作用下压缩弹簧 4 而逐渐缩回，柱塞底部密闭容积 V 逐渐缩小，吸入密闭容积 V 中的油液受到压缩而使其压力逐渐升高，油液的高压使单向阀 6 关闭、单向阀 5 打开，向液压系统供油，从而实现压油。这样液压泵就将原动机输入的机械能转换成液体的压力能。

图 2-1-1 所示为单柱塞液压泵，只要是通过其内部密闭容积大小变化工作的液压泵都称为容积式液压泵。密闭容积既是吸油腔又是压油腔，由单向阀 5 和单向阀 6 控制其向油箱吸油或向系统供油。显然油箱内油液压力必须大于一个标准大气压（101.325kPa），才能实现吸油。因此可得容积式液压泵正常工作的基本条件如下。

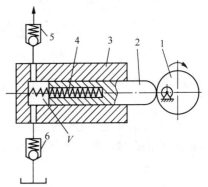

图2-1-1　液压泵的结构及工作原理
1—偏心轮；2—柱塞；3—缸体；4—弹簧；
5、6—单向阀

（1）泵的内部必须形成若干个密闭容积，且密闭容积的大小必须能够发生周期性变化。

（2）吸油腔和压油腔不能连通，必须隔开。将吸、压油腔隔开的装置就是配流机构。图 2-1-1 中单柱塞液压泵的两个单向阀 5 和 6 起配流作用，是配流机构的一种类型。

单柱塞液压泵的
工作原理

（3）油箱内油液的绝对压力必须大于或等于大气压力，这是容积式液压泵能够吸入油液的必要外部条件。因此，为保证液压泵能够正常吸油，油箱必须与大气相通，或采用密闭的充压油箱。（解决问题 2）

二、液压泵的性能参数

由传动原理可知，液压泵进口输入机械能，出口输出压力能。压力能的重要性能参数是压力和流量，因为不可避免地存在损失，所以液压泵的性能参数主要包括压力、流量、排量、功率及效率。

1. 压力

液压泵的出口有三种压力：工作压力、额定压力和最高允许压力。

（1）工作压力。液压泵工作时输出油液的实际压力称为工作压力，用 p 表示。液压泵为系统供油，其出口接负载。根据液压传动的工作特性之一：系统压力取决于负载，所以泵出口的压力主要由负载决定；同时系统管路也会造成压力损失，所以泵出口的工作压力主要取决于负载和管路的压力损失。（解决问题 3）

（2）额定压力。液压泵在正常工作条件下，按试验标准规定能连续运转允许的最高压力称为泵的额定压力，又称为公称压力，用 p_n 表示。

额定压力是泵正常工作的最高压力，也是最大负载。在生产中规定，如果工作压力大于额定压力，泵就超载。在实际生产中，并不能保证泵不超载，为便于使用，规定了允许泵短时间或瞬时超载的一个压力值。但必须对这个压力的最高值进行限定，所以引入最高允许压力。

（3）最高允许压力。最高允许压力是指在超过额定压力的条件下，根据试验标准规定，允许液压泵短暂运行的最高压力值，用 p_{max} 表示。由液压泵零部件的结构强度和密封性决定最高允许压力的值。

以上三种压力的关系是：$p \leqslant p_n \leqslant p_{max}$。在实际应用中，存在工作压力是额定压力加负载压力的错误认识，必须加以注意。

2. 排量和流量

（1）排量 V。在不考虑泄漏的情况下，液压泵每转一周所排出的液体体积称为液压泵的排量。排量由液压泵密闭容积几何尺寸决定，与液压泵的转速没有关系。排量的常用单位为 mL/r。排量可以调节的液压泵称为变量泵；排量不可以调节的液压泵则称为定量泵。

（2）流量。流量分为理论流量（q_t）、实际流量（q）和额定流量（q_n）。

① 理论流量 q_t。不考虑泄漏等因素，液压泵单位时间内排出的液体体积称为理论流量。如果主轴转速为 n，则液压泵排量和流量的关系为

$$q_t = Vn \tag{2-1-1}$$

② 实际流量 q。在某一具体工况下，液压泵单位时间内排出的液体体积称为实际流量。实际工况下有泄漏，所以实际流量等于理论流量 q_t 减去泄漏量 Δq，即

$$q = q_t - \Delta q \tag{2-1-2}$$

式中：Δq 为液压泵的泄漏量，是理论流量与实际流量之间的差值。

液压泵的泄漏量、流量与压力的关系如图 2-1-2 所示。随压力升高，实际流量减小，泄漏量增加。当压力小于某个值时，两流量曲线相对平缓，当压力高于这个值时，实际流量曲线呈下降趋势，而泄漏量曲线呈上升趋势。因此系统压力越大，泄漏越严重。

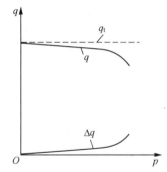

图2-1-2 液压泵的泄漏量、流量与压力的关系

③ 额定流量。额定流量 q_n 又称为公称流量，是指液压泵在正常工作条件下，按试验标准规定（如在额定压力和额定转速下）必须保证的流量。

3. 液压泵的功率

（1）输出功率 P_o。由液压传动的工作特性可知，液压泵输出功率等于其吸、压油口压差（Δp）和输出流量（q）的乘积，即

$$P_o = \Delta pq \tag{2-1-3}$$

在实际计算中，因为油箱内压力一般保持为一个标准大气压，所以用出口压力表示其吸、压油口压差，即泵输出功率等于其出口压力和输出流量的乘积，即

$$P_o = pq \tag{2-1-4}$$

（2）输入功率 P_i。液压泵的输入功率是指作用在液压泵主轴上的机械功率，即泵轴的驱动功率，其值为

$$P_i = 2\pi n T_i \tag{2-1-5}$$

式中：T_i 为液压泵的输入转矩；n 为泵轴的转速。

4. 液压泵的效率

（1）机械效率 η_m。由于机械摩擦，电动机输出的转矩不能全部用于驱动泵轴旋转，因此不计摩擦时驱动泵轴所需的转矩为理论转矩，用 T_t 表示。实际上用于驱动泵轴的转矩为实际转矩，用 T 表示。由于摩擦的影响，$T > T_t$。用机械效率 η_m 表示液压泵输入转矩的损失，由于泵的理

论输入转矩总是小于其实际输入转矩，所以

$$\eta_{\mathrm{m}} = \frac{T_{\mathrm{t}}}{T} \tag{2-1-6}$$

（2）容积效率 η_{v}。由于流量损失，因此液压泵实际输出的流量总是小于其理论上能输出的流量。用容积效率 η_{v} 表示液压泵的容积损失，有

$$\eta_{\mathrm{v}} = \frac{q}{q_{\mathrm{t}}} \tag{2-1-7}$$

（3）总效率 η。总效率指的是液压泵实际输出功率与实际输入功率之比，即

$$\eta = \frac{P_{\mathrm{o}}}{P_{\mathrm{i}}} = \frac{pq}{2\pi n T_{\mathrm{i}}} = \frac{q}{Vn} \cdot \frac{pV}{2\pi T_{\mathrm{i}}} \tag{2-1-8}$$

不计损失时，泵的输出功率与输入功率相等，即有

$$pq_{\mathrm{t}} = pVn = 2\pi n T_{\mathrm{t}}$$

可得

$$T_{\mathrm{t}} = \frac{pV}{2\pi}$$

因此可得

$$\eta = \eta_{\mathrm{v}} \cdot \eta_{\mathrm{m}} \tag{2-1-9}$$

液压泵的总效率等于其机械效率和容积效率的乘积。因此，在机械效率、容积效率和总效率中，总效率最小。

三、液压泵的图形符号

液压泵的图形符号如图 2-1-3 所示。圆圈表示泵的定子，也表示其内部密闭容积；两根水平线表示泵的转子，箭头表示转子的转向；黑色三角表示液压源，也表示油液在泵内受挤压排出，黑色三角的尖指向压油口，即泵的出口，另一端为吸油口；圆圈内斜箭头表示泵输出的流量可调。

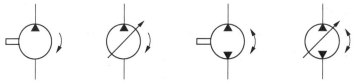

（a）单向定量液压泵　（b）单向变量液压泵　（c）双向定量液压泵　（d）双向变量液压泵

图2-1-3　液压泵的图形符号

根据泵输出流量是否可调，将泵分为定量泵和变量泵；根据泵的输油方向能否改变，可将泵分为单向泵和双向泵，单向泵图形符号圆圈内有一个黑色三角，双向泵图形符号圆圈内有两个黑色三角。单向泵转子转向固定，吸油口和压油口不能互换，而双向泵转子有两个转向，根据转子转向，泵的两个油口可以互换。

任务实施　识读液压泵铭牌

按《液压元件通用技术条件》（GB/T 7935—2005）的规定，应在液压元件的明显部位设置产品铭牌，铭牌内容应包括名称、型号、出厂编号、主要技术参数（额定压力、排量等）、制造商名称和出厂日期。对有方向要求（如液压泵的旋向等）的液压元件，应在元件的明显部位用箭头或相应记号标明。

图 2-1-4 所示为齿轮泵铭牌，其型号说明如图 2-1-5 所示。（解决问题 4）

图2-1-4　齿轮泵铭牌

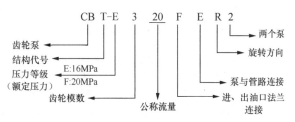

图2-1-5　齿轮泵型号说明

任务总结

本任务介绍了液压泵铭牌上参数的识读，分析了液压泵的工作原理、性能参数及图形符号的识读，为工程技术人员快速了解液压泵性能提供了一种有效的方法。

••• 任务 2.2　常用液压泵 •••

任务描述

假如你是某企业的设备维修人员，已经帮助设备操作人员学会识别液压泵的铭牌。操作人员又提出一个问题：仓库里有多种结构的液压泵，有齿轮泵、叶片泵、柱塞泵等，选哪一种能满足数控车床液压尾座套筒的使用要求？现在由你为设备操作人员分析各种常见液压泵的原理和结构特点，以选用合适的液压泵。

在接到任务后，请根据任务描述，分析以下问题：

1．各种常见液压泵在原理上有什么区别？

2．各种常见液压泵在结构上有什么特点？

3．如何选择合适的液压泵？

读者可尝试按照以下过程解决以上问题。

子任务 2.2.1　认识齿轮泵

子任务分析

通过查看说明书，找出仓库里的齿轮泵，并从原理和结构特点上分析，是否满足液压尾座套筒的使用要求。

相关知识

一、齿轮泵的工作原理

齿轮泵、叶片泵和柱塞泵结构不同，但从原理上都是容积式液压泵。本任务先学习齿轮泵。

齿轮泵就是通过齿轮相互啮合，将原动机输入的机械能转换成油液压力能的能量转换装置。齿轮有内啮合和外啮合两种方式，所以根据啮合方式不同，齿轮泵可分为外啮合齿轮泵和内啮合齿轮泵，如图 2-2-1 所示。

（a）外啮合齿轮泵

（b）内啮合齿轮泵

图2-2-1　齿轮泵

齿轮泵主要由泵体、齿轮轴、齿轮、端盖等组成，如图 2-2-2 所示。其中，齿轮泵的主动轴伸出泵体，一般由电动机带动旋转。

与内啮合齿轮泵相比，外啮合齿轮泵应用更为广泛。

按照齿形不同，齿轮泵还可分为渐开线齿轮泵和摆线齿轮泵，渐开线齿轮泵应用较多。

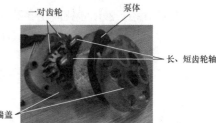
图2-2-2　齿轮泵的主要组成部分

1. 外啮合齿轮泵工作原理

如图 2-2-1（a）所示，密闭容积由泵体、齿轮和前后两个端盖围成，外啮合渐开线齿轮泵工作原理如图 2-2-3 所示。齿轮按图示方向旋转，左侧轮齿逐渐脱离啮合，密闭容积增大，形成局部真空，油箱中油液在大气压作用下进入吸油口，充满吸油腔齿槽，并随齿轮的旋转带入右侧压油腔。右侧轮齿逐渐进入啮合，密闭容积减小，压力升高，齿槽中的油液被挤出，通过压油腔排出，再通过与压油口相连的管道向系统输送压力油。齿轮不断旋转，吸油腔不断吸油，压油腔不断排油。

齿轮泵

内啮合齿轮泵的
工作原理

在齿轮泵工作过程中，只要泵轴旋转方向不变，其吸、压油腔的位置就不变，啮合点沿着啮合线移动，啮合处的齿面接触线将吸、压油腔隔开，起配流盘作用。所以齿轮泵中没有专门的配流机构，这是它的独特之处。

2. 内啮合齿轮泵工作原理

内啮合齿轮泵包括渐开线齿轮泵和摆线齿轮泵（又称摆线转子泵）两种，其工作原理如图 2-2-4 所示。

如图 2-2-4（a）所示，内啮合渐开线齿轮泵中，小齿轮和内齿环之间有一月牙形隔板3，把吸油腔和压油腔隔开。当小齿轮带动内齿环按图示方向旋转时，左侧轮齿退出啮合，形成真空，进行吸油。进入齿槽的油被带到压油腔，右侧轮齿进入啮合，压油腔容积减小，从压油口排油。

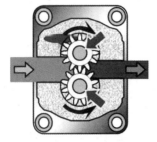
图2-2-3　外啮合渐开线齿轮泵工作原理

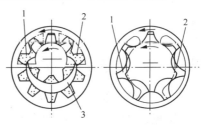
（a）渐开线齿形　　（b）摆线齿形

图2-2-4　内啮合齿轮泵工作原理

1—吸油腔；2—压油腔；3—月牙形隔板

如图 2-2-4（b）所示，内啮合摆线齿轮泵主要零件是一对内啮合的齿轮（即内、外转子）。外转子齿数比内转子齿数多一个，不需要设置隔板。内转子带动外转子同向旋转。在工作时，所有内转子齿都进入啮合，形成几个独立的密封腔。随着内、外转子的啮合旋转，各密封腔的容积发生变化，从而进行吸油和压油。

内啮合齿轮泵的特点是结构紧凑、尺寸小、质量轻、运转平稳、噪声小、效率高、使用寿命长。但与外啮合齿轮泵相比，内啮合齿轮泵齿形复杂，加工精度要求高，价格较贵。

二、齿轮泵的结构特点

1. 径向力不平衡

（1）问题的提出。在分析齿轮泵工作原理时，首先要确定主动齿轮的转向。如图 2-2-5（a）所示，齿轮泵主动轴按照图示的逆时针方向旋转，左侧为压油区，右侧为吸油区；如图 2-2-5（b）所示，齿轮泵主动轴按照图示的顺时针方向旋转，右侧为压油区，左侧为吸油区。由图 2-2-5 可知，主动轴转向变化，泵的吸、压油腔位置也发生变化，吸油口和压油口互换位置。

实际使用中能否把齿轮泵的两个油口互换，即当成双向泵使用？

为回答这个问题，接下来分析齿轮及轴的受力。

（2）径向力不平衡问题分析。齿轮及轴受到的液压力合力（径向力）大致方向如图 2-2-6 所示，液压力大小为

$$F=(0.7\sim0.8)pbD \qquad (2\text{-}2\text{-}1)$$

式中：p 为压力；b 为齿轮宽度；D 为齿轮外圆直径。

由图 2-2-6 可知，液体作用在齿轮外圆上的力不相等，从低压腔到高压腔，压力沿齿轮旋转方向逐渐上升。径向力总是把齿轮推向吸油腔一侧，工作压力越高，径向不平衡力也越大。

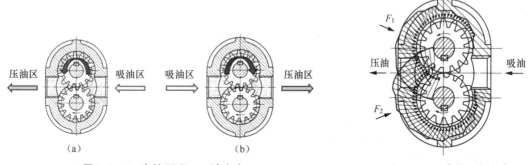

图2-2-5　齿轮泵吸、压油方向　　　　　　图2-2-6　齿轮泵径向力

这个不平衡的径向力使轴弯曲，齿顶与泵体接触，产生摩擦，轴承严重磨损。压力越大，径向不平衡力也越大，这是影响齿轮泵寿命的主要原因。径向力不平衡也直接影响工作压力的进一步提高，所以外啮合齿轮泵一般为低压液压泵。

（3）径向力不平衡的解决措施。为减小径向力不平衡带来的影响，常采用缩小压油口的方法，使压油腔的压力油仅作用在一个齿到两个齿的范围内，如图 2-2-7（a）所示；也可以在泵端盖原吸、压油腔对面开两个平衡槽分别与吸、压油腔相通，如图 2-2-7（b）所示。但这将使泄漏增大、容积效率降低等。

（4）问题的回答。使用中务必注意观察齿轮泵吸油口和压油口大小是否相等。压油口小于

吸油口时，称为正转齿轮泵或反转齿轮泵。
此时泵转向唯一，在端盖上明确标出泵输入
轴的转向，安装时不能装反。否则将导致无
法吸油或者损坏油封。压油口和吸油口大小
相同，并且有单独的泄油口时，则称为双向
齿轮泵，此时齿轮泵的吸油口和压油口允许
互换，齿轮可以反转，可实现双向工作。

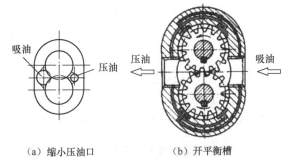

（a）缩小压油口　　　　（b）开平衡槽

图2-2-7　齿轮泵径向力不平衡解决办法

　　2. 齿轮泵的困油现象

　　齿轮连续传动的条件之一是两个齿轮的
重合度必须大于 1，即前面一对轮齿退出啮合之前，后面一对轮齿已进入啮合，所以会出现两
对轮齿同时啮合的情况。在两对轮齿的啮合线之间形成一个密闭容积，如图 2-2-8 中啮合点 A
和 B 之间的密闭容积 V_a。

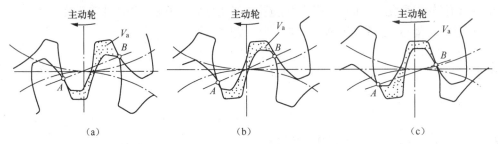

（a）　　　　　　　　　　（b）　　　　　　　　　　（c）

图2-2-8　齿轮泵的困油现象

　　这个密闭容积与压油腔和吸油腔都不相通，有一部分油液会被困在其中。随着齿轮的转动，
这个密闭容积的大小会逐步发生变化。如图 2-2-8 所示，主动轮按图示方向旋转，这个密闭容
积先逐步减小，即从图 2-2-8（a）到图 2-2-8（b），图 2-2-8（b）达到最小；随着齿轮的继续旋
转，密闭容积又逐渐增大，即从图 2-2-8（b）到图 2-2-8（c），图 2-2-8（c）达到最大。

　　密闭容积减小时，由于无法排油，困油区的油液受到挤压，压力急剧升高。高压油从一切可能泄
漏的缝隙强行挤出，使齿轮和轴承等受到附加的不平衡负载作用；泵剧烈振动，同时无功损耗增大，
油液发热；密闭容积增大时，由于无法补油，困油区形成局部真空，产生气穴，易引起振动、噪声和
气蚀。油液处在困油区中，需要排油时无处可排，而需要补充油时，又无法补充，这种现象称为困油。

　　消除困油现象的方法，通常是在齿轮端面接触的端盖上或轴承座上开卸荷槽，如图 2-2-9 中的虚
线所示，容积增大时卸荷槽与吸油腔相通，容积减小时与压油腔相通。实际卸荷槽如图 2-2-10 所示。

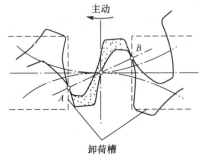

图2-2-9　卸荷槽

图2-2-10　实际卸荷槽

如图 2-2-10 所示，在很多齿轮泵中，两槽并不对称于齿轮中心线分布，而是整个向吸油腔侧平移一段距离，两卸荷槽间距要保证在任何情况下，吸、压油腔不相通。通过实践证明，这样能取得更好的卸荷效果。

3. 齿轮泵的泄漏

齿轮泵存在着三个可能产生泄漏的部位，形成三种泄漏：齿轮端面与前后端盖的间隙，这个部位的泄漏称为轴向泄漏；齿顶与泵体径向间隙，这个部位的泄漏称为径向泄漏；齿轮齿面啮合处的间隙，这个部位的泄漏称为啮合线泄漏。

这三种泄漏中，轴向泄漏最大、最严重，占总泄漏量的 75%～80%，因为这个部位泄漏路径短，泄漏面积大。泄漏是阻碍齿轮泵工作压力提高的主要原因，泵的压力越高，间隙越大，泄漏就越大，因此一般齿轮泵只适用于低压系统，且其容积效率很低。为减小泄漏，用设计较小间隙的方法并不能取得好的效果，因为间隙过小，端面之间的机械摩擦损失增加，会降低机械效率，而且泵在经过一段时间运转后，由于磨损而使间隙变大，泄漏又会增加。为使齿轮泵能在高压下工作，并具有较高的容积效率，需要从结构上采取措施对端面间隙进行自动补偿。

一般采用端面间隙自动补偿方法。通常采用的端面间隙自动补偿装置有浮动轴套和弹性侧板两种，如图 2-2-11 所示，其原理都是引入压力油使轴套或侧板紧贴齿轮端面，压力越高，贴得越紧，从而自动补偿端面磨损和减小间隙。

（a）浮动轴套　　　　　　（b）弹性侧板

图2-2-11　浮动轴套和弹性侧板

图 2-2-12 所示为采用浮动轴套的中高压齿轮泵的一种典型结构。图 2-2-12 中，轴套 1 和 2 浮动安装，轴套左侧的空腔均与泵的压油腔相通。当泵工作时，轴套 1 和 2 受左侧油压作用而向右移动，将齿轮两侧面压紧，从而自动补偿了端面间隙。这种齿轮泵的额定工作压力可达 10～16MPa，容积效率不低于 0.9。

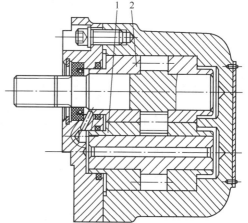

4. 外啮合齿轮泵的排量和流量

外啮合齿轮泵的排量可以近似看作两个齿轮的齿槽容积之和。设齿间槽的容积等于轮齿的体积，则排量近似等于一个齿轮的所有轮齿体积加上齿间槽容积之和。若齿数为 z，节圆直径为 d，模数为 m，齿高为 h，齿宽为 b，则排量为

$$V=n\pi dhb=2n\pi zm^2b \qquad （2-2-2）$$

图2-2-12　采用浮动轴套的中高压齿轮泵

1、2—轴套

式中：d 为节圆直径，d=mz；h 为有效齿高，h=2m；b 为齿宽；m 为齿轮模数；n 为修正系数，n=1.06。

相当于一个以齿轮齿高 h 为高度、齿宽 b 为宽度的环形柱体体积。考虑到齿间槽容积比轮

齿的体积稍微大些，通常取 $V=6.66zm^2b$。因此，齿轮泵是一种定量泵。由排量 V 和流量的关系式即式（2-1-1）可得

$$q_t=6.66zm^2bn, \quad q=6.66zm^2bn\eta_v \tag{2-2-3}$$

式中，q 是齿轮泵平均流量。但在实际工作条件下，随啮合点位置改变，齿轮啮合过程中压油腔容积变化率不均匀，造成齿轮泵瞬时流量脉动。流量脉动引起压力脉动，随之会产生振动与噪声，所以高精度机械不适宜采用齿轮泵。理论研究表明，齿数越少，脉动率越大。

三、齿轮泵的典型应用

齿轮泵的主要优点是结构简单，质量轻，体积小；抗污染能力强，工作可靠；自吸性能强；制造与维护容易、价格低。主要缺点是径向力不平衡，泄漏量大，工作压力低，噪声大，效率低，排量不可调。它一般用于低压、大流量的场合，如机床、液压机械、橡塑机械、工程机械的液压系统，也可作为润滑泵、输油泵使用在稀油站、润滑设备行业中。

如现代汽车发动机的机油泵，作用是把机油送到发动机各摩擦部位，保证机油在润滑系统内循环流动，并在发动机任何转速下都能以足够高的压力向润滑部位输送足够数量的机油。齿轮式机油泵结构简单，制造容易，并且工作可靠，应用很广泛。

子任务实施　分析齿轮泵是否满足尾座套筒的使用要求

尾座套筒的伸出和缩回在速度上要求可调，并且要求当顶尖即将接触到工件并低速运动时，稳定性好。齿轮泵是定量泵，当尾座低速运动时，根据液压传动流量和运动速度的关系，为获得低速，必须将泵输出的一部分流量泄漏回油箱，这必将增加系统能量损失。因此选用变量泵比较合适。

子任务 2.2.2　认识叶片泵

子任务分析

子任务 2.2.1 分析得出应选用变量泵，但是查看说明书发现叶片泵和柱塞泵都可以作为变量泵使用。究竟选用变量叶片泵还是变量柱塞泵，需要分析这两种类型泵的原理和结构特点。接下来，通过查看说明书，找出仓库里的叶片泵，并判断是否满足液压尾座套筒的使用要求。

相关知识

一、叶片泵的工作原理

叶片泵是利用叶片将原动机输入的机械能转换成压力能的能量转换装置。按照转子转一周吸油和压油次数的不同，叶片泵分为单作用叶片泵和双作用叶片泵。图 2-2-13 所示为双作用叶片泵，图 2-2-14 所示为单作用叶片泵。

1. 双作用叶片泵的工作原理

双作用叶片泵主要由定子、转子、叶片、两侧配油盘、泵体及端盖等组成。其工作原理如图 2-2-15 所示。

转子是个圆柱，定子内表面形似椭圆，椭圆由两段半径为 R 的大圆弧、两段半径为 r 的小圆弧和四段过渡曲线所组成；定子和转子同心安装，转子外表面是圆形，转子上沿圆周均布若干个

转子槽,转子槽内安放叶片。叶片随转子转动,同时在转子槽内做往复运动;相邻叶片、定子内表面、转子外表面及两端端盖相配合形成了腰鼓环形密闭容积。

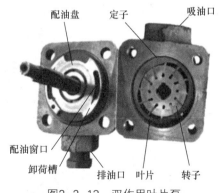

图2-2-13 双作用叶片泵

图2-2-14 单作用叶片泵

在配油盘上,对应于定子四段过渡曲线的位置开有四个腰形配油窗口,其中两个窗口与泵的吸油口连通,为吸油窗口;另两个窗口与压油口连通,为压油窗口。转子旋转时,叶片在自身离心力和由压油腔引至叶片根部的高压油作用下始终贴紧定子内表面,并在转子槽内往复滑动。转子按图2-2-15所示方向旋转,当叶片由定子小半径 r 处向定子大半径 R 处运动时,叶片逐渐伸出,相邻两叶片间的密闭容积逐渐增大,形成局部真空而经过吸油窗口吸油;当叶片由定子大半径 R 处向定子小半径 r 处运动时,叶片逐渐缩回,相邻两叶片间的密闭容积逐渐减小,便通过压油窗口压油。

泵轴每转一周,每个叶片往复滑动两次,液压泵实现吸两次油、压两次油,故这种泵称为双作用叶片泵。又因吸、压油口对称分布,作用在转子和轴承上的径向液压力相平衡,所以这种泵又称为平衡式叶片泵和卸荷式叶片泵。

2. 单作用叶片泵的工作原理

单作用叶片泵的工作原理如图2-2-16所示。

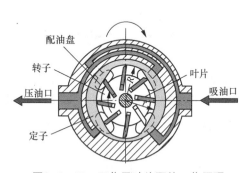

图2-2-15 双作用叶片泵的工作原理

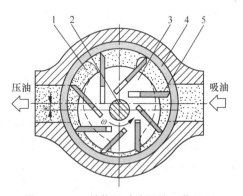

图2-2-16 单作用叶片泵的工作原理

1—配油盘;2—轴;3—转子;4—定子;5—叶片

单作用叶片泵主要由定子、转子、叶片、两侧配油盘、泵体及端盖等组成。与双作用叶片泵一样,单作用叶片泵的叶片安装在转子槽内,叶片随转子转动,同时在转子槽内做往复运动。当转子回转时,由于离心力的作用,使叶片紧靠在定子内表面。相邻叶片、定子内表面、转子外表面及两端端盖形成密闭容积。两端的配油盘上只开有一个吸油窗口和一个压油窗口。转子按图2-2-16所示方向旋转,在泵的右侧,叶片逐渐伸出,密闭容积逐渐变大,吸油;在泵的左侧，叶片逐渐缩回，密闭容积逐渐变小，压油。转子转一周，每个叶片在转子槽内往复滑动一次，每相邻两叶片间的密闭容积发生一次增大和缩小的变化，吸、压油各一次，故称单作用叶片泵。这种泵转子所受的径向液压力不平衡限制了这种泵的工作压力的提高。

3. 限压式变量叶片泵

单作用叶片泵的变量方法有手调和自调两种。自调变量泵又根据其工作特性的不同分为限压式、恒压式和恒流量式三类，其中限压式应用较多。限压式变量叶片泵利用负载压力反馈作用实现流量改变，分为外反馈和内反馈两种形式。

限压式变量叶片泵的工作原理

（1）外反馈限压式变量叶片泵的工作原理。如图 2-2-17 所示，转子和定子相对偏心安装，偏心距为 e，转子 2 的中心 O_1 固定，定子 3 的中心 O_2 不固定，可左右移动，因此偏心距可调。右侧设置调压弹簧 5 和调节螺钉 4，左侧设置反馈液压缸 6，反馈液压缸油腔与泵压油腔相通。所以泵在正常工作时，定子在出口处油的反馈压力和调压弹簧 5 的相互作用下处于一个相对平衡的位置。

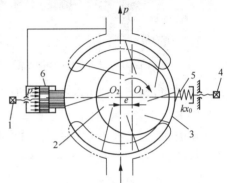

在泵工作过程中，反馈液压缸活塞对定子施加向右的反馈力 pA（A 为活塞有效作用面积）。设泵的工作压力达到 p_B 值时，定子所受的液压力与弹簧力相平衡，有 $p_BA=kx_0$（k 为弹簧刚度，x_0 为弹簧的预压缩量），则 p_B 称为泵的限定压力。

图2-2-17 外反馈限压式变量叶片泵的工作原理

1、4—调节螺钉；2—转子；3—定子；
5—调压弹簧；6—反馈液压缸

当泵的工作压力 $p<p_B$ 时，$pA<kx_0$，定子 3 在调压弹簧 5 的作用下处于最左端的位置，偏心距最大，泵输出的流量最大。

当泵的工作压力 $p=p_B$ 时，$pA=kx_0$，反馈液压缸克服调压弹簧 5 的作用力而向右推动定子 3，使定子 3 在反馈液压缸 6 的活塞和调压弹簧 5 的共同作用下，处于某个相对平衡的工作位置，定子的偏心距及输出流量都处于一个相对平衡的状态。

当泵的工作压力 $p>p_B$ 时，$pA>kx_0$，调压弹簧被压缩，定子右移，偏心距减小，泵的流量也随之迅速减小。压力越高，偏心距越小，输出流量越小。当负载过高时，会将定子推到最右端位置，调压弹簧 5 将处于最大压缩状态，此时定子偏心距为零（或接近于零），泵将停止向外供油，从而防止出口压力继续升高，起到安全保护作用，所以这种泵被称为限压式变量叶片泵。

（2）限压式变量叶片泵的流量-压力特性。限压式变量叶片泵的流量-压力特性曲线如图 2-2-18 所示。曲线表示泵工作时流量随压力变化的关系。当泵的工作压力小于 p_B 时，其特性相当于定量泵，用线段 AB 表示，线段 AB 和水平线的差值 Δq 为泄漏量。B 点为特性曲线的转折点，其对应的压力 p_B 就是限定压力，它表示在初始偏心距 e_0 时，泵可达到的最大工作压力。

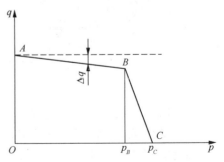

当泵的工作压力超过 p_B 以后，调压弹簧被压缩，偏心距减小，流量随压力的增加而剧减，其变化情况用线段 BC 表示。C 点所对应的压力 p_C 为极限压力

图2-2-18 限压式变量叶片泵的流量-压力特性曲线

（又称截止压力），这时调压弹簧被压缩到最短，偏心距减至最小，泵的实际输出流量为零。

限压式变量叶片泵对既要实现快速行程又要实现工作进给的执行元件来说是一种合适的油源：快速行程需要大的流量，负载压力低，用 AB 段曲线部分；工作进给时负载压力升高，需要流量小，用 BC 段曲线部分。

二、叶片泵的结构特点

1. 排量和流量

（1）双作用叶片泵。由图 2-2-16 所示可知，叶片每伸缩一次，每两叶片间油液的排量等于大半径 R 圆弧段的容积与小半径 r 圆弧段的容积之差。若叶片数为 z，则双作用叶片泵每转排量等于上述容积差的 $2z$ 倍。当忽略叶片本身所占的体积时，双作用叶片泵的排量即为环形体容积的 2 倍，表达式为

$$V=2\pi(R^2-r^2)b \qquad (2\text{-}2\text{-}4)$$

式中：b 为叶片宽度。

由式（2-2-4）可知，双作用叶片泵为定量泵。泵输出的实际流量则为

$$q=Vn\eta_v=2\pi(R^2-r^2)bn\eta_v \qquad (2\text{-}2\text{-}5)$$

如不考虑叶片对泵排量的影响，则双作用叶片泵理论上无流量脉动。实际上，叶片有一定的厚度，根部又连通压油腔，而且泵的生产过程中存在各种误差，如两圆弧的形状误差、同轴度误差等，这些原因都会造成输出流量出现微小脉动。但其脉动率是除螺杆泵外最小的。通过理论分析还可得知，流量脉动率在叶片数为 4 的整数倍且大于 8 时最小，故双作用叶片泵的叶片数通常取 12 或 16。

（2）单作用叶片泵。定子、转子直径分别为 D 和 d，叶片宽度为 b，两叶片间夹角为 β，叶片数为 z，定子与转子的偏心距为 e。经理论分析，单作用叶片泵的排量为

$$V=2\pi beD \qquad (2\text{-}2\text{-}6)$$

由式（2-2-6）可知，排量与偏心距成正比。泵输出的实际流量则为

$$q=2\pi beDn\eta_v \qquad (2\text{-}2\text{-}7)$$

由式（2-2-7）表明，改变偏心距 e，就可改变流量大小；转子转向不变，改变偏心方向，吸油和压油方向相反。故单作用叶片泵可以作为双向变量泵使用。但是当偏心方向确定后，单作用叶片泵仍然是单向变量泵。在使用中不能单纯通过改变泵轴转向实现双向工作。

单作用叶片泵的定子内表面和转子外表面都是圆柱面，由于偏心安置，其容积变化不均匀，故有流量脉动。理论分析表明，叶片数为奇数时脉动率较小，故一般叶片数为 13 或 15。

（3）限压式变量叶片泵。由图 2-2-17 所示知，限压式变量叶片泵是变量泵，并能根据负载大小自动调节输出的流量，在功率使用上较为合理，可减小油液发热，常用于执行机构需要有快慢速的机床液压系统，可以节能并简化油路。

2. 定子内表面和叶片倾角

双作用叶片泵定子内表面由四段圆弧和四段过渡曲线组成，一般采用综合性能较好的等加速、等减速曲线作为过渡曲线。单作用叶片泵的定子内表面为一个圆。

由图 2-2-15 所示知，从叶片底部（叶片与定子内表面压紧的一端）观察，双作用叶片泵的叶片沿着旋转方向向前倾斜安装，此时转子不允许反转，为单向泵。叶片底部油槽和压油腔相通。叶片前倾可减小叶片顶部与定子内表面的摩擦，前倾角一般为 10°～14°。

由图 2-2-16 可知，从叶片底部观察，单作用叶片泵的叶片沿着旋转方向向后倾斜安装，此时转子不允许反转，为单向泵。叶片底部油槽采取在压油区通压油腔、吸油区通吸油腔的结构形式。叶片后倾有利于叶片在离心力作用下向外伸出，后倾角一般为 24°。

3. 径向力

双作用叶片泵两个高压腔、两个低压腔关于轴对称，径向力平衡，因此可提高泵的工作压力，双作用叶片泵的额定压力可达 21～32MPa。

单作用叶片泵的转子及轴承上承受着不平衡的径向力。这限制了泵工作压力的提高，所以泵的额定压力不超过 7MPa，常为中低压泵。径向力不平衡还会造成叶片整体振动，产生较大噪声，也不利于延长轴承的工作寿命。

4. 提高双作用叶片泵工作压力的措施

前已述及，叶片底部油槽通压油腔。当叶片处于吸油区时，其顶部通吸油腔，底部通压油腔，压力差使叶片以很大的力压向定子内表面，从而加速定子内表面的磨损。吸油区叶片两端压力不平衡限制了双作用叶片泵工作压力的提高。为提高叶片泵工作压力，必须采取措施，减小叶片压向定子的作用力。

常用措施一：减小作用在叶片底部的油液压力。高压油通过阻尼孔或内装小减压阀后再接到吸油腔的叶片底部。

常用措施二：减小叶片底部承受压力油作用的面积，如图 2-2-19 所示的子母叶片结构。

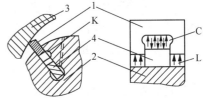

图2-2-19　子母叶片结构

1—母叶片；2—转子；3—定子；4—子叶片

如图 2-2-19 所示，母叶片的根部 L 腔经转子 2 上虚线所示的油孔始终和顶部油腔相通，而子叶片 4 和母叶片 1 间的小腔 C 通过配油盘经 K 槽总是接通压力油。当叶片在吸油区工作时，推动母叶片压向定子 3 的力仅为小腔 C 的油压力，此力不大，但能使叶片与定子接触良好，保证密封。

常用措施三：平衡叶片顶部和底部的液压作用力。

如图 2-2-20 所示，在转子每一槽内装两片叶片，叶片顶端和两侧面倒角构成 V 形通道，根部压力油经过通道进入顶部，使叶片顶部和根部的油压相等。合理设计叶片顶部棱边的宽度，使叶片顶部的承压面积小于根部的承压面积，从而既保证了叶片与定子紧密接触，又不会产生过大的压力。

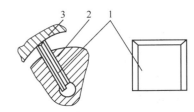

图2-2-20　双叶片结构

1—叶片；2—转子；3—定子

三、叶片泵的典型应用

与齿轮泵相比，双作用叶片泵输出流量脉动小，运转平稳，噪声小；径向力平衡，寿命长，容积效率高，工作压力高；结构较紧凑，轮廓尺寸较小。单作用叶片泵可作双向变量泵使用，流量也易于调节。外反馈限压式变量叶片泵能根据负载大小和压力波动，自动调节流量，易于实现过载保护，功率损耗较小，对机械动作和变化的外负载有一定的自适应调整能力。

与齿轮泵相比，叶片泵存在自吸能力差、调速范围小、最高转速较低、叶片容易咬死、工作可靠性较差、结构较复杂、对油液污染较敏感等缺点。单作用叶片泵由于定子与转子的偏心安装结构，其转子会受到不平衡的径向力作用，所以这种泵一般只用于低压变量的场合。限压式变量叶片泵结构复杂，轮廓尺寸大，相对运动的机件多，泄漏较大，同时转子轴上承受较大的不平衡径向力，噪声也较大，容积效率和机械效率都没有定量叶片泵高。

叶片泵一般用于专用机床、自动化设备中的中、低压液压系统。其中，双作用叶片泵因流量脉动很小，因此在精密机械中应用较广。单作用叶片泵常作变量泵使用，常用于组合机床、压力机械等。外反馈限压式变量叶片泵对那些要实现空行程快速移动和工作行程慢速进给（慢速移动）的液压驱动是一种较合适的动力源，特别适用于那些要求执行元件有快速、慢速和保压阶段的中、低压系统，有利于节能和简化回路。

子任务实施　分析叶片泵是否满足尾座套筒的使用要求

子任务 2.2.1 分析得出应选择变量泵，单作用叶片泵是手动调节流量的单作用叶片泵，外反馈限压式变量叶片泵是自动调节流量的单作用叶片泵，都是变量泵。单作用叶片泵要调节流量则必须手动改变其定子和转子的偏心距大小，而外反馈限压式变量叶片泵则能自动地根据负载大小调节刀架移动速度，两者对比，选用外反馈限压式变量叶片泵比较合适。但是根据说明书，柱塞泵也能实现根据负载调节流量，还需要再与柱塞泵比较，才能确定。

子任务 2.2.3　认识柱塞泵

子任务分析

子任务 2.2.2 分析得出外反馈限压式变量叶片泵和柱塞泵都能满足尾座套筒根据负载自动调节刀架移动速度的要求，但是无法确定选用哪种泵，接下来，继续通过查看说明书，找出仓库里的柱塞泵，从原理和结构特点上分析，确定哪种变量泵满足液压尾座套筒的使用要求，并总结选用液压泵的方法。

相关知识

一、柱塞泵的工作原理

柱塞泵是利用柱塞将原动机输入的机械能转换为压力能的能量转换装置。按照柱塞的排列方式，柱塞泵分为轴向柱塞泵和径向柱塞泵。其中，沿着轴向排列的就是轴向柱塞泵，沿着径向排列的就是径向柱塞泵。

1. 轴向柱塞泵

轴向柱塞泵可分斜盘式和斜轴式两类。

（1）斜盘式轴向柱塞泵。斜盘式轴向柱塞泵主要由斜盘、柱塞、缸体、传动轴、配油盘及两端端盖等部分组成。其工作原理如图 2-2-21 所示。柱塞安装在缸体上的柱塞孔内，沿缸体圆周均匀分布。泵传动轴中心线与缸体中心线重合，斜盘轴线与缸体轴线倾斜一个角度 γ，柱塞压紧在斜盘上，配油盘上有两个窗口，即吸油窗口和压油窗口。

柱塞和柱塞孔围成密闭容积 V，传动轴 5 带动缸体 1 旋转，斜盘 4 和配油盘 2 固定不动，在弹簧 6 的作用下，柱塞头部始终紧贴斜盘。传动轴 5 带动缸体按图 2-2-21 所示方向转动，当缸体自上而下转动时，由于斜盘有一定的斜度，柱塞与斜盘又压紧在一起，在斜盘和弹簧的共同作用下，柱塞逐渐向缸体外伸出，密闭容积 V 变大，通过配油盘上的吸油窗口吸油；当缸体自下而上转动时，斜盘的作用力使弹簧压缩，迫使柱塞逐渐缩回缸体，密闭容积 V 减小，通过配油盘上的压油窗口压油。缸体每转一转，每个柱塞往复运动一次，各完成一次吸、压油动作。

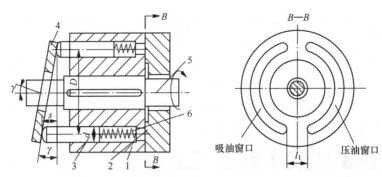

图2-2-21　斜盘式轴向柱塞泵的工作原理

1—缸体；2—配油盘；3—柱塞；4—斜盘；5—传动轴；6—弹簧

（2）斜轴式轴向柱塞泵。斜轴式轴向柱塞泵的工作原理如图 2-2-22 所示。

当传动轴 1 沿图 2-2-22 所示方向旋转时，连杆 2 的侧面带动柱塞 3 连同缸体 4 一起转动，柱塞同时也在孔内做往复运动，使柱塞孔底部的密闭容积不断发生增大和缩小的周期性变化，再通过配油盘 5 上的窗口 a 和 b 实现吸油和压油。改变角度 γ 可以改变泵的排量。

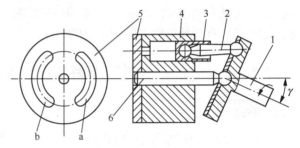

图2-2-22　斜轴式轴向柱塞泵的工作原理

1—法兰传动轴；2—连杆；3—柱塞；4—缸体；5—配油盘；
6—中心轴；a—吸油窗口；b—压油窗口

与斜盘式轴向柱塞泵相比，斜轴式轴向柱塞泵转速相对较高，自吸性能好，结构强度较高，允许的倾角 γ_{max} 较大，变量范围较大。一般斜盘式轴向柱塞泵的最大斜盘倾角为 20°左右，而斜轴式轴向柱塞泵的最大倾角可达 40°。但斜轴式轴向柱塞泵体积较大，结构更为复杂。

目前，斜盘式和斜轴式轴向柱塞泵的应用都很广泛。

2. 径向柱塞泵

径向柱塞泵的工作原理如图 2-2-23 所示。径向柱塞泵主要由定子 4、转子（缸体）、柱塞 1、配流轴 5、衬套 3 等组成，柱塞径向均匀分布在转子中。转子和定子之间有一个偏心距 e。配流轴固定不动，上部和下部各做成一个缺口，此两缺口又分别通过所在部位的两个轴向孔与泵的吸、压油口连通。配流轴外的衬套与转子内孔是过盈配合的，随

径向柱塞泵

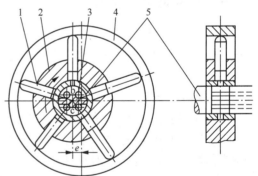

图2-2-23　径向柱塞泵的工作原理

1—柱塞；2—转子（缸体）；3—衬套；4—定子；5—配流轴；
b—吸油腔；c—压油腔

转子一起转动。当转子按图 2-2-23 所示方向旋转时，上半周的柱塞在离心力作用下外伸，经过衬套上的油孔通过配流轴吸油；下半周的柱塞则受定子内表面的推压作用而缩回，通过配流轴压油。转子回转一周，每个柱塞根部的密闭容积完成一次周期性的变化，实现一次吸、压油。

柱塞泵依靠柱塞在缸体内做往复运动，使密闭容积产生周期性变化而实现吸油和压油。其

中，柱塞与缸体内表面均为圆柱面，易达到高精度配合，故该泵泄漏少，容积效率高。

二、柱塞泵的结构特点

1. 排量和流量

（1）斜盘式轴向柱塞泵的排量和流量。设柱塞数目为 z，柱塞直径为 d，柱塞孔的分布圆直径为 D，斜盘倾角为 γ，如图 2-2-24 所示，当缸体转动一圈时，柱塞一次往复运动的行程 L 为

$$L = D \tan \gamma \qquad\qquad (2\text{-}2\text{-}8)$$

则泵的排量为

$$V = \frac{\pi}{4} d^2 L z = \frac{\pi}{4} d^2 D (\tan \gamma) z \qquad (2\text{-}2\text{-}9)$$

式中：z 为柱塞数。

泵输出的实际流量为

$$q = \frac{\pi}{4} d^2 L z n \eta_v = \frac{\pi}{4} d^2 D (\tan \gamma) z n \eta_v \qquad (2\text{-}2\text{-}10)$$

因此，改变斜盘的倾角 γ，就能改变泵的排量，所以轴向柱塞泵是一种变量泵。

如图 2-2-25 所示，转子转向不变，当改变斜盘倾角方向时，就能改变吸、压油方向，这时柱塞泵就成为双向变量泵。

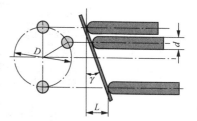

图2-2-24 斜盘式轴向柱塞泵的流量计算

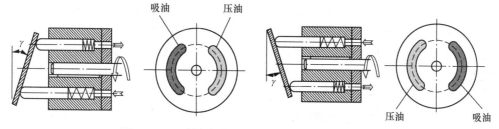

图2-2-25 斜盘倾角方向对泵吸、压油方向的影响

但是当斜盘倾角方向确定后，斜盘式轴向柱塞泵仍然是单向变量泵。在使用中不能单纯通过改变泵轴转向实现双向工作。

柱塞泵的输油量是脉动的。单个柱塞的瞬时流量按正弦规律变化。整个泵的瞬时流量是处于压油区几个柱塞瞬时流量的总和，因而也是脉动的。不同柱塞数目的柱塞泵，其输出流量的脉动率不同。具体脉动率 σ 的大小见表 2-2-1。

表 2-2-1 柱塞泵的流量脉动率

柱塞数 z	5	6	7	8	9	10	11	12
脉动率 σ	4.98%	14%	2.53%	7.8%	1.53%	4.98%	1.02%	3.45%

由表 2-2-1 所示可以看出，柱塞数较多并为奇数时，脉动率较小，故斜盘式轴向柱塞泵的柱塞数一般都为奇数。从结构和工艺性考虑，柱塞数常取 7、9 或 11。此时，其脉动率远小于外啮合齿轮泵。

（2）径向柱塞泵的排量和流量。由图 2-2-23 所示知，移动径向柱塞泵的定子，改变偏心距大小，便可改变柱塞的行程，从而改变排量。若改变偏心距的方向，则可改变吸、压油的方向。同斜盘式轴向柱塞泵一样，在使用中也不能单纯通过改变泵轴转向实现双向工作。

因此，径向柱塞泵可以做成单向变量泵或双向变量泵。径向柱塞泵的外形尺寸较大，应用不广，因此下面只分析轴向柱塞泵的结构特点。

2. 斜盘式轴向柱塞泵的典型结构特点

图 2-2-26 所示为一种手动变量斜盘式轴向柱塞泵的结构简图，其中左半部分为该泵的手动变量机构，右半部分为该泵的主体部分。

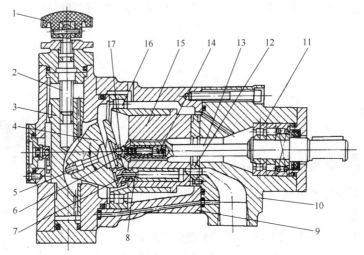

图2-2-26 手动变量斜盘式轴向柱塞泵

1—手轮；2—螺杆；3—活塞；4—斜盘；5—销轴；6—压盘；7—滑履；8—柱塞；9—中间泵体；
10—前泵体；11—前轴承；12—配油盘；13—传动轴；14—中心弹簧；15—缸体；16—大轴承；17—钢球

传动轴通过花键带动缸体旋转。柱塞（7个）均匀安装在缸体上。柱塞的头部装有滑履，滑履与柱塞是球铰连接的，可以任意转动。由弹簧通过钢球和压盘将滑履压靠在斜盘上。这样，当缸体转动时，柱塞就可以在缸体中做往复运动，完成吸油和压油过程。配油盘与泵的吸油口和压油口相通，固定在泵体上。在滑履与斜盘相接触的部分有一个油室，起着静压支承作用，从而减少了磨损。

（1）滑履。图 2-2-21 所示的斜盘式轴向柱塞泵，各柱塞以球形头部直接接触斜盘而滑动，柱塞头部与斜盘之间为点接触，泵工作时，柱塞头部接触应力大，极易磨损，只适用于低压。故一般轴向柱塞泵都在柱塞头部装一滑履，如图 2-2-27 所示。

滑履的底平面与斜盘接触，而柱塞头部与滑履则为球面接触，并加以铆合，使柱塞和滑履既不会脱落又可以相对转动，改点接触为面接触，降低接触应力；压力油经柱塞球头中间小孔流入滑履油室，使滑履和斜盘间形成液体润滑，改善润滑条件，提升工作压力（32MPa 以上）。

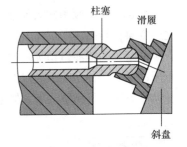

图2-2-27 滑履结构

（2）中心弹簧。柱塞头部的滑履必须始终紧贴斜盘才能正常工作，图 2-2-21 所示的斜盘式轴向柱塞泵，在每个柱塞底部加一个弹簧，以保证柱塞压紧斜盘。但这种结构中，随着柱塞的往复运动，弹簧易于疲劳损坏。图 2-2-26 中改用一个中心弹簧，通过钢球和压盘将滑履压向斜盘并带动柱塞运动，从而使泵具有较好的自吸能力。这种结构中的弹簧只受静载荷，不易疲劳损坏。

（3）变量机构。在变量轴向柱塞泵中均设有专门的变量机构，用来改变斜盘倾角 γ 的大小以调节泵的排量。轴向柱塞泵的变量控制方式有多种，如手动变量机构、手动伺服变量机构、液压伺服变量机构。

① 手动变量机构。图 2-2-26 所示为一种手动变量机构。其工作原理是：转动手轮，螺杆转动，带动变量活塞轴向移动，变量活塞通过销轴使斜盘绕着变量机构壳体上的圆弧导轨面的中心（钢球中心）旋转，改变倾角大小。其结构简单，但操纵不轻便，且不能在工作过程中改变流量（变量），通常只有在停机或泵压较低的情况下才能实现变量。

② 手动伺服变量机构。大功率泵用手动变量机构不足以推动传动构件，需要借助液压的力量，因而采用手动伺服变量机构。图 2-2-28 所示为一种手动伺服变量机构。

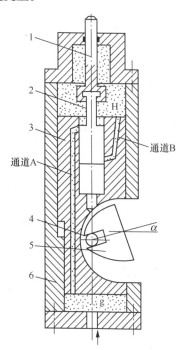

图2-2-28 手动伺服变量机构
1—拉杆；2—先导阀；3—随动活塞；
4—销钉；5—变量头；6—随动阀外壳

如图 2-2-28 所示，泵输出的压力油进入变量壳体的下腔 g，作用在随动活塞的下端。图示状态拉杆不动，随动活塞的上腔 H 封闭。压下拉杆，推动先导阀（伺服阀）向下运动，g 腔压力油经通道 A 到达随动活塞的上腔。由于随动活塞上腔的有效面积大于下腔的有效面积，液压合力向下，随动活塞向下运动，直至将通道 A 封闭。变量活塞向下移动时，销轴带动斜盘摆动，倾角增大，泵输出流量增大。向上拉拉杆，推动先导阀向上运动，打通道 B，上腔 H 的油液通过通道 B 接通油箱而卸压，随动活塞在变量壳体下腔 g 内压力油作用下向上运动，直至关闭通道 B。斜盘倾角变小，泵输出流量变小。

手动伺服变量机构与手动变量机构不同的是：手动变量机构是直接提拉变量活塞，由于斜盘的作用力较大，提拉很困难；而手动伺服变量机构是提拉伺服活塞，作用力很小，变量活塞随伺服活塞的移动而移动，有力的放大作用。因此，手动伺服变量机构比较简单、方便，可以在液压泵工作中改变流量。

③ 液压伺服变量机构。图 2-2-29 所示的液压伺服变量机构完全由液压元件根据泵负载压力自动调节流量。

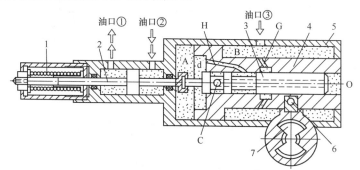

图2-2-29 液压伺服变量机构
1—平衡弹簧；2—拉杆；3—先导阀；4—随动阀；5—外壳；6—销轴；7—变量头传动件

如图 2-2-29 所示，压力油从油口③进入随动阀 4 的下腔 B，当液压油从油口①进入拉杆 2 的上腔，其下腔油液由油口②排出时，液压油推动拉杆 2 向下移动；拉杆 2 下移推动先导阀 3 下移，直至打开通道 G，B 腔内油液经过通道 H 进入随动阀上腔 A；由于随动阀上腔 A 的面积大于其下腔 B 的有效面积，液压合力向下，随动阀 4 在液压合力的作用下向下移动；随动阀 4

下移时，销轴经变量头传动件带动斜盘摆动，倾角增大，泵输出流量增大。

同理，当液压油从油口②进入拉杆 2 的下腔，其上腔油液由油口①排出时，液压油推动拉杆 2 向上移动，带动先导阀上移，关闭通道 G，随动阀上腔油液由先导阀上油口 C 经 O 口排出，随动阀向上移动；随动阀上移时，销轴经变量头传动件带动斜盘反向摆动，倾角减小，泵输出流量减小。

（4）径向力和困油现象。由以上分析可知，因进、出油口压力的不同，轴向柱塞泵会产生一定的径向力。但图 2-2-26 所示柱塞泵在结构上合理布置了圆柱滚子轴承，使径向力的合力作用线在圆柱滚子轴承的长度范围之内。斜盘倾角一般不大于 20°，所以径向力很小。

在轴向柱塞泵中，因吸、压油配油窗口的间距大于缸体柱塞孔底部窗口长度，在离开吸（压）油窗口到达压（吸）油窗口之前，由于斜盘的倾角，柱塞底部的密闭容积大小会发生变化，所以轴向柱塞泵存在困油现象。常用的解决办法是在配油盘上开困油卸荷槽。

三、柱塞泵的典型应用

柱塞泵靠柱塞在缸体中做往复运动，使密封工作容腔的容积发生变化实现吸油、压油。柱塞与缸孔都是圆形，加工容易，尺寸精度及表面质量可以达到很高要求，所以配合精度高，油液泄漏小，径向力小，所以能达到的工作压力较高，一般是 20～40MPa，最高可达 100MPa，效率也高。只需改变柱塞的工作行程就能改变流量，容易制成各种变量泵。但是柱塞泵的结构较复杂，制造工艺要求较高，造价高，自吸性差，油液对污染较敏感，要求较高的过滤精度，对使用和维护要求较高。

柱塞泵被广泛应用于高压、大流量和流量需要调节的场合，例如，压力机液压系统一般采用柱塞泵供油。压力机是对各种材料进行压力加工的机械设备。图 2-2-30 所示的 YB32-200 型压力机液压系统，就采用轴向柱塞式变量泵供油。原因是该压力机液压系统以压力控制为主，压力大，流量大，且压力、流量变化大。

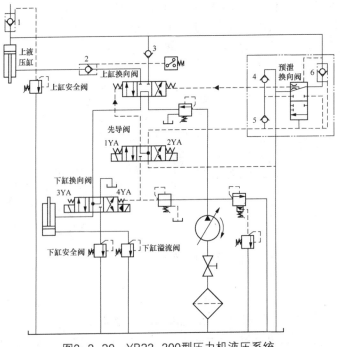

图2-2-30　YB32-200型压力机液压系统

1～6—单向阀

子任务实施　为液压尾座套筒选用合适的液压泵

1. 第一步选用液压泵的类型

先查看主机设备说明书，根据说明书选用合适的液压泵类型。若没有说明书，比如本例，已经确定液压尾座套筒要选择一个变量泵，这已经完成了泵的选择的第一步，然后选择泵的类型。所以选用泵的第一步是确定选用定量泵还是变量泵，这要根据主机工况、功率大小和系统对工作性能的要求做出选择。根据数控车床对液压系统的功率要求、尾座移动速度变化及刀架夹持力要保压等要求，确定选用变量泵。

但究竟选用单作用叶片泵还是柱塞泵，则需要做个对比。

单作用叶片泵在变量泵中价格较低，压力符合，应优先选择。柱塞泵工作压力高，但是相对叶片泵，其价格高、结构复杂。机床类机械一般属于中低压液压系统。综合泵的使用性能、价格和维护等因素，本任务确定选用外反馈限压式变量叶片泵。

2. 第二步确定液压泵的型号

选择型号时要根据系统所要求的压力、流量大小来确定其规格，规格确定后再查阅相关品牌的产品样本，选择性价比最高的品牌的某个型号。

（1）确定泵的最大工作压力。根据执行元件的最大负载计算出最大工作压力，考虑泄漏，将整个最大工作压力乘以压力损失系数，压力损失系数一般取 1.3～1.5。

液压泵产品样本中，标明的是泵的额定压力和最高压力值。算出泵的最大工作压力后，应按额定压力选择泵，应使被选用泵的额定压力等于或高于计算出的最大压力。在使用中，只有短暂超载场合，或产品说明书中特殊说明的范围，才允许按高压选取液压泵。

（2）确定泵的输出流量。泵的输出流量应根据系统所需的最大流量和泄漏量确定。求出泵的输出流量后，按产品样本选取额定流量，其应等于或稍大于计算出的泵流量。选用的泵额定流量不要比实际工作流量大得太多，避免泵的泄漏量过多，造成较大功率损失。因为确定泵额定流量时考虑了泄漏的影响，所以额定流量比计算所需的流量要大些，这样将使实际速度可能稍大。

任务总结

本任务以数控车床液压尾座套筒液压泵选用为例，采用对比法，以不同结构液压泵在原理上的共同点和不同点为主线，分析了生产中常用的齿轮泵、叶片泵和柱塞泵的原理、结构特点、优缺点及典型应用，并且总结了选用液压泵的一般方法，为学习者在实际生产中选择和应用液压泵提供了一种有指导意义的方法。

03

项目3
认识液压传动的执行元件

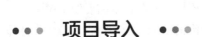

项目导入

项目简介

　　本项目以某企业改造的数控车床液压尾座驱动套筒运动的执行元件为例，分析了执行元件的类型特点、运动特性、运动方向判断及如何选用执行元件等。从分析核心元件等问题入手，分析执行元件的结构、工作原理，选用执行元件的决定因素等关键问题，明确操作规范和步骤，做中学、学中做，实现复杂问题简单化。

项目目标

　　1．能描述液压执行元件的运动形式、类型、工作原理及应用特点；
　　2．能画出液压执行元件的图形符号；
　　3．能进行液压缸运动特性分析；
　　4．能正确选用液压缸，进行液压缸的安装与调试；
　　5．养成安全、文明、规范的职业行为；
　　6．培养敬业、精业的工匠精神；
　　7．培养学生学思践悟、知行合一的学习方法。

学习路线

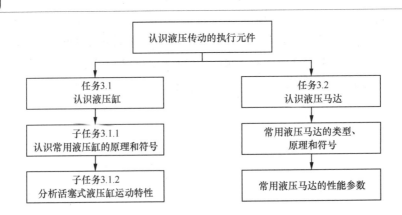

阅读本书提供的拓展资料或查找"大国工匠年度人物"的事迹，并思考以下问题：

1. 在完成课程作业过程中，你的计算结果精确到了几位小数点？
2. 在完成课程作业过程中，你用了几种解题方法？
3. 这学期制定的目标你计划怎么坚持完成？

••• 任务 3.1　认识液压缸 •••

任务描述

假如你是某企业的设备维修人员，车间现场技术人员计划将车间内的某台数控车床的手动尾座套筒改成液压尾座套筒，在项目 2 中已经选择了合适的液压泵，现请你帮助他们选择合适的液压缸。

在接到任务后，请根据任务描述，分析以下问题：

1. 该尾座套筒的运动形式是什么？驱动该尾座套筒运动的元件是什么？
2. 该元件的主要类型有哪些？特点如何？
3. 该元件如何驱动运动部件实现机械运动？
4. 该元件的运动方向如何确定？
5. 该元件输出的动力和运动速度如何确定？

读者可尝试按照以下过程解决问题。

子任务 3.1.1　认识常用液压缸的原理和符号

子任务分析

项目 2 为某企业改造的液压尾座选择了合适的液压泵，但还缺少驱动液压尾座套筒实现机械运动的元件。这个元件从功能上属于液压系统的执行元件，实现压力能到机械能的转换。本任务分析执行元件的运动形式、常用执行元件类型及其运动特性，帮助企业改造人员合理地选用执行元件。

相关知识

一、液压传动执行元件的类型

图 3-1-1 所示为液压粉碎机构，液压缸驱动执行机构把报废车辆压扁。

执行机构需要机械能驱动，而泵输出的是压力能，根据液压传动工作原理，泵输出的压力能必须转换成机械能。在液压传动系统中，将液压泵提供的压力能转换成机械能的能量转换装置称为执行元件。执行元件输出机械能，驱动机床等机器的移动部件运动。物体常见的运动形式有直线运动和旋转运动两种。执行元件中输出直线运动（包括摆动）的称为液压缸，如图 3-1-1 所示；输出旋转运动的执行元件则称为液压马达。

项目 2 中改造的液压尾座套筒的运动形式是直线往复运动，因此选用液压缸即可驱动其运

动。（解决问题1）

二、常用液压缸的类型、符号和运动原理

1. 常用液压缸的类型

液压缸的结构形式多种多样，也有多种分类方法。常用的分类方法有按结构形式、按工作方式（即受液压力作用情况）、按安装方式、按压力等级等。

（1）按结构形式分类。液压缸根据结构形式不同，可分为活塞式［见图3-1-2（a）］、柱塞式［见图3-1-2（b）］、摆动式、伸缩式［见图3-1-2（c）］、组合式等，其中活塞式液压缸应用最广。

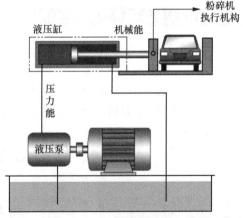

图3-1-1　液压粉碎机构

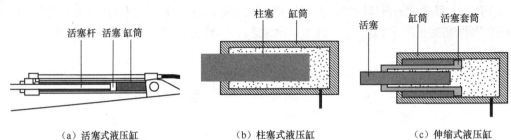

（a）活塞式液压缸　　　　（b）柱塞式液压缸　　　　（c）伸缩式液压缸

图3-1-2　液压缸按结构形式分类

如图 3-1-2（a）所示，活塞式液压缸内部有活塞和活塞杆，外部是缸筒。活塞式液压缸缸筒内有一个活塞杆的称为单杆活塞式液压缸，有两个活塞杆的称为双杆式液压活塞缸，因此图 3-1-2（a）所示为单杆活塞式液压缸。如图 3-1-2（b）所示，柱塞式液压缸内部有柱塞，没有活塞，外部是缸筒。如图 3-1-2（c）所示，伸缩式液压缸由两个或多个活塞式液压缸套装而成，活塞套筒是活塞的缸筒。工作时，活塞套筒先伸出，其伸出到位后，活塞再伸出。伸缩式液压缸常用于工程机械和其他行走机械，如起重机、翻斗汽车等的液压系统中。

液压缸既可以单独使用，也可以几个液压缸组合或与其他机构组合，以实现特殊功能。

（2）按工作方式分类。液压缸（以活塞式为例）按其工作方式可分为单作用活塞式液压缸和双作用活塞式液压缸。单作用活塞式液压缸在液压力作用下，活塞向一个方向运动，反向复位靠液压力以外的外力（弹簧力、自重等）实现。双作用活塞式液压缸利用液压力实现正反两个方向的往复运动。单作用活塞式液压缸广泛应用于各种工程机械中，而双作用活塞式液压缸在机床的液压系统中应用较多。

图 3-1-3（a）所示为单作用活塞式液压缸，缸筒上只有一个油口，在液压力作用下，活塞单向运动，反向运动靠弹簧力实现。图 3-1-3（b）、（c）所示为双作用活塞式液压缸，缸筒上有两个油口，在液压力作用下，活塞可双向运动。

单作用油缸（单作用活塞式液压缸）

双作用油缸（双作用活塞式液压缸）

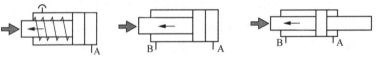

（a）单作用活塞式液压缸　（b）单杆双作用活塞式液压缸　（c）双杆双作用活塞式液压缸

图3-1-3　液压缸按工作方式分类

（3）按安装方式分类。液压缸按安装方式不同，又分为缸筒固定式和活塞杆固定式两种。缸筒固定式实现较为简单，是常用的固定方式。因此，在未说明固定方式的情况下，都默认为缸筒固定式。

2. 常用液压缸的符号

国家标准中明确规定了单作用单杆活塞式液压缸、双作用单杆活塞式液压缸、双作用双杆活塞式液压缸、柱塞式液压缸、多级缸、无杆缸等多种液压缸的符号。根据国家标准，液压缸的轮廓是个矩形框，矩形框表示缸筒，在框内部画一条（或两条）竖线表示活塞，在活塞上画一条（或两条）横线表示活塞杆，在轮廓上靠近两端的侧面位置画两条实线表示进、出油口。常用活塞式液压缸的符号如图 3-1-4 所示。

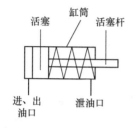
（a）单作用单杆活塞式液压缸

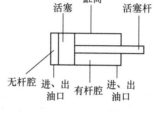
（b）双作用单杆活塞式液压缸

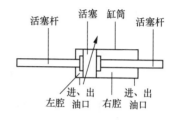
（c）双作用双杆活塞式液压缸

图3-1-4　常用活塞式液压缸的符号

图 3-1-4（a）所示单作用单杆活塞式液压缸符号中弹簧腔的油口用于泄油，不能作为工作油口使用。图 3-1-4（b）所示双作用单杆活塞式液压缸符号中，根据工作腔内有无活塞杆，将两腔命名为有杆腔和无杆腔，其中，有杆的腔就是有杆腔，无杆的腔就是无杆腔。图 3-1-4（c）所示双作用双杆活塞式液压缸符号中，一般两活塞杆直径相同，两腔的截面积也相同，所以两腔可以用左腔和右腔命名。（解决问题 2）

3. 常用液压缸的运动原理

（1）活塞式液压缸运动原理。以单杆活塞式液压缸为例，分析活塞式液压缸的运动原理。图 3-1-5 所示为单杆活塞式液压缸两腔有效工作面积示意图。

图3-1-5　单杆活塞式液压缸两腔有效工作面积示意图

设缸筒的直径为 D，活塞杆的直径为 d，则无杆腔有效工作面积 A_1 为活塞的截面积，有杆腔有效工作面积 A_2 为活塞截面积与活塞杆截面积之差，即

$$A_1 = \frac{1}{4}\pi D^2 \tag{3-1-1}$$

$$A_2 = \frac{1}{4}\pi(D^2 - d^2) \tag{3-1-2}$$

① 缸筒固定活塞式液压缸的运动原理。图 3-1-6 所示为缸筒固定活塞式液压缸运动原理示意图。图 3-1-6（a）所示为无杆腔进油、有杆腔回油时缸的运动原理；图 3-1-6（b）所示为有杆腔进油、无杆腔回油时缸的运动原理。两图中，均用红色表示液压油进入液压缸，称为进油，进油的腔又称为进油腔或者工作腔，以下用进油腔表示；绿色表示液压油从缸流回油箱，称为回油，回油的腔又称为回油腔。

因为缸筒固定，所以分析可动的活塞的受力。

图 3-1-6（a）中无杆腔进油、有杆腔回油，所以无杆腔为进油腔，压力为 p_1，有杆腔为回

油腔，压力设为 p_2。压力 p_1 对活塞产生向右的力，用 F_1 表示，则 $F_1 = p_1 A_1$；回油腔油液对活塞产生向左的力，用 F_2 表示，$F_2 = p_2 A_2$。由于 $A_1 > A_2$，且回油腔的压力一般很低，即 $p_1 \gg p_2$，因此，活塞受到的合力向右，根据牛顿定律，活塞带着活塞杆向右运动，也就是活塞杆伸出，即液压缸向右运动，缸伸出。

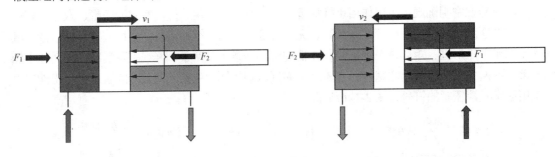

（a）无杆腔进油，有杆腔回油　　　　　　　　（b）有杆腔进油，无杆腔回油

图3-1-6　缸筒固定活塞式液压缸运动原理示意图

同理，当有杆腔进油、无杆腔回油时，有杆腔为进油腔，压力为 p_1，无杆腔为回油腔，压力设为 p_2。虽然 $A_1 > A_2$，但是 $p_1 \gg p_2$，活塞受到的合力向左，活塞带着活塞杆向左运动，也就是活塞杆缩回，即液压缸向左运动，缸缩回。

彩图 3-1-6

综上可知，对于缸筒固定活塞式液压缸，当无杆腔进油、有杆腔回油时，活塞杆伸出，即缸伸出；当有杆腔进油、无杆腔回油时，活塞杆缩回，即缸缩回。缸的运动方向与进油方向相同。

② 杆固定活塞式液压缸的运动原理。图 3-1-7 所示为杆固定活塞式液压缸运动原理示意图，同样，用红色表示进油，绿色表示回油。

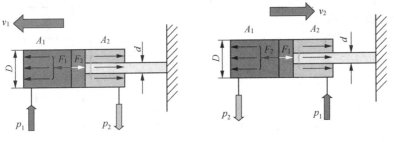

彩图 3-1-7

（a）无杆腔进油，有杆腔回油　　　　　　　　（b）有杆腔进油，无杆腔回油

图3-1-7　杆固定活塞式液压缸运动原理示意图

同理，因为杆固定，所以分析可动的缸筒的受力。

图 3-1-7（a）中无杆腔进油、有杆腔回油时，进油腔的有效工作面积大，压力高，回油腔有效工作面积小、压力也低，所以缸筒受到的合力向左，缸筒向左运动，也就是缸筒伸出，即缸向左运动，缸伸出。图 3-1-7（b）中有杆腔进油、无杆腔回油时，工作腔有效面积虽然小，但是工作压力远高于回油腔，所以缸筒受到的合力向右，缸筒向右运动，也就是缸筒缩回，即缸向右运动，缸缩回。

综上可知，对于杆固定活塞式液压缸，当无杆腔进油、有杆腔回油时，缸筒伸出，即缸伸出；当有杆腔进油、无杆腔回油时，缸筒缩回，即缸缩回。液压缸的运动方向与进油方向相反。（解决问题 3）

（2）柱塞式液压缸的运动原理。活塞式液压缸的缸筒内孔加工精度要求高，当行程较长时，缸筒加工困难，宜采用柱塞式液压缸。如图 3-1-8 所示，柱塞式液压缸的柱塞和缸筒内壁不接触，因此缸筒内孔不需精加工，工艺性好，成本低。其运动分析方法同活塞式液压缸。在工作方式上，柱塞式液压缸是单作用缸，如果要获得双向运动，可将两柱塞式液压缸成对使用。

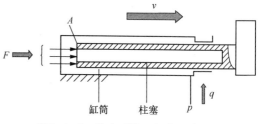

图3-1-8　柱塞式液压缸的运动原理

（3）摆动式液压缸的运动原理。摆动式液压缸是一种输出转矩和角速度（或转速），并实现往复摆动的液压执行元件。

如图 3-1-9 所示，定子块 1 固定在缸体 2 上，叶片 4 与摆动轴 3 连为一体。当两油口交替通入压力油时，在叶片的带动下，主轴能输出两个方向的小于 360°的摆动运动。单叶片摆动式液压缸输出轴的摆动角小于 310°，双叶片摆动式液压缸输出轴的摆动角小于 150°，但输出转矩是单叶片摆动式液压缸的两倍。摆动式液压缸应用于驱动工作机构做往复摆动或间歇运动等的场合，由于其密封性较差，一般只用于送料装置、夹紧装置、工业机器人手臂和手腕的回转机构、工作台回机构转等辅助装置。

柱塞式液压缸的工作原理

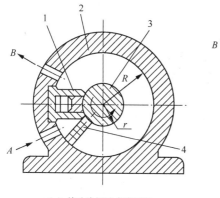

（a）单叶片摆动式液压缸　　　　　（b）双叶片摆动式液压缸

图3-1-9　摆动式液压缸

1—定子块；2—缸体；3—摆动轴；4—叶片

摆动式液压缸的工作原理

三、确定常用液压缸运动方向的方法

通过对图 3-1-6 和图 3-1-7 分析对比可知，缸的安装方式相同，进油方式变化，缸的运动方向发生变化。当缸安装方式确定后，缸的运动方向取决于进油方式。

缸的进油方式相同，安装方式变化，缸的运动方向发生变化。当缸进油方式确定后，缸的运动方向取决于安装方式。

综上，活塞式液压缸的运动方向取决于缸的安装方式和进油方式两个因素。（解决问题 4）

四、常用液压缸的典型结构

1．活塞式液压缸

（1）典型结构。图 3-1-10 所示为双作用单杆活塞式液压缸，其主要由后端盖、缸筒、活塞、活塞杆、拉杆和前端盖等组成。

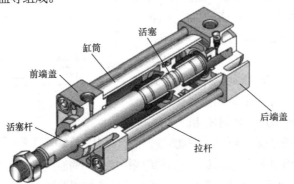

图3-1-10 双作用单杆活塞式液压缸

图 3-1-11 所示为双杆活塞式液压缸典型结构，其由缸筒 7，前后缸盖 3，前后压盖 11，前后导向套 4，活塞 5，活塞杆 1、10，两套 V 形密封圈 9 及 O 形密封圈 8 等主要部分组成。

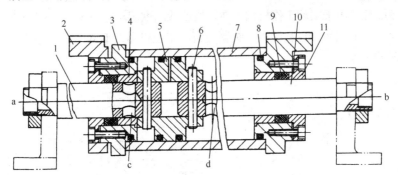

图3-1-11 双杆活塞式液压缸典型结构

1、10—活塞杆；2—托架；3—缸盖；4—导向套；5—活塞；6—销；7—缸筒；8—O 形密封圈；9—V 形密封圈；11—压盖；a～d—油孔

该液压缸活塞杆固定，缸筒运动。当压力油从 b、d 孔进入缸筒右腔时，缸筒向右运动，左腔油液从 c、a 孔排出；反之，缸筒向左运动。由于 c、d 孔与活塞端面保持一定距离，当缸筒移动到两头时，两孔通流口逐渐减小，起到节流缓冲的作用。缸盖上设有排气孔（图中未示出）。

为了防止泄漏，该液压缸在活塞与缸筒接触处采用 O 形密封圈进行密封；在活塞杆和导向套的接触处安装了两套 V 形密封圈进行密封。

图 3-1-12 所示为单杆活塞式液压缸的典型结构。它主要由缸筒 3，活塞 2，活塞杆 8，前、后缸盖 1、4，缓冲装置及排气装置 5，导向套 6，拉杆 7 等组成。

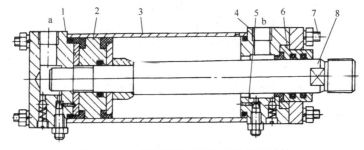

图3-1-12 单杆活塞式液压缸的典型结构

1、4—前、后缸盖；2—活塞；3—缸筒；5—缓冲装置及排气装置；6—导向套；7—拉杆；8—活塞杆；a、b—油孔

当压力油从 a 孔或 b 孔进入缸筒 3 时，可使活塞实现往复运动，并利用设在液压缸两端的缓冲装置及排气装置 5，减少冲击和振动。为了防止泄漏，在缸筒与活塞、活塞杆与导向套，以及缸筒与缸盖等处均安装了密封圈，并利用拉杆将缸筒、缸盖等连接在一起。

从图 3-1-11、图 3-1-12 可知，典型的活塞式液压缸一般由缸体组件（缸筒、缸盖等）、活塞组件（活塞、活塞杆等）、密封件和连接件等基本部分组成。此外，一般液压缸还设有缓冲装置和排气装置。在进行液压缸设计时，应根据工作压力、运动速度、工作条件、加工工艺及装拆检修等方面的要求综合考虑缸的各部分结构。

（2）缸体组件。缸体组件包括缸筒、端盖及其连接件。

① 缸体组件的连接形式。图 3-1-13（a）所示为法兰式连接。该连接方式结构简单，加工和装拆都很方便，连接可靠。缸筒端部一般用铸造、镦粗或焊接方式制成粗大的外径，用以穿装螺栓或旋入螺钉。其径向尺寸和质量都较大。大、中型液压缸大部分采用此种结构。

图 3-1-13（b）所示为半环式连接，分为外半环连接和内半环连接两种连接形式。半环式连接工艺性好，连接可靠，结构紧凑，装拆较方便，半环槽对缸筒强度有所削弱，需加厚筒壁，常用于无缝钢管缸筒与端盖的连接。

图 3-1-13（c）、（d）所示为螺纹式连接，分为外螺纹连接和内螺纹连接两种连接形式。其特点是质量轻，外径小，结构紧凑，但缸筒端部结构复杂，外径加工时要求保证内外径同轴，装卸需专用工具，旋端盖时易损坏密封圈，一般用于小型液压缸。

图 3-1-13（e）所示为拉杆式连接，其结构通用性好，缸筒加工方便，装拆方便，但端盖的体积较大，质量也较大，拉杆受力后会拉伸变形，影响端部密封效果，只适用于长度不大的中低压缸。

图 3-1-13（f）所示为焊接式连接，其外形尺寸较小，结构简单，但焊接时易引起缸筒变形，主要用于柱塞式液压缸。

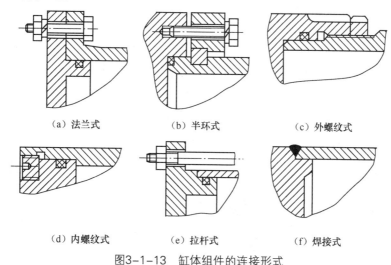

（a）法兰式 （b）半环式 （c）外螺纹式

（d）内螺纹式 （e）拉杆式 （f）焊接式

图3-1-13 缸体组件的连接形式

② 缸筒、端盖和导向套。

a. 缸筒是液压缸的主体，它与端盖、活塞等零件构成密闭的容腔，承受油压，因此要有足够的强度和刚度，以便抵抗油液压力和其他外力的作用。缸筒内孔一般采用镗削、铰孔、滚压或珩磨等精密加工工艺制造，要求表面粗糙度值为 $Ra0.1 \sim 0.4\mu m$，以使活塞及其密封件、支承件能顺利滑动和保证密封效果，减少磨损。为了防止腐蚀，缸筒内表面有时需镀铬。

　　b．端盖装在缸筒两端，与缸筒形成密闭容腔，同样承受很大的液压力，因此它们及其连接部件都应有足够的强度。设计时既要考虑强度，又要选择工艺性较好的结构形式。

　　c．导向套对活塞杆或柱塞起导向和支承作用。有些液压缸不设导向套，直接用端盖孔导向，这种结构简单，但磨损后必须更换端盖。缸筒、端盖和导向套的材料选择及技术要求可参考有关手册。

　　③ 密封形式。缸筒与缸盖间的密封属于静密封，主要的密封形式是采用 O 形密封圈密封。

　　④ 导向与防尘。对于前缸盖还应考虑导向和防尘问题。导向的作用是保证活塞的运动不偏离轴线，以免产生"拉缸"现象（采用 $\dfrac{\text{HB}}{\text{fB}}$ 间隙配合），并保证活塞杆的密封件能正常工作。导向套用铸铁、青铜、黄铜或尼龙等耐磨材料制成，可与缸盖做成整体或另外压制。导向套不应太短，以保证受力良好。防尘就是防止灰尘被活塞杆带入缸体内，以免造成液压油的污染。通常是在缸盖上装一个防尘圈。

　　⑤ 缸筒与缸盖的材料。

　　缸筒：35 钢或 45 调质无缝钢管，也有采用锻钢、铸钢或铸铁等材料的，在特殊情况下也有采用合金钢的。

　　缸盖：35 钢或 45 钢锻件、铸件、圆钢或焊接件，也有采用球墨铸铁或灰铸铁的。

　　（3）活塞组件。活塞组件由活塞、活塞杆和连接件等组成。

　　① 活塞组件连接形式。根据工作压力、安装形式（缸筒固定或者活塞杆固定）、工作条件的不同，活塞组件有多种连接形式。

　　图 3-1-14（a）所示为整体式连接，图 3-1-14（b）所示为焊接式连接，这两种连接形式结构虽然简单、可靠，但加工比较复杂，活塞直径较大，损坏后需整体更换，一般适用于尺寸较小的场合。

　　图 3-1-14（c）所示为锥销式连接，这种连接形式加工容易，装配简单，但承载能力小，且需要做必要的防止脱落措施。

　　图 3-1-14（d）、（e）所示为螺纹式连接，这种连接方式结构简单，装拆方便，但高压时会松动，必须加防松装置。

　　图 3-1-14（f）、（g）为半环式连接，这种连接形式强度高，工作可靠，但结构复杂、装拆不便。

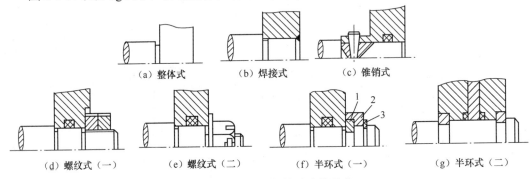

图3-1-14　活塞组件的连接形式

1—半环；2—轴套；3—弹簧圈

　　在轻载情况下可用锥销式连接；一般使用螺纹式连接；高压和振动较大时多用半环式连接；对活塞直径和活塞杆直径比值 D/d 较小、行程较短或尺寸不大的液压缸，其活塞与活塞杆可采用整体式或焊接式连接。

　　② 活塞和活塞杆。活塞受油压的作用在缸筒内做往复运动，因此，活塞必须具备一定的强

度和良好的耐磨性。活塞一般用铸铁制造。活塞的结构通常分为整体式和组合式两类。

活塞杆是连接活塞和工作部件的传力零件，它必须具有足够的强度和刚度。活塞杆无论是实心的还是空心的，通常都用钢料制造。活塞杆在导向套内做往复运动，其外圆表面应当耐磨并有防锈能力，故活塞杆外圆表面有时需镀铬。

活塞和活塞杆的技术要求可参考有关手册。

③ 密封形式。活塞与活塞杆间的密封属于静密封，通常采用 O 形密封圈来密封。活塞与缸筒间的密封属于动密封，既要封油又要相对运动，对密封的要求较高，通常采用的形式有以下几种。

图 3-1-15（a）所示为间隙密封，它依靠运动件间的微小间隙来防止泄漏，为了提高密封能力，常制出几条环形槽，增加油液流动时的阻力。它的特点是结构简单、摩擦阻力小、可耐高温。但泄漏大，加工要求高，磨损后无法补偿，用于尺寸较小、压力较低、相对运动速度较高的情况。

图 3-1-15（b）所示为摩擦环密封，靠摩擦环支承相对运动，靠 O 形密封圈来密封。它的特点是密封效果较好，摩擦阻力较小且稳定，可耐高温，磨损后能自动补偿；但加工要求高，装拆较不便。

图 3-1-15（c）、（d）为密封圈密封，它利用橡胶或塑料的弹性使各种截面的环形密封圈贴紧在静、动配合面之间来防止泄漏。它的特点是结构简单，制造方便，磨损后能自动补偿，性能可靠。

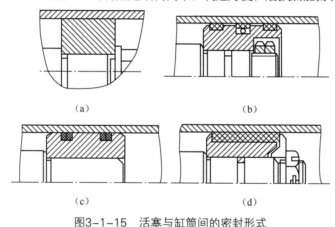

（a）　　　　　　　　　　　（b）

（c）　　　　　　　　　　　（d）

图 3-1-15　活塞与缸筒间的密封形式

④ 活塞和活塞杆的材料。

活塞：通常用铸铁和钢，也有用铝合金制成的。

活塞杆：35 钢、45 钢的空心杆或实心杆。

（4）缓冲装置。液压缸一般都设置缓冲装置，特别是活塞运动速度较高和运动部件质量较大时，为了防止活塞在行程终点与缸盖或缸底发生机械碰撞，引起噪声、冲击，甚至造成液压缸或被驱动件的损坏，必须设置缓冲装置。其基本原理就是利用活塞或缸筒在接近行程终点时在活塞和缸盖之间封住一部分油液，强迫它从小孔后细缝中挤出，产生很大阻力，使工作部件受到制动，逐渐减慢运动速度。

液压缸中常用的缓冲装置有节流口可调式和节流口变化式两种。

① 节流口可调式缓冲装置。图 3-1-16（a）所示为节流口可调式缓冲装置工作原理图，缓冲过程中被封在活塞和缸盖间的油液经针形节流阀流出，节流阀开口大小可根据负载情况进行调节。这种缓冲装置的特点是起始缓冲效果较好，后来缓冲效果差，故制动行程长；缓冲腔中的冲击压力大；缓冲性能受油温影响。节流口可调式缓冲装置的缓冲性能曲线如图 3-1-16（b）所示。

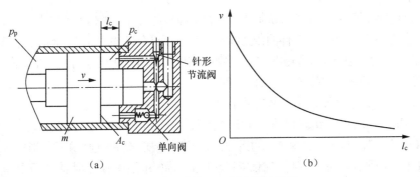

图3-1-16　节流口可调式缓冲装置

p_p—泵出口压力；p_c—缸回油腔压力；m—油塞质量；l_c—制动行程；A_c—缓冲腔面积；v—速度

② 节流口变化式缓冲装置。图 3-1-17（a）所示为节流口变化式缓冲装置工作原理图，缓冲过程中被封在活塞和缸盖间的油液经活塞上的轴向节流槽流出，节流口通流面积不断减小。这种缓冲装置的特点是当节流口的轴向横截面为矩形、纵截面为抛物线形时，缓冲腔可保持恒压；缓冲作用均匀，缓冲腔压力较小，制动位置精度高。节流口变化式缓冲装置的缓冲性能曲线如图 3-1-17（b）所示。

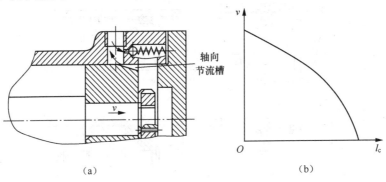

图3-1-17　节流口变化式缓冲装置

（5）排气装置。液压系统在安装过程中或长时间停止工作之后会渗入空气，油中也会混有空气，由于气体有很大的可压缩性，会使执行元件产生爬行、噪声和发热等一系列不正常现象，因此在设计液压缸时，要保证能及时排出积留在缸内的气体。

一般利用空气比较轻的特点，在液压缸的最高处设置进、出油口，把气体带走。如不能在最高处设置油门，可在最高处设置放气孔或专门的放气阀等放气装置。图 3-1-18 所示为液压缸排气装置。

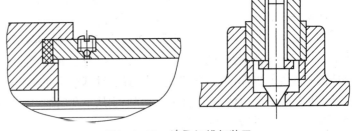

图3-1-18　液压缸排气装置

2．柱塞式液压缸

图 3-1-19 所示为柱塞式液压缸（简称柱塞缸），其主要由缸筒、柱塞、导向套、密封圈及缸盖等零件组成。它只能实现一个方向的液压传动（反向运动），依靠自身重力或弹簧弹力等外力复位。

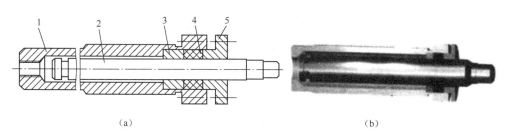

（a） （b）

图3-1-19 柱塞式液压缸

1—缸筒；2—柱塞；3—导向套；4—密封圈；5—缸盖

活塞式液压缸的应用非常广泛，但这种液压缸的缸筒内壁加工精度要求很高，当液压缸行程较长、缸筒内壁过长时，加工难度大，使得制造成本增加。在生产实际中，有些工作场合的执行元件不需要双向控制，柱塞式液压缸正是满足了这种使用要求的一种价格低廉的液压缸。柱塞式液压缸的柱塞和缸筒没有配合要求，缸筒内孔不需精加工，工艺性好，成本低，它特别适用于行程较长的场合，如大型拉床、龙门刨床、导轨磨床、矿用液压支架等。

3. 伸缩式液压缸

图 3-1-20 所示为伸缩式液压缸，又称多级液压缸，它由两个或多个活塞式液压缸套装而成，在一级活塞式液压缸的活塞杆内孔中放入二级活塞式液压缸的缸筒，伸出时可获得很长的工作行程，缩回时可保持很小的结构尺寸，主要应用于安装空间受限制而行程要求很长的场合，比如被广泛用

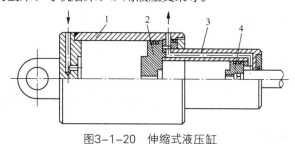

图3-1-20 伸缩式液压缸

1——级缸筒；2——级活塞；3—二级缸筒；4—二级活塞

于起重运输车辆的吊臂缸、自动装卸货车和液压电梯的举升缸等。图 3-1-21 所示为伸缩式液压缸在自动装卸货车中的应用。图 3-1-21（a）为自动装卸货车实物图，图 3-1-21（b）为自动装卸货车液压系统原理图。

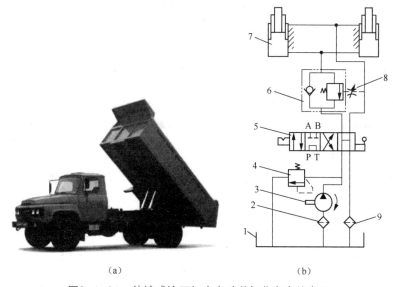

（a） （b）

图3-1-21 伸缩式液压缸在自动装卸货车中的应用

1—油箱；2、9—过滤器；3—液压泵；4—溢流阀；5—手动换向阀；6—单向顺序阀；7—伸缩式液压缸；8—节流阀

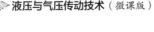

图 3-1-22（a）所示为单作用伸缩式液压缸图形符号，图 3-1-22（b）所示为双作用伸缩式液压缸图形符号，前者靠外力回程，后者靠液压回程。

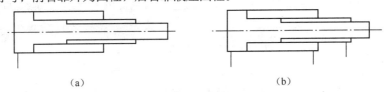

（a）　　　　　　　　　　　　　　　（b）

图3-1-22　伸缩式液压缸图形符号

伸缩式液压缸工作时活塞伸出的顺序是先大后小，相应的推力也是由大到小，速度为由慢到快；活塞缩回的顺序一般是先小后大。

子任务实施　识别活塞式液压缸的工作方式和运动方向

活塞式液压缸，可以根据缸筒上油口的数目判断其工作方式，双作用活塞式液压缸缸筒上有两个油口，单作用活塞式液压缸缸筒上只有一个油口。

活塞式液压缸的运动方向根据其安装方式和进油方式进行判断。

符号的识别参照图 3-1-4 所示和国标《流体传动系统及元件 图形符号和回路图 第 1 部分：图形符号》（GB/T 786.1—2021）。

子任务 3.1.2　分析活塞式液压缸运动特性

子任务分析

液压缸输出直线运动，输出力和速度。输出的力和运动速度由其驱动的运动部件的负载和速度决定。在液压缸的选用中，常根据负载大小确定工作压力，从而确定缸的尺寸，合理安排缸的承载情况。因此分析液压缸输出的动力和速度大小就非常重要，本子任务就以单杆活塞式液压缸及双杆活塞式液压缸为例，分析液压缸的运动特性，也就是分析液压缸输出的动力和速度方向与大小。

相关知识

一、单杆活塞式液压缸输出的动力和速度分析

缸筒固定单杆活塞式液压缸的进油方式有三种，如图 3-1-23 所示。

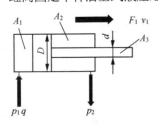　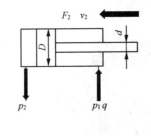　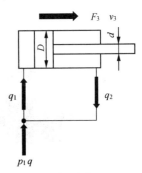

（a）无杆腔进油、有杆腔回油　　　（b）有杆腔进油、无杆腔回油　　　（c）差动连接

图3-1-23　缸筒固定单杆活塞式液压缸的三种进油方式

单杆活塞式液压缸两腔的有效工作面积不同，当向液压缸的两腔分别供油，且供油压力和流量不变时，活塞在两个方向上输出的速度和动力不相等。设缸无杆腔的有效工作面积为 A_1，有杆腔有效工作面积为 A_2，活塞杆的截面积为 A_3。

1. 无杆腔进油、有杆腔回油时缸输出的动力和速度

如图 3-1-23（a）所示，无杆腔进油、有杆腔回油，则无杆腔为进油腔，有杆腔为回油腔。设进油腔输入油液流量为 q，压力为 p_1，回油腔压力为 p_2。

在这种进油方式下，图 3-1-23（a）所示液压缸向右运动，即缸伸出。输出的动力为 F_1，输出的速度为 v_1。

不考虑容积效率和机械效率，根据缸运动原理可知，缸输出的动力 F_1 为

$$F_1 = p_1 A_1 - p_2 A_2 = p_1 \times \frac{\pi}{4} D^2 - p_2 \times \frac{\pi}{4} \left(D^2 - d^2 \right) \qquad (3\text{-}1\text{-}3)$$

无杆腔为进油腔，所以缸输出的速度 v_1 为

$$v_1 = \frac{q}{A_1} = \frac{q}{\frac{\pi}{4} D^2} = \frac{4q}{\pi D^2} \qquad (3\text{-}1\text{-}4)$$

考虑容积效率和机械效率，则缸输出的动力和速度为

$$\begin{cases} F_1 = (p_1 A_1 - p_2 A_2)\eta_m = p_1 \times \frac{\pi}{4} D^2 \eta_m - p_2 \times \frac{\pi}{4} \left(D^2 - d^2 \right) \eta_m \\ v_1 = \frac{q \eta_v}{A_1} = \frac{q \eta_v}{\frac{\pi}{4} D^2} = \frac{4 q \eta_v}{\pi D^2} \end{cases} \qquad (3\text{-}1\text{-}5)$$

2. 有杆腔进油、无杆腔回油时缸输出的动力和速度

如图 3-1-23（b）所示，有杆腔进油、无杆腔回油，则有杆腔为进油腔，无杆腔为回油腔。设进油腔输入油液流量为 q，压力为 p_1，回油腔压力为 p_2。

在这种进油方式下，图 3-1-23（b）所示液压缸向左运动，即缸缩回。输出的动力为 F_2，输出的速度为 v_2。

不考虑容积效率和机械效率，根据缸运动原理可知，缸输出的动力 F_2 为

$$F_2 = p_1 A_2 - p_2 A_1 = p_1 \times \frac{\pi}{4} \left(D^2 - d^2 \right) - p_2 \times \frac{\pi}{4} D^2 \qquad (3\text{-}1\text{-}6)$$

有杆腔为进油腔，所以缸输出的速度 v_2 为

$$v_2 = \frac{q}{A_2} = \frac{q}{\frac{\pi}{4} \left(D^2 - d^2 \right)} = \frac{4q}{\pi \left(D^2 - d^2 \right)} \qquad (3\text{-}1\text{-}7)$$

考虑容积效率和机械效率，则缸输出的动力和速度为

$$\begin{cases} F_2 = (p_1 A_2 - p_2 A_1)\eta_m = p_1 \times \frac{\pi}{4} \left(D^2 - d^2 \right) \eta_m - p_2 \times \frac{\pi}{4} D^2 \eta_m \\ v_2 = \frac{q \eta_v}{A_2} = \frac{q \eta_v}{\frac{\pi}{4} \left(D^2 - d^2 \right)} = \frac{4 q \eta_v}{\pi \left(D^2 - d^2 \right)} \end{cases} \qquad (3\text{-}1\text{-}8)$$

图 3-1-23（a）、（b）所示两种进油方式下，缸进油腔输入的压力和流量相等。由上文可知 $F_1 > F_2$；又由于 $A_1 > A_2$，因此有 $v_1 < v_2$。即当单杆活塞式液压缸的活塞杆伸出时，输出的动力

较大，速度较小；活塞杆缩回时，输出的动力较小，速度较大。因而它适用于伸出时承受工作载荷，缩回时为空载或轻载的场合，如可用于牛头刨床等具有急回特性的往复直线运动设备。

　　3. 差动连接时输出的动力和速度

　　如图 3-1-23（c）所示，单杆活塞式液压缸左、右两腔互相接通并同时输入高压油时，称为"差动连接"，做差动连接的液压缸称为差动液压缸。

　　差动连接时，缸两腔压力由于管路压力损失而存在差值，但这个差值一般都较小，可以忽略不计，所以缸两腔的油液压力几乎相等，但是 $A_1 > A_2$，图 3-1-23（c）所示液压缸活塞受到的合力向右，因此活塞只能带着活塞杆向右运动，即缸伸出。输出的动力为 F_3，输出的速度为 v_3。

　　不考虑容积效率和机械效率，根据缸运动原理可知，缸输出的动力 F_3 为

$$F_3 = p_1 A_1 - p_1 A_2 = p_1 \times \frac{\pi}{4}\Big[D^2 - \big(D^2 - d^2 \big) \Big] = p_1 \times \frac{\pi}{4} d^2 = p_1 A_3 \qquad (3\text{-}1\text{-}9)$$

　　显然，差动连接时，缸实际的有效作用面积是活塞杆的横截面积。由于活塞与活塞杆面积之差大于活塞杆截面积，因此可知 $F_1 > F_2 > F_3$。

　　如图 3-1-23（c）所示缸差动连接时，有杆腔排出的油液不流回油箱而是输入缸的无杆腔，设有杆腔排出的油液流量为 q_2，无杆腔实际输入的油液流量为 q_1。

　　有杆腔排出的油液流量等于单位时间内有杆腔体积的减小量，即 $q_2=v_3 A_2$，无杆腔实际输入的流量等于单位时间内无杆腔体积的增大量，即 $q_1=v_3 A_1$。因此，缸无杆腔的实际输入的流量 q_1 为

$$q_1 = q + q_2 = q + v_3 A_2 = v_3 A_1 \qquad (3\text{-}1\text{-}10)$$

由式（3-1-10）可得

$$v_3 = \frac{q}{A_1 - A_2} = \frac{q}{\frac{\pi}{4}d^2} = \frac{4q}{\pi d^2} \qquad (3\text{-}1\text{-}11)$$

　　考虑容积效率和机械效率，则缸输出的动力和速度为

$$\begin{cases} F_3 = \big(p_1 A_1 - p_1 A_2 \big)\eta_{\mathrm{m}} = p_1 \times \frac{\pi}{4} d^2 \eta_{\mathrm{m}} = p_1 A_3 \eta_{\mathrm{m}} \\ v_3 = \dfrac{q\eta_{\mathrm{v}}}{A_1 - A_2} = \dfrac{q\eta_{\mathrm{v}}}{\frac{\pi}{4}d^2} = \dfrac{4q\eta_{\mathrm{v}}}{\pi d^2} \end{cases} \qquad (3\text{-}1\text{-}12)$$

　　由式（3-1-4）、式（3-1-7）和式（3-1-11）可知，差动连接时缸输出的运动速度最大，$v_1 < v_2 < v_3$。因此差动连接是在不增加液压泵容量和功率的条件下，实现快速运动的有效办法。

　　综上，单杆活塞式液压缸差动连接时输出的动力最小，但是输出的运动速度最大；无杆腔进油，有杆腔回油，活塞杆伸出，即缸伸出时，输出的动力最大，但速度最小；有杆腔进油，无杆腔回油，活塞杆缩回，即缸缩回时，输出的动力和速度介于上述两种进油方式之间。

　　图 3-1-24 所示为杆固定单杆活塞式液压缸的三种进油方式。

　　三种进油方式下，缸输出的动力和速度的特性分析方法同缸筒固定时的分析方法。同理，差动连接时输出的动力最小、速度最大；无杆腔进油，有杆腔回油，缸筒伸出，即缸伸出时，输出的动力最大、速度最小；有杆腔进油，无杆腔回油，缸筒缩回，即缸缩回时，输出的动力和速度介于上述两种进油方式之间。

　　在实际应用中，液压系统常通过改变单杆活塞式液压缸的进油方式，使其有不同的工作方式，获得快进（差动连接）—工进（无杆腔进油）—快退（有杆腔进油）的工作循环。

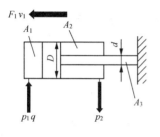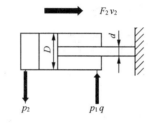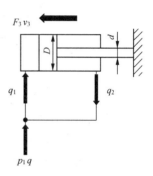

（a）无杆腔进油、有杆腔回油　　（b）有杆腔进油、无杆腔回油　　（c）差动连接

图3-1-24　杆固定单杆活塞式液压缸的三种进油方式

二、双杆活塞式液压缸输出的动力和速度分析

图 3-1-25 所示为缸筒固定双杆活塞式液压缸的三种进油方式。

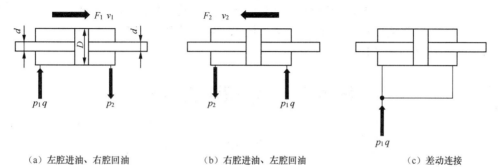

（a）左腔进油、右腔回油　　（b）右腔进油、左腔回油　　（c）差动连接

图3-1-25　缸筒固定双杆活塞式液压缸的三种进油方式

如图 3-1-25 所示，理论上双杆活塞式液压也有图示的三种进油方式。输出的动力和运动速度特性分析方法同单杆活塞式液压缸。

通常情况下，双杆活塞式液压缸活塞两端的活塞杆直径相等，因此其左、右两腔的有效工作面积也相等，都为活塞截面积和活塞杆截面积之差，都为 A。进油腔压力为 p_1，回油腔压力为 p_2，输入的流量为 q，则图 3-1-25（a）所示左腔进油、右腔回油和图 3-1-25（b）所示右腔进油、左腔回油时缸输出的动力和速度为

$$F_1 = F_2 = (p_1 A - p_2 A)\eta_{\mathrm{m}} = (p_1 - p_2)\times\frac{\pi}{4}(D^2 - d^2)\eta_{\mathrm{m}} \tag{3-1-13}$$

$$v_1 = v_2 = \frac{q\eta_{\mathrm{v}}}{A} = \frac{q\eta_{\mathrm{v}}}{\frac{\pi}{4}(D^2 - d^2)} = \frac{4q\eta_{\mathrm{v}}}{\pi(D^2 - d^2)} \tag{3-1-14}$$

可知，分别向左、右两腔输入相同压力和流量的油液时，液压缸左、右两个方向运动输出的动力和速度大小相等，运动方向相反。这种液压缸常用于要求往返运动速度相同的场合，比如平面磨床工作台。

图 3-1-25（c）所示的差动连接进油方式下，由于缸左、右两腔的有效工作面积相同，由式（3-1-13）可知，差动连接时，输出的动力为零，液压缸将不能运动。（解决问题 5）

图 3-1-25 所示为缸筒固定，因运动范围大，占地面积较大，一般用于小型机床或液压设备；

活塞杆固定时则因运动范围不大，占地面积较小，常用于中型或大型机床或液压设备。

子任务实施　比较单杆活塞式和双杆活塞式液压缸运动特性

（1）单杆活塞式液压缸的缩回比伸出速度快；双杆活塞式液压缸，当活塞杆直径相同时，缸两个方向运动速度相同。

（2）单杆活塞式液压缸可以通过差动连接提高其运动速度；当活塞杆直径相同时，双杆活塞式液压缸差动连接时缸不能运动，所以没有差动连接进油方式。

（3）单杆活塞式液压缸缩回和伸出时，缸输出的动力大小不同，而双杆活塞式液压缸，当两活塞杆直径相同时，缸双向运动输出的动力相等。

（4）单杆活塞式液压缸缸筒固定与杆固定时工作台的最大活动范围相同，而双杆活塞式液压缸缸筒固定与杆固定时工作台的最大活动范围不相同。

任务总结

本任务主要学习了液压执行元件输出的运动形式及液压缸类型、运动原理、运动方向的判断方法，并分析了缸输出的动力和运动速度，比较了单杆活塞式和双杆活塞式液压缸的运动特性，为合理选用液压缸打下了良好的基础。

••• 任务 3.2　认识液压马达 •••

任务描述

假如你是某企业设备维修人员，现有一款旋转钻机，其钻头由液压马达驱动，考虑到设备维修的需要，请你查阅相关资料，熟悉液压马达的工作原理及主要性能参数。

在接到任务后，请根据任务描述，分析以下问题：

1．驱动钻头进行旋转运动的元件是什么？

2．液压马达的类型有哪些？是如何工作的？

3．液压马达的主要参数有什么？这些参数又由哪些因素来决定？

读者可尝试按照以下过程解决以上问题。

任务分析

对于企业设备维修人员，只有了解设备的工作原理，才能更好地对设备进行维护保养。对于此款旋转钻机钻头驱动装置液压马达在工程实践中接触较少，对其工作原理及主要性能参数还不清楚，下面我们从液压马达的分类开始，来探索液压马达的奥秘，从而做好设备的维护保养工作。

相关知识

一、常用液压马达的类型、原理和符号

本任务中，钻头的运动是旋转运动，显然液压缸不能满足要求，而要选用输出旋转运动的执行元件。同样是执行元件，液压马达输出旋转运动，输出转速和转矩，因此本任务要选用液

压马达作为驱动元件。液压马达是将液体的压力能转换为机械能，驱动工作机构做旋转运动的液压执行元件。（解决问题1）

1. 液压马达的分类

液压马达常用的分类方法有按转速、按结构、按排量是否可调、按进油方向是否可变、按工作压力等，如图 3-2-1 所示。

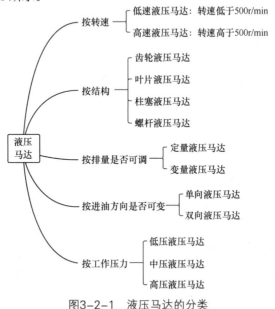

图 3-2-1　液压马达的分类

高速液压马达又称为高速小转矩液压马达，它的基本形式有齿轮式、叶片式和轴向柱塞式等，其主要特点是转速高，转动惯量小，便于启动、制动、调速和换向。通常高速液压马达的输出转矩不大，最低稳定转速较高，只能满足高速小转矩工况。

低速大转矩液压马达是相对于高速液压马达而言的，这类液压马达在结构形式上多为径向柱塞式，其特点是最低转速低，为 5～10r/min；输出转矩大，可达几万牛顿·米，径向尺寸大，转动惯量大。由于上述特点，它可以与工作机构直接连接，不需要减速装置，使传动结构大为简化。低速大转矩液压马达广泛用于起重、运输、建筑、矿山和船舶等机械的液压传动系统中，实现提升绞盘、驱动卷筒、驱动各种回转机械、使履带和轮子行走等驱动功能。

2. 液压马达的工作原理

（1）齿轮式液压马达。齿轮式液压马达的结构与齿轮泵相似，但是齿轮泵和齿轮式液压马达的使用要求不同，也存在结构上的区别：齿轮式液压马达在结构上适应正反转的要求，其进、出油口相同，具有对称性，由单独外泄油口将轴承部分的泄漏油引出壳体外；为了减小启动摩擦力矩，其采用滚动轴承；为了减小转矩脉动，齿轮式液压马达的齿数比齿轮泵的齿数更多。齿轮式液压马达具有体积小、质量轻、结构简单、工艺性好、对油液的污染不敏感、耐冲击和惯性小等优点；缺点有转矩脉动较大、效率较低、启动转矩较小（仅为额定转矩的 60%～70%）和低速稳定性差等，一般用于工程机械、农业机械及对转矩均匀性要求不高的机械设备。

齿轮式液压马达

图 3-2-2 所示为外啮合齿轮式液压马达工作原理。

两个相互啮合的齿轮中心分别为 O_1 和 O_2，啮合点为 C，啮合点半径分别为 R_{C1} 和 R_{C2}。

当高压油液输入液压马达上侧油口时，处于进油腔的轮齿会受到压力油作用，只需要关注啮合处齿轮Ⅰ上的轮齿B和齿轮Ⅱ上的轮齿F，以及F和D轮齿间齿面受力。由于啮合点的半径小于齿顶圆半径，对于齿轮Ⅰ，轮齿B受到的液压力大小为p×齿宽×（齿顶圆半径–啮合点半径）；对于齿轮Ⅱ，轮齿F和轮齿D间的液压力大小为p×齿宽×（齿顶圆半径–啮合点半径）；在不平衡液压力作用下，两齿轮对中心产生转矩。在该转矩的作用下，液压马达按图示方向连续地旋转。随着齿轮的旋转，油液被带到回油腔排出。只要连续不断地向液压马达提供压力油，液压马达就连续旋转，输出转矩和转速。外啮合齿轮式液压马达在转动过程中，由于啮合点不断改变位置，故液压马达的输出转矩是脉动的。

（2）叶片式液压马达。图3-2-3所示为叶片式液压马达工作原理。

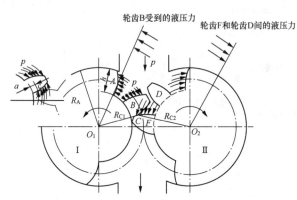

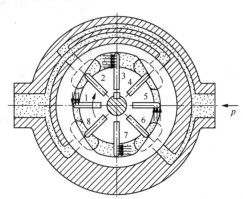

图3-2-2　外啮合齿轮式液压马达工作原理　　　　图3-2-3　叶片式液压马达工作原理

1～8—叶片

当压力为p的油液从进油口进入叶片1和3之间时，叶片2因两面均受液压油的作用所以不产生转矩。叶片1、3上，一面作用有压力油，另一面为低压油。由于叶片3伸出的面积大于叶片1伸出的面积，因此作用于叶片3上的总液压力大于作用于叶片1上的总液压力，于是压力差使转子产生顺时针转矩。同样，当压力油进入叶片5和叶片7之间时，叶片7伸出的面积大于叶片5伸出的面积，也产生顺时针的转矩。为保证叶片在转子转动前就紧密地与定子内表面接触，通常

叶片式液压马达

在叶片根部加装弹簧，弹簧的作用力使叶片压紧在定子内表面上。叶片式液压马达一般设置有单向阀，以便为叶片根部配油，为适应正反转的要求，叶片沿转子径向安置。

叶片式液压马达与其他类型液压马达相比较，具有结构紧凑、轮廓尺寸较小、噪声低、寿命长等优点，其惯性比柱塞式液压马达小，但抗污染能力比齿轮式液压马达差，且转速不能太高，一般在200r/min以下工作。叶片式液压马达由于泄漏量较大，故负载变化在低速时不稳定，常用于转速高、转矩小和动作灵敏的工况场合。

（3）柱塞式液压马达。一般来说，轴向柱塞式液压马达都是高速液压马达，输出转矩小，因此，必须通过减速器来带动工作机构。如果能使液压马达的排量显著增大，也就可以将轴向柱塞式液压马达做成低速大转矩液压马达。

图3-2-4所示为轴向柱塞式液压马达的工作原理。

斜盘1和配油盘4固定不动，柱塞3可在缸体2的孔内移动，缸体2和液压马达轴5相连接，并可一起旋转，斜盘中心线与缸体中心线成一个倾角δ。当压力油经配油窗口进入缸体柱

塞孔，作用到柱塞端面上时，压力油将柱塞顶出，对斜盘产生推力，斜盘则对处于压油区一侧的每个柱塞都产生一个法向反力 F，这个力的水平分力 F_x 与柱塞上的液压力平衡，而竖直分力 F_y 则使每个柱塞都对转子中心产生一个转矩，使缸体和液压马达轴做逆时针旋转。如果改变液压马达压力油的输入方向，液压马达轴就可做顺时针旋转。

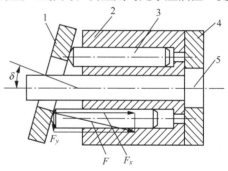

柱塞式液压马达可作变量马达，改变斜盘倾角，不仅影响液压马达的转矩，而且影响它的转速和转向。斜盘倾角越大，产生的转矩越大，转速越低。（解决问题 2）

图3-2-4 轴向柱塞式液压马达的工作原理
1—斜盘；2—缸体；3—柱塞；4—配油盘；5—液压马达轴

3. 液压马达的图形符号

图 3-2-5 所示为液压马达的图形符号。

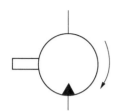 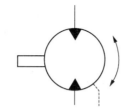 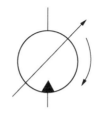 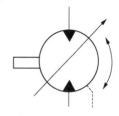

（a）单向定量液压马达　（b）双向定量液压马达（含外泄油路）　（c）单向变量液压马达　（d）双向变量液压马达（含外泄油路）

图3-2-5 液压马达的图形符号

与液压泵的图形符号相比，区别在于液压马达图形符号中黑三角的尖角指向符号的内部，表示液压马达输入的是压力能。

二、常用液压马达的性能参数

在液压马达的各项性能参数中，压力、排量、流量等参数与同类液压泵的参数有相似的含义，其根本差别在于：在液压泵中它们是输出参数，在液压马达中则是输入参数。

1. 液压马达的容积效率和转速

因为液压马达存在泄漏，输入液压马达的实际流量 q 必然大于理论流量 q_t，故液压马达的容积效率为

$$\eta_v = \frac{q_t}{q} \qquad (3\text{-}2\text{-}1)$$

将 $q_t = Vn$ 代入式（3-2-1），可得液压马达的转速公式为

$$n = \frac{q}{V}\eta_v \qquad (3\text{-}2\text{-}2)$$

衡量液压马达转速性能的一个重要指标是最低稳定转速，它是指液压马达在额定负载下不出现爬行（抖动或时转时停）现象的最低转速。液压马达的结构形式不同，最低稳定转速也不同。实际工作中，一般都希望最低稳定转速越小越好。这样就可以扩大液压马达的变速范围。

2. 液压马达的机械效率和转矩

因为液压马达工作时存在摩擦，它的实际输出转矩 T 必然小于理论转矩 T_t，故液压马达的

机械效率为

$$\eta_{\mathrm{m}} = \frac{T}{T_{\mathrm{t}}} \tag{3-2-3}$$

设液压马达进、出油口间的工作压力差为 Δp，不考虑能量损失，则液压马达理论输出功率为

$$P_{\mathrm{t}} = 2\pi n T_{\mathrm{t}} = \Delta p q_{\mathrm{t}} = \Delta p V n \tag{3-2-4}$$

因而有

$$T_{\mathrm{t}} = \frac{\Delta p V}{2\pi} \tag{3-2-5}$$

将式（3-2-5）代入式（3-2-3），可得液压马达的输出转矩为

$$T = \frac{\Delta p V}{2\pi} \eta_{\mathrm{m}} \tag{3-2-6}$$

3. 液压马达的总效率

液压马达的输入功率为 $P_{\mathrm{i}} = \Delta p q$，输出功率为 $P_{\mathrm{o}} = 2\pi n T$。液压马达的总效率 η 为输出功率 P_{o} 与输入功率 P_{i} 的比值，即

$$\eta = \frac{P_{\mathrm{o}}}{P_{\mathrm{i}}} = \frac{2\pi n T}{\Delta p q} = \frac{2\pi n T}{\Delta p \dfrac{Vn}{\eta_{\mathrm{v}}}} = \frac{T}{\dfrac{\Delta p V}{2\pi}} \eta_{\mathrm{v}} = \eta_{\mathrm{m}} \eta_{\mathrm{v}} \tag{3-2-7}$$

由式（3-2-7）可知，液压马达的总效率也等于机械效率与容积效率的乘积。

液压马达用于驱动各种工作机构，因此最重要的输出工作参数是输出转矩和转速。从式（3-2-2）和式（3-2-6）可以看出，对于定量液压马达，V 为定值，在 q 和 Δp 不变的情况下，输出转速 n 和转矩 T 皆不变；对于变量液压马达，V 的大小可以调节，因而其输出转速 n 和转矩 T 可变，在 q 和 Δp 不变的情况下，若使 V 增大，则 n 减小，T 增大。（解决问题 3）

任务实施　比较常用液压马达和液压泵

液压泵与液压马达原理上互逆，结构上类似，功能上相反。从工作原理上讲，相同形式的液压泵和液压马达是可以互换的。但是，一般情况下未经改进的液压泵不宜用作液压马达。液压泵与液压马达的比较见表 3-2-1。

表 3-2-1　液压泵与液压马达的比较

类别	液压泵	液压马达
功能	能源装置，输入机械能，输出液压能	执行元件，输入液压能，输出机械能
一般图形符号		
进、出油口尺寸	吸油腔一般为真空，通常进油口尺寸大于出油口尺寸	压油腔的压力稍高于大气压力，没有特殊要求，进、出油口尺寸相同
自吸能力	保证自吸能力	无要求
旋转方向	单向旋转	需要正反转（内部结构需对称）

续表

启动要求	启动靠外在机械动力	启动需克服较大的静摩擦力,因此要求启动转矩大,转矩脉动小,内部摩擦小
效率	容积效率需较高,一般比液压马达的容积效率要高	机械效率需较高,一般液压马达的机械效率比液压泵的机械效率高
转速	通常液压泵的转速高	输出较低的转速
叶片安装方式	叶片倾斜安装	叶片径向安装
叶片压紧方式	叶片通常依靠根部的压力油的压力和离心力压紧在定子表面上	叶片通常依靠根部的扭转弹簧压紧在定子表面上
齿数	齿轮泵的齿数少	齿轮式液压马达的齿数多
运转情况	液压泵连续运转,油温变化相对较小	经常空转或停转,受频繁的温度变化冲击
安装	与原动机装在一起,主轴不受额外的径向负载	主轴常受径向负载(轮子或带、链轮、齿轮直接装在马达上时)

任务总结

本任务主要讲解了液压马达的功用、分类、主要性能参数及常用液压马达的工作原理,并且比较了液压泵与液压马达的主要区别,使学习者明确液压传动两种常用执行元件的特点和应用,以及与同类型液压泵的区别,为合理选用液压执行元件提供了帮助。

04 ▷ 项目4 ◁
搭建常用液压回路

●●● 项目导入 ●●●

项目简介

　　本项目按照"回路—元件—回路"的思路，以工业生产中实际液压油路的搭建为任务，从分析油路的问题入手，抓住主要问题——各种回路的核心元件，分析原理、识读符号、列举应用、明确操作规范和步骤，总结各种回路搭建的方法和关键点，实现复杂问题简单化。

项目目标

　　1．能描述各种液压控制阀的原理；
　　2．能识别各种液压控制阀的符号；
　　3．能根据功能要求搭建液压回路；
　　4．能按照操作规范，完成液压元件的安装、回路的连接与调试；
　　5．养成安全、文明、规范的职业行为；
　　6．培养敬业、精业的工匠精神。

学习路线

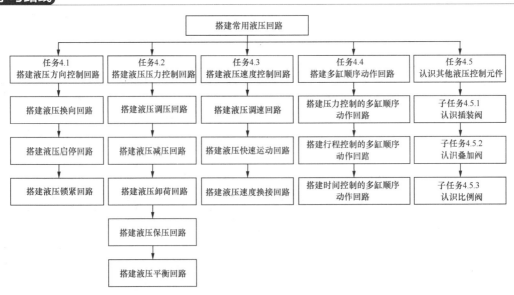

思考以下问题：

1. 在学习小组中，你是怎么与其他成员团结协作的？

2. 在多缸动作回路中，每个液压缸如何协调工作？

3. 你如何解决团队合作中出现的冲突问题？

••• 任务 4.1　搭建液压方向控制回路 •••

任务描述

假如你是某企业的设备维修人员，某车间技术人员将数控车床的尾座改造成了液压尾座，但是在调试中发现尾座伸出和缩回时不能实现任意位置停止，请你分析原因，并进行改进。

在接到任务后，请根据任务描述，分析以下问题：

1. 该液压尾座回路的功能是什么？

2. 该液压尾座回路的核心元件是什么？

3. 这种功能的回路都有哪些类型？

4. 该液压尾座回路调整要遵循什么规范？

读者可尝试按照以下过程解决上面的问题。

子任务 4.1.1　读任务回路图

子任务分析

下面对回路功能和核心元件进行分析。

1. 了解液压尾座的动作要求

接到任务后，首先向车间技术人员了解液压尾座的动作要求。

（1）尾座能在数控系统的控制下伸出和缩回；在伸出和缩回过程中要求能在行程上的任意位置停止。

（2）由于尾座夹持的工件和安装的刀具尺寸变化不大，因此采用的是恒压、恒速控制。

（3）尾座停止状态下，受到外力作用时禁止移动。

经了解，明确该回路的功能是对尾座运动方向的控制，还要求尾座在停止时能够锁紧。换向和锁紧从功能上都属于液压方向回路，核心元件是换向阀。（解决问题 1 和问题 2）

2. 分析液压尾座回路图

分析车间技术人员设计的液压尾座回路图，如图 4-1-1 所示。

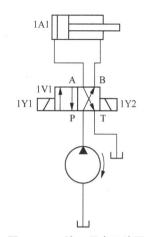

图4-1-1　液压尾座回路图

由图 4-1-1 可知，1V1 是二位四通换向阀，功能是实现液压缸 1A1 的换向，从而实现液压尾座运动方向的控制；操纵方式选用电磁式，满足数控系统能够控制的要求；但是二位四通换向阀不能实现尾座的任意位置停止和锁紧。所以该回路的问题就是换向阀的选用不满足要求。由于车间技术人员对换向阀的原理和符号不清楚，影响到了换向阀的选用。

在液压传动系统中，用来控制油液流动方向的控制元件（阀）统称方向控制元件（阀），简称为方向阀。方向阀是液压传动系统核心元件之一，所以本任务就从方向阀开始讲解液压控制元件。方向阀根据功能分为换向阀和单向阀两类。

相关知识

一、换向阀

1. 换向阀的功能

换向阀的功能：控制油液的流动与停止，使液压缸实现启动与停止；变换油液流动方向，使液压缸实现运动方向切换。换向阀常根据功能进行具体命名。对各类阀和回路也常根据功能命名。

滑阀式换向阀就是通过阀芯在阀体内做轴向运动使相应油路接通或断开的换向阀。转阀就是通过阀芯在阀体内转动使相应油路接通或断开的换向阀。本书以应用较为广泛的滑阀式换向阀为主讲解换向阀的原理、结构、功能及应用。

2. 换向阀的结构与原理

（1）换向阀的结构。图4-1-2所示为滑阀式换向阀，其主要由阀芯、阀体、操纵装置、复位装置、主油口等组成。实际上这是所有液压控制元件在结构上的共同之处。阀芯为具有多段环形槽的圆柱体（图4-1-2中的阀芯有2个台肩），阀体孔内有多个沉割槽（图4-1-2中的阀体有5个槽），每个沉割槽通过相应孔道与外部相通，形成油口。

（2）换向阀的原理。图4-1-3所示为滑阀式换向阀的工作原理，操纵装置为阀芯的轴向移动提供外力；油口在阀体上，阀在工作时阀体是固定的，所以阀芯在操纵装置力的作用下移动，从而在阀体内有多个不同的工作位置，

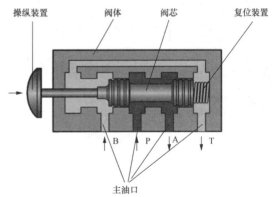

图4-1-2　滑阀式换向阀的结构

但油口的数目和位置并不随阀芯移动而变化。图4-1-3中，P口接液压泵，O口接油箱。

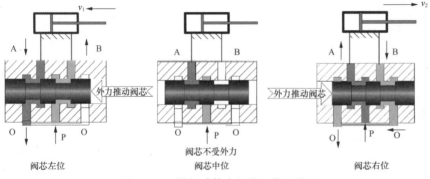

图4-1-3　滑阀式换向阀的工作原理

阀芯在阀体内最左端位置时，P、B 口连通，A、O 口连通，缸的有杆腔进油，无杆腔回油，活塞杆缩回；阀芯在阀体中间位置时，P、B、A、O 口全封闭，缸内油液不流动，活塞杆缩回停止；阀芯在阀体内最右端位置时，P、A 口连通，B、O 口连通，缸的无杆腔进油，有杆腔回油，活塞杆伸出。

三位四通换向阀

综上可知，阀芯在阀体内不同位置时，缸内油液流动状态不同，缸的运动状态就不同。所以换向阀的工作原理就是：利用阀芯在阀体内相对位置的改变，使油路连通、断开或改变方向，从而使液压执行元件启动、停止和变换运动方向。

3. 认识换向阀的符号

图 4-1-3 所示的滑阀式换向阀的阀体上有四个主油口，阀芯在阀体内有三个工作位置，对应四个油口的三种连通状态，非常清楚。但按照国家标准规定，所有的元件都用符号表示。下面来认识换向阀的符号。

（1）"位"和"位数"："位"指阀芯在阀体中的工作位置，"位数"指阀芯在阀体中的工作位置数。位的含义就是油液流经该阀时的连通状况。

在图形符号中，"位"用方格表示，在图形符号中有几个方格，就表示该阀有几个工作位，对应缸有几种运动状态或几个动作。图 4-1-4 所示为换向阀的位及符号表示。换向阀按位数不同分为二位阀、三位阀。

二位阀和三位阀

（2）通：通是指主口，油液从这个口流进去，又能从另一个口流出到下一个元件。

在图 4-1-4 中，P 为进油口，T（或 O）为与油箱连通的回油口，A 和 B 为连接其他工作油路或执行元件的口。换向阀各油口的命名必须遵循相关的国家标准。

彩图 4-1-5

在图 4-1-5 所示换向阀中，K（控）口油液进入该阀后不能通入下一个元件，所以不是主口。不能计入该阀的通数之中。

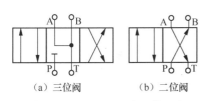

（a）三位阀　　（b）二位阀

图4-1-4　换向阀的位及符号表示

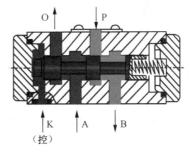

图4-1-5　带K（控）口的换向阀

在换向阀符号中，主口用实线表示，虚线表示控制口或者泄油口。符号中，一个方格上下两边与外部连接的接口数表示"通"数。注意：判断通数时只能选一个方格，因为阀芯在任何位置，通数都不会改变。方格内符号⊥或⊤为堵截符号，表示此油路被阀芯封闭；箭头表示在这一位置上油路处于接通状态，但并不一定表示实际流向。图 4-1-6 所示为换向阀的通及符号表示。

选定一位后，计算箭头首尾和堵截符号与这个方格的交点数的总和就是换向阀的通数。根据通数不同，换向阀分为二通阀、三通阀、四通阀、五通阀等。

（3）常态位：阀芯未受到操纵时所处的位置，也就是不工作时阀所处的初始位置。通常二位阀带弹簧的位是常态位，三位阀的中间位是常态位，图 4-1-7 所示为换向阀的常态位。

彩图 4-1-6

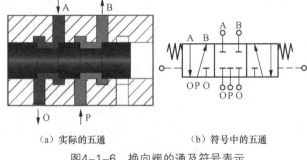

（a）实际的五通　　　　（b）符号中的五通

图 4-1-6　换向阀的通及符号表示

在液压原理图中，换向阀的符号与油路的连接一般画在常态位上。图 4-1-8 所示为三位四通换向阀接入系统原理图。如果二位阀没有常态位，则换向阀的符号与油路的连接一般画在使缸缩回的位置上。图 4-1-9 所示为无常态位时二位四通换向阀接入系统原理图。

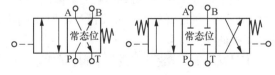

图 4-1-7　换向阀的常态位

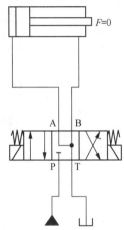

图 4-1-8　三位四通换向阀接入系统原理图

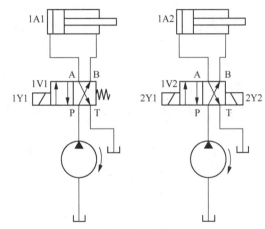

图 4-1-9　无常态位时二位四通换向阀接入系统原理图

注意：二位二通换向阀和二位三通换向阀有常开型（常态位 P 口和 A 口连通）和常闭型（常态位 P 口和 A 口不连通），应用中要加以区别。图 4-1-10 所示为常开型和常闭型二位二通换向阀及二位三通换向阀。

（4）滑阀机能：滑阀式换向阀的阀芯在常态位时阀中各油口的连通方式对缸运动的控制作用。三位换向阀常态时为中位，所以三位换向阀的滑阀机能又称为中位机能。换向阀中位机能直接影响执行元件的工作状态，不同的中位机能可满足系统的不同要求。三位四通换向阀常用 O 型、U 型、P 型、H 型、M 型、Y 型等中位机能，用英文大写字母象形命名。三位四通换向阀常用的五种中位机能见表 4-1-1。

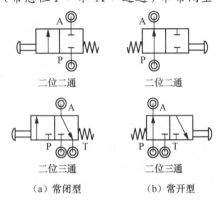

（a）常闭型　　　（b）常开型

图 4-1-10　常开型和常闭型二位二通换向阀及二位三通换向阀

表 4-1-1 三位四通换向阀常用的五种中位机能

机能代号	结构简图	中位符号	中位油口状态和特点
O 型	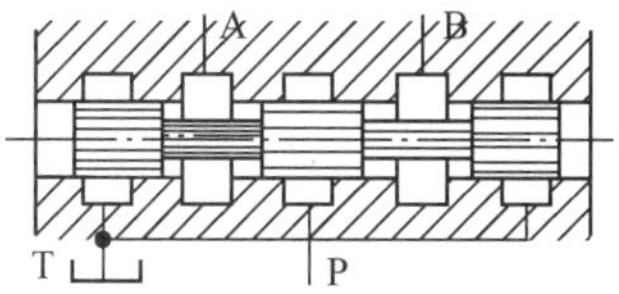	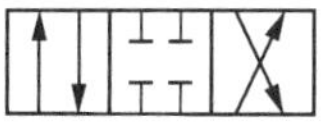	各油口全部封闭，液压缸两腔闭锁，液压泵不卸荷，可用于多个换向阀并联工作。液压缸启动较平稳，换向精度高，但有冲击
H 型	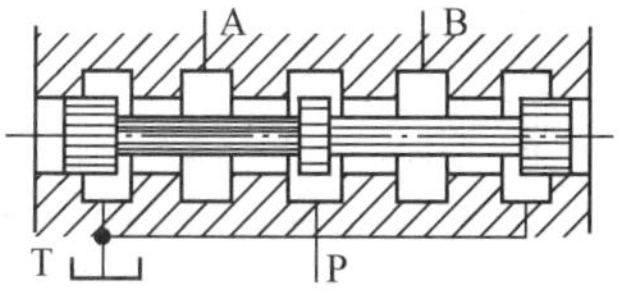		各油口互通，液压缸浮动，液压泵卸荷，其他缸不能并联使用，换向平稳，液压缸启动有冲击
M 型	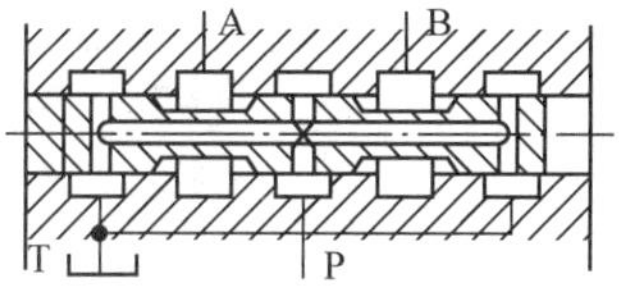	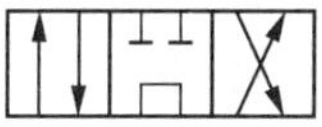	P、T 口相通，A、B 口封闭，液压泵卸荷，液压缸闭锁，锁紧精度不高，换向精度高，但有冲击
P 型	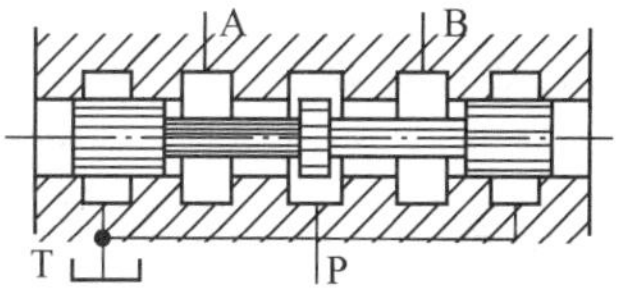		P、A、B 三口互通，T 口封闭，泵不卸荷，双杆缸浮动，单杆缸差动。液压缸启动平稳，换向最平稳，并联缸可运动
Y 型	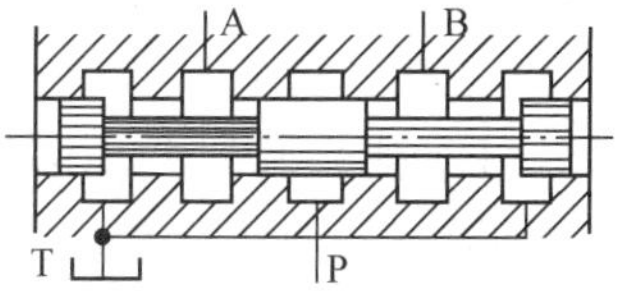	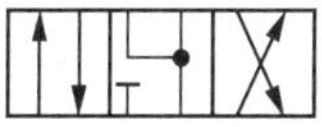	A、B、T 三口互通，P 口封闭，液压泵不卸荷，液压缸浮动。换向较平稳

选择中位机能要注意泵的状态。当 P 口与 T 口接通时，液压泵卸荷，起着保护液压泵和节约能源的作用。反之液压泵不卸荷，如表 4-1-1 中 H 型、M 型能使泵卸荷。中位时缸有三种状态：锁紧、浮动和差动。中位时，当 A、B 两口不能互通时，液压缸锁紧，可使液压缸在任意位置停下，如表 4-1-1 中 O 型和 M 型。受滑阀泄漏的影响，此时液压缸短时锁紧。当 A、B 两口与油箱自由互通时，液压缸浮动，方便中位时调整活塞杆的工作位置，如表 4-1-1 中 H 型和 Y 型。

中位机能操作

（5）操纵方式：使阀芯换位的力有多种形式，如人力、机械力、液压力、电磁力等。图 4-1-11 所示为换向阀常用的操纵方式符号。

(a) 手动　　(b) 机动　　(c) 电磁控制（电动）(d) 弹簧控制　　(e) 液动　　(f) 液动外控　　(g) 电液动

图 4-1-11 换向阀常用的操纵方式符号

4. 认识常用换向阀

滑阀式换向阀按操纵方式可分为手动、机动、电动、液动和电液动等类型。

（1）手动换向阀。图 4-1-12 所示为三位四通手动换向阀，利用杠杆作用驱动阀芯，操作者通过手柄操纵阀芯运动。根据操纵方式的不同，手动换向阀分为手动操作和脚踏操作两种；根据阀芯定位方式的不同，手动换向阀分为弹簧钢球定位式和弹簧自动复位式。

图 4-1-12（a）所示为弹簧钢球定位式手动换向阀，与弹簧自动复位式手动换向阀的工作原理相同，不同点是弹簧钢球定位式手动换向阀在松开手柄后，阀芯不能自动复位。

图 4-1-12（b）所示为弹簧自动复位式手动换向阀，P 为进油口，T 为回油口，A、B 油口接执行元件。

当手柄 1 向图 4-1-12（b）所示左侧扳动时，阀芯 2 向右移，即阀芯处于右位，使油口 P 和 B 相通、A 和 T 相通；反之，当手柄 1 向图 4-1-12

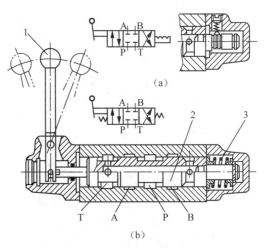

图4-1-12　三位四通手动换向阀

1—手柄；2—阀芯；3—弹簧

（b）所示右侧扳动时，阀芯 2 向左移，即阀芯处于左位，使油口 P 和 A 相通、B 和 T 相通，从而实现液压油流动方向的变换。当放开手柄 1 后，阀芯 2 在弹簧 3 的作用下自动回到中位，油路断开。

手动换向阀的优点是结构简单，价格低廉。缺点是换向精度低，无法实现准确的换向。手动换向阀只适用于间歇动作，用于要求人工控制的小流量场合，如液压夹紧回路。手动换向阀也有二位、三位、三通、四通、五通之分。

（2）机动换向阀。机动换向阀又称为行程阀、机控阀，主要用来控制机械运动部件的行程，借助于安装在液压设备运动部件（如工作台）上的行程挡块或凸轮迫使阀芯运动，从而控制油液的流向。

图 4-1-13 所示为二位三通机动换向阀。机动换向阀由滚轮、阀体、阀芯、弹簧、行程挡块等组成。在图 4-1-13（a）所示的位置，阀芯 2 在弹簧 1 作用下处于上端，油口 P、A 相通；当行程挡块 5 压下滚轮 4 时，阀芯 2 向下移动，使油口 P、B 接通。当行程挡块 5 脱开滚轮 4 时，阀芯 2 在弹簧 1 作用下复位。

机动换向阀通常是二位的，有二通、三通、四通之分。二位二通和二位三通的机动换向阀也有常开和常闭两种形式。如果改变行程挡块斜面的角度，就可改变阀芯移动的速度，因此可以控制换向时间，减小换向冲击。机动换向阀结构简单，动作可靠且换向精度高，但安装位置受到限制，需安装在运动件附近，不适合远程控制。

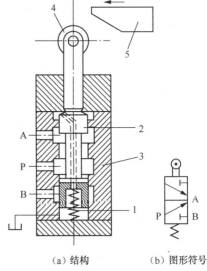

（a）结构　　（b）图形符号

图4-1-13　二位三通机动换向阀

1—弹簧；2—阀芯；3—阀体；4—滚轮；
5—行程挡块

（3）电磁换向阀。电磁换向阀又称电动换向阀，利用电磁铁的通电吸合与断电释放而直接推动阀芯来控制液流方向。电磁换向阀可借助于按钮开关、行程开关、压力继电器等发出的信号进行控制，是电气系统和液压传动系统之间的信号转换元件。

电磁换向阀操纵方便，布置灵活，易于实现自动化，应用广泛，但因其吸力有限，所以不能用来直接操纵大规格的换向阀。

根据电磁铁所用电源不同，电磁换向阀可分为交流电磁换向阀和直流电磁换向阀。交流电磁换向阀启动力大，吸合、释放快，换向时间短，但是冲击大，噪声大，易发热，换向频率不能太高，不超过 30 次/min；阀芯卡住不动作时线圈易烧坏。交流电磁换向阀常应用于换向平稳性要求不高、换向频率不高的液压传动系统中。直流电磁换向阀工作可靠，噪声小，发热量小，换向冲击小，换向频率可高达 120 次/min，衔铁未正常吸合时，线圈一般不会烧坏，但是启动力小，换向时间长（0.05~0.08s），常用于换向性能要求较高的液压传动系统。

根据电磁铁的衔铁是否浸在油里，电磁换向阀可分为干式电磁换向阀和湿式电磁换向阀。干式电磁换向阀不允许油液进入电磁铁内部，因此推动阀芯的推杆处要有可靠的密封，密封处摩擦阻力较大，影响换向可靠性，也易产生泄漏。湿式电磁换向阀的相对运动部件之间不需要设置密封装置，从而减小了阀芯运动阻力，提高了换向可靠性，并且没有外泄漏。此外，油液具有吸振、润滑作用，延长了衔铁的使用寿命。湿式电磁换向阀使用寿命约为干式电磁换向阀的两倍。虽然湿式电磁换向阀结构较复杂、价格较高，但由于其优点突出而得到广泛应用。

图 4-1-14 所示为三位四通电磁换向阀。当两端电磁铁都未通电时，换向阀两端的两根对中弹簧和两个定位套使阀芯处于中位，油口 P、A、B 和 T 互不相通；当右端电磁铁通电吸合时，衔铁利用推杆克服弹簧力将阀芯推到左端极限位置（右位），油口 P、B 相通，油口 A、T 相通；当左端电磁铁通电吸合时，阀芯被推到右端极限位置（左位），油口 P、A 相通，油口 B、T 相通。所以，为了控制油液流动方向，实现执行元件换向，只要控制电磁换向阀中的电磁铁通、断电即可。需要注意的是，同一个电磁阀的两个电磁铁不能同时通电。

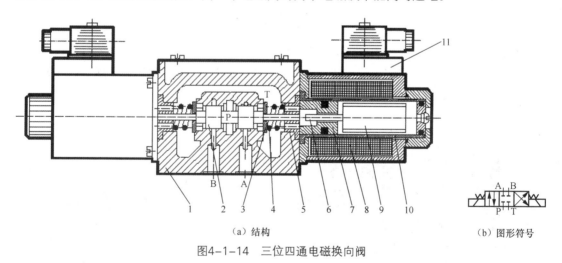

（a）结构　　　　　　　　　　　（b）图形符号

图4-1-14　三位四通电磁换向阀

1—阀体；2—阀芯；3—定位套；4—对中弹簧；5—挡圈；6—推杆；7—环；8—线圈；9—衔铁；10—导套；11—插头组件

（4）液控换向阀。液控换向阀又叫液动换向阀，利用控制油路的压力油来改变阀芯位置，实现油路换向。图 4-1-15 所示为三位四通液动换向阀。阀芯由其两端密封腔中油液的压力差来产生移动，当压力油从 K_2 口进入滑阀右腔时，K_1 口接通回油，阀芯向左移动，使油口 P 和 B 相通，油口 A 和 T 相通；当 K_1 口接通压力油时，K_2 口接通回油，阀芯向右移动，使油口 P 和 A 相通，油口 B 和 T 相通；当 K_1 和 K_2 口都通回油时，阀芯回到中间位置。

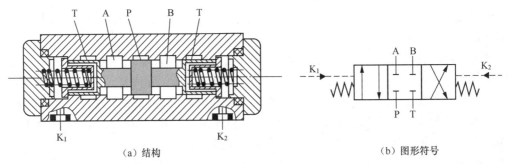

（a）结构 （b）图形符号

图4-1-15 三位四通液动换向阀

液动换向阀能够减小换向冲击，提高换向的平稳性；靠液压力驱动，适用于流量大、压力高的液压传动系统。但它结构较为复杂，成本较高，很少单独使用，通常与小规格的电磁换向阀组合使用。

（5）电液换向阀。电液换向阀是电磁换向阀（先导阀）与液动换向阀（主阀）的组合。液动换向阀是主阀，其作用是改变液压传动系统中主油路油液流动的方向。电磁换向阀起先导作用，其作用是为主换向阀提供阀芯运动的控制力。先导电磁阀的油源和回油可单独设立，也可与主油路共用。由于控制油路油液的流量不必很大，因而可以实现以小规格的电磁阀来控制较大的流量。因此，它具有用小功率电磁铁控制大功率主阀的优点。在大中型液压设备中，当通过阀的流量较大时，作用在滑阀上的摩擦力和液动力较大，此时电磁换向阀的电磁铁推力相对太小，需要用电液换向阀来代替电磁换向阀。

图4-1-16所示为弹簧对中型三位四通电液换向阀。当先导电磁阀左边电磁铁通电时，先导电磁阀阀芯右移，来自主阀P口的控制压力油可经先导电磁阀的A′口和左单向阀进入主阀左端容腔，并推动主阀阀芯向右移动，同时主阀阀芯右端容腔中控制油液通过右边的节流阀经先导电磁阀的B′口和T′口，再从主阀的T口流回油箱（主阀阀芯的移动速度可由右边的节流阀调节），使主阀P口与A口相通、B口和T口相通；反之，由先导电磁阀右边的电磁铁通电，可使P口与B口的油路相通、A口与T口的油路相通。

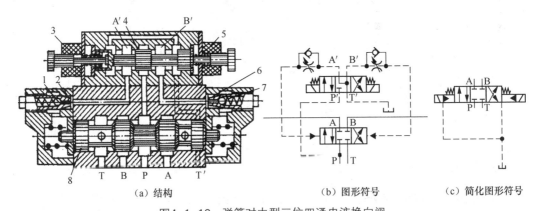

（a）结构 （b）图形符号 （c）简化图形符号

图4-1-16 弹簧对中型三位四通电液换向阀

1、6—节流阀；2、7—单向阀；3、5—电磁铁；4—先导电磁阀阀芯；8—主阀阀芯

当先导电磁阀的两个电磁铁均不带电时，先导电磁阀阀芯在其对中弹簧作用下回到中位，此时来自主阀P口的控制压力油不再进入主阀阀芯的左、右两腔，主阀阀芯左、右两腔的油液

通过先导电磁阀中间位置的 A′、B′口与先导电磁阀 T′口相通 [图 4-1-16（b）]，流回油箱。主阀阀芯在两端对中弹簧的推动下，依靠阀体定位，准确地回到中位，此时主阀的 P、A、B 和 T 口均不通。

注意：主阀为弹簧对中型时，电磁换向阀的中位必须是 A′、B′、T′口互通，以保证液动主阀的左、右两端油室通回油箱，否则，液动主阀无法回到中位。

电液换向阀除了上述的弹簧对中型以外，还有液压对中型，在液压对中型的电液换向阀中，先导式电磁阀在中位时，A′、B′口均与 P 口连通，而 T′口则封闭，其他方面与弹簧对中型的电液换向阀基本相似。

电液换向阀若按控制压力油来源及其泄油方式进行分类，有内控内泄式、内控外泄式、外控内泄式、外控外泄式四种类型。这四种类型的区别见表 4-1-2。

表 4-1-2　电液换向阀的四种类型

序号	类型	控制口压力油来源	控制口泄油方式
1	内控内泄式	主油路 P 口	主油路回油口 T 口
2	内控外泄式	主油路 P 口	与主油路回油隔开，单独回油
3	外控内泄式	另设独立的油源	主油路回油口 T 口
4	外控外泄式	另设独立的油源	与主油路回油隔开，单独回油

显然，图 4-1-16 所示的电液换向阀为内控外泄式，图 4-1-17 所示为内泄式电液换向阀，图 4-1-18 所示为外泄式电液换向阀。

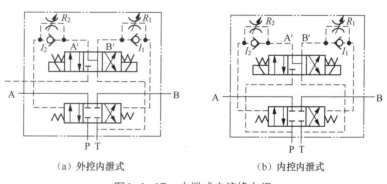

（a）外控内泄式　　　　　　　　（b）内控内泄式

图 4-1-17　内泄式电液换向阀

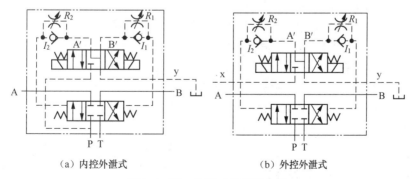

（a）内控外泄式　　　　　　　　（b）外控外泄式

图 4-1-18　外泄式电液换向阀

x—控制油；y—回油

对于高压液压传动系统，为防止冲击，控制口不能取自主油路 P 口，另设压力较低的独立油源，即要采用外控式。外控式独立油源的流量不得小于主阀最大通流量的 15%，以保证换向时间。低压液压传动系统采用内控式。内控式主油路必须保证最低压力 0.3～0.5MPa。

二、液压单向阀

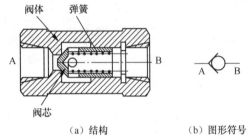

单向阀的功能是控制油液单向流动。根据功能和结构不同，单向阀分为普通单向阀和液控单向阀两种。

1. 普通单向阀

图 4-1-19 所示为普通单向阀。A 口通压力油时，压力油克服弹簧的作用，推开阀芯，A 到 B 方向（正向）通油。当 B 口通压力油时，压力油无法推开阀芯，B 到 A 方向（反向）不通油。在图 4-1-19（b）所示图形符号中，注意小口为进口，大口为出口。

图 4-1-20 所示为普通单向阀常见的两种结构。图 4-1-20（a）所示为锥阀密封型管式单向阀，图 4-1-20（b）所示为钢球密封型管式单向阀。单向阀的主要性能参数为正向最小开启压力（即油液推开阀芯使之产生移动的最小压力）、正向流动压力损失和反向泄漏量。单向阀的正向开启压力一般为 0.03～0.05MPa，反向截止时，密封力随压

图4-1-19 普通单向阀结构和符号

力增高而增高，开启后进、出油口压力差（压力损失）为 0.2～0.3MPa，所以单向阀中的弹簧很软，一般只起阀芯复位的作用。

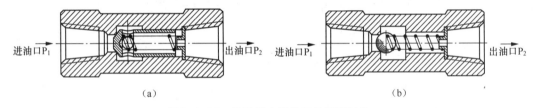

图4-1-20 普通单向阀常见的两种结构

图 4-1-21 所示为单向阀的应用举例。图 4-1-21（a）所示为采用单向阀来防止泵出口油倒流的液压回路，弹簧很软。若用作背压阀（安装在回油路上，提高平稳性），可将单向阀的软弹簧更换成合适的硬弹簧，使单向阀的开启压力达到 0.2～0.6MPa。图 4-1-21（b）所示为采用单向阀的背压回路，图中单向阀 1 若用作背压阀，则要换成硬弹簧。

2. 液控单向阀

液控单向阀是一种通入控制压力油后即允许油液双向流动的单向阀。它由单向阀和液控装置两部分组成。图 4-1-22（a）、（b）所示为液控

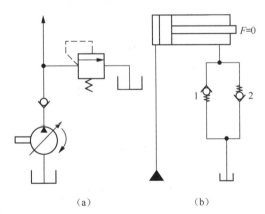

图4-1-21 单向阀的应用举例

1、2—单向阀

单向阀的结构和图形符号。

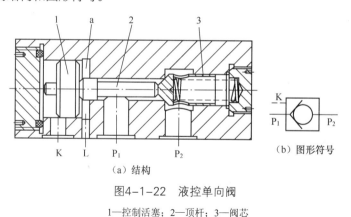

液控单向阀的
工作原理

（b）图形符号

（a）结构

图4-1-22　液控单向阀

1—控制活塞；2—顶杆；3—阀芯

当控制油口 K 无控制压力油通入时，同普通单向阀，油液只能从进油口 P_1 流入、从出油口 P_2 流出，反向则不通；当控制油口 K 通入压力油时，在液压力作用下推动控制活塞 1 右移，a 腔中的油液通过泄油口（图中未画出）排出，从而控制活塞 1 推动顶杆 2 将阀芯 3 顶开，实现液控单向阀的反向开启，此时油液可以双向流通。

注意，图 4-1-22（b）中图形符号，表示控制油口的虚线在阀符号的进口侧。还要注意控制压力油不工作时，应使其通回油箱，否则控制活塞难以复位，单向阀反向不能截止液流。

液控单向阀的作用是使油液沿阀的正向流动，而反向时通过控制油路，使油液流通。当液流反向流动时液控单向阀的泄漏量很小，几乎为零，因此具有良好的单向密封性能；又在一定条件下允许正反向液流自由通过，因此多用在执行元件需要长时间保压、锁紧的系统，也常用于防止立式液压缸停止运动时因自重而下滑的回路中。实际中常利用液控单向阀将缸固定在任何位置，起锁紧作用。

图 4-1-23 所示为液控单向阀的应用，图 4-1-23（a）为用于平衡的液压回路，图 4-1-23（b）为用于锁紧的液压回路，图 4-1-23（c）为用于保压的液压回路。

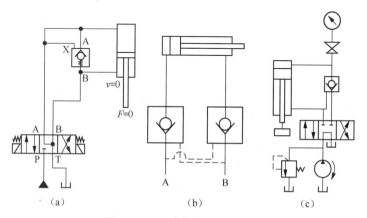

图4-1-23　液控单向阀的应用

子任务实施　选择正确的换向阀

本任务选用电磁换向阀，合理。这是由主系统和换向阀使用场合决定的，本任务是数控车床的液压传动系统，要求数控系统能控制阀的动作，所以应选择电磁换向阀。但是要注意流量超过 63L/min 时，不能选用电磁阀，否则电磁力太小，推不动阀芯。此时可选其他控制形式的换向阀，如液动、电液动换向阀。选用四通阀，合理，这是因为驱动液压尾座的是双作用液压缸。若选用二位阀，缸只能做伸出和缩回动作，不合理，应选用三位阀；中位时，缸要求锁紧，所以中位要选择能使缸锁紧的 O 型和 M 型，同时中位时，为保护液压泵和节约能源，应选用能使泵卸荷的 M 型和 H 型中位，综合中位时缸锁紧和泵卸荷，所以应选用中位 M 型三位阀。换向阀位数、通数和三位阀中位机能根据系统的功能要求来选择。应选用的主换向阀的图形符号如图 4-1-24 所示。

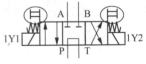

图 4-1-24 中椭圆形圈内的部分是电磁阀的手动控制装置，在电磁阀不通电的情况下，可以手动使电磁阀换位，方便对油路进行调整。

图4-1-24　应选用的主换
向阀的图形符号

电磁换向阀型号选择是个较为复杂的问题，首先要保证安全、可靠、适用和经济，然后根据该阀的最大流量、最高工作压力、管道尺寸及连接方式、流体参数等多个因素进行综合考虑。一般的方法是查阅某品牌的选型手册来选择型号。

子任务 4.1.2　改进任务回路图

子任务分析

图 4-1-24 中选用了合适的主换向阀，但如何搭建符合功能要求的液压回路呢？

为完成特定功能，由一些液压元件与液压辅助元件按照一定关系构成的油路结构称为液压回路。因此，在实际应用中搭建液压回路，第一步要分析回路功能，确定主功能动作，第二步根据主功能选用核心元件，第三步根据主功能要求选用其他液压元件。

本任务中，主功能是尾座的动作，所以回路的主功能就是驱动尾座的液压缸的伸出和缩回功能，即缸的换向功能。同时要求尾座在停止时，不能在受到外力时发生移动，也就是要求液压缸在中位时能实现锁紧功能。所以本任务的回路功能就是换向和锁紧。

相关知识

一、方向控制回路

在液压传动系统中，实现缸方向控制的回路简称方向控制回路，是液压传动系统基本的回路。功能是通过控制油液的通断和流动方向，实现执行元件的启动、停止和换向。方向控制回路主要由各种换向阀组成。在实际应用中，对缸的运动方向要求有换向、在某个位置停止、精确停留在某个位置，所以方向控制回路的主要类型有换向、锁紧、启停和精确停止。

二、液压换向回路的搭建

换向回路的功能是实现执行元件运动方向切换。换向阀能通过改变油液流向实现缸的换向，所以换向回路的原理实际上就是换向阀的原理。

1. 普通换向回路

普通换向回路只需在泵和执行元件之间采用标准的换向阀即可搭建完成，关键是选用合适的换向阀。各种操纵方式、中位机能不同的换向阀都可组成换向回路，只是性能和适用场合不同。

要注意各种常用换向阀的合理选用。图 4-1-25 所示为各种换向阀组成的换向回路。

换向回路搭建操作

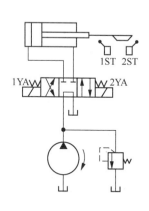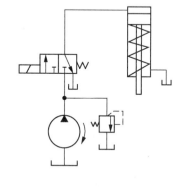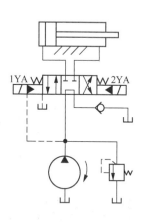

（a）电磁阀换向回路　　　（b）单作用液压缸电磁阀换向回路　　　（c）电液换向阀换向回路

图4-1-25　各种换向阀组成的换向回路

2. 连续往返换向回路

图 4-1-26 所示为采用液控换向阀和行程阀的连续往返换向回路。当二位手动换向阀 3 换到右位时，行程阀 7 接通，控制油液推动液控换向阀 4 换到右位，泵出口油液通过单向调速阀 5 进入液压缸 9 无杆腔，有杆腔油液回到油箱，推动活塞向右移动，同时松开行程阀 7，行程阀 7 复位，液控换向阀 4 右侧控制油路封闭，从而使液控换向阀 4 保持在右位，缸保持伸出状态；当活塞杆上的挡块压下行程阀 8 时，液控换向阀 4 右侧控制油路接通油箱，液控换向阀 4 在左侧弹簧作用下复位到左位，泵出口油液通过单向调速阀 6 进入液压缸 9 有杆腔，无杆腔油液回到油箱，推动活塞向左移动，实现液压缸自动换向；当活塞杆上的挡块压下行程阀 7 时，液控换向阀 4 又自动换向，达到液压缸连续自动换向的目的。

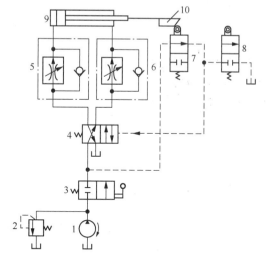

图4-1-26　连续往返换向回路

1—液压泵；2—溢流阀；3—二位手动换向阀；4—液控换向阀；5、6—单向调速阀；7、8—行程阀；9—液压缸；10—挡块

3. 插装阀换向回路

图 4-1-27 所示为采用插装阀的换向回路，C、D、E、F 口为插装阀控制油口。插装阀结构简单，通流能力大，适合于各种高压大流量系统。

插装阀的原理是当控制油口通油时，油液不通。如图 4-1-27（b）所示，

连续往返换向回路

电磁铁通电，C、E 控制口通压力油，C、E 口不通；D、F 控制口泄油，缸有杆腔压力油打开 F 控制口回到油箱，泵打开 D 控制口通入缸无杆腔，缸伸出。如图 4-1-27（a）所示，电磁铁断电，D、F 控制口通压力油，D、F 口不通；C、E 控制口泄油，缸无杆腔压力油打开 C 控制口回到油箱，泵打开 E 控制口通入缸有杆腔，缸返回。

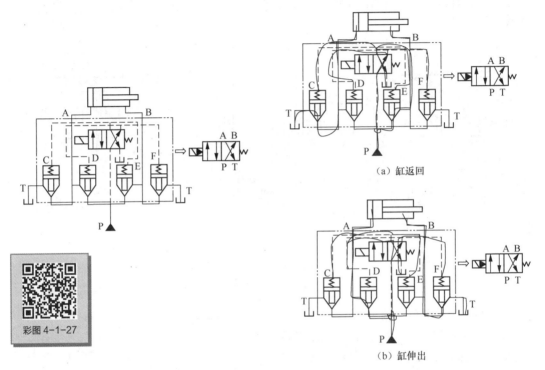

（a）缸返回

（b）缸伸出

图4-1-27　采用插装阀的换向回路

三、液压启停回路的搭建

启停回路的功能是实现系统执行元件的启动与停止。当执行元件需要频繁地启动或停止，而泵不停止时，系统中经常采用启停回路来实现。项目 3 讲述过液压缸两腔必须一腔进油、一腔回油才能运动，切断任何一个腔的油路，缸都将停止运动。所以启停回路的原理就是通过接通或切断油路来实现执行元件的启动与停止。

图 4-1-28（a）所示为泵卸荷的启停回路，当换向阀中位时，缸两腔油液切断，缸停止，泵卸荷。

图 4-1-28（b）所示为准确停止的启停回路，在缸碰到死挡铁时，缸工作腔压力升高，单向阀反向截止，缸内油液停止流动，缸停止。在机床液压传动系统中，有时要求执行元件有准确的停止位置，一般可采用死挡铁限位的方法达到这一要求。

图 4-1-28（c）所示为切断油路的启停回路，泵出口串联一个二位二通电磁阀，电磁阀通电时泵出口油液截止，缸进油路切断从而停止。实际上，切断执行元件的回油路也可达到停止运动的目的，但这会使执行元件和有关管路都受到高压油的作用。此种回路中，要求二位二通阀能通过全部流量，故一般适用于小流量系统。

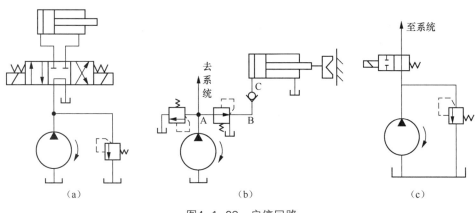

图4-1-28 启停回路

四、液压锁紧回路的搭建

锁紧回路的功能是实现执行元件在任意位置停止、防止执行元件停止后受负载或受其他外力作用后产生窜动。锁紧回路的功能是实现缸停止，所以其原理同启停回路，也是通过切断执行元件的进、出油通道实现的。常利用换向阀的中位机能和液控单向阀实现锁紧。

图 4-1-29（a）所示为利用三位四通换向阀中位机能的锁紧回路。利用三位阀的 M 型中位机能实现锁紧，结构简单，成本低。也可以应用 O 型中位机能实现锁紧。但由于负载较大时液压缸内压力较高，会引起内泄漏，导致位置不能完全锁定，因而这种锁紧回路的应用范围受到限制，一般只用于锁紧要求不太高或只需短暂锁紧的场合。

图 4-1-29（b）所示为利用液控单向阀的锁紧回路。当换向阀处于中位时，系统卸荷，A、B 口关闭，活塞可以在行程的任何位置上长期锁紧，不会因外界原因而窜动，其锁紧精度只受液压缸的泄漏和油液压缩性的影响。为确保可靠锁紧，换向阀采用 H 型或 Y 型中位机能。

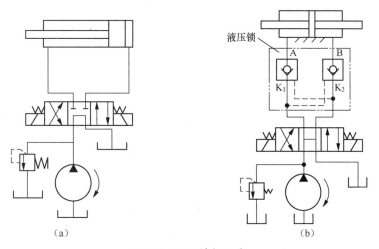

图4-1-29 锁紧回路

子任务实施　搭建正确回路图

综上，图 4-1-30 所示为本任务中液压尾座改进后的液压回路。

85

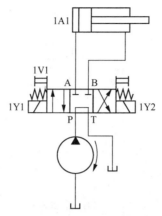

图4-1-30　液压尾座改进后的液压回路

子任务 4.1.3　油路调整

子任务分析

前面搭建的液压尾座的液压回路，经过仿真，功能符合要求。接下来要在数控车床上搭建实际的液压回路。主要工作是液压回路核心元件——主换向阀的更换。你必须熟知安全规范，并能按照操作规范，拆下原来的主换向阀，然后再安装重新选择的主换向阀。在确保安装牢固可靠的前提下，先手动调试，再启动系统的控制系统进行电气-液压回路的综合调试。

相关知识　安全操作规范

（1）按规定穿戴好劳保用品。

（2）调整油路前，必须将液压缸缩回，不允许活塞杆裸露在外。

（3）调整油路前，将液压缸缩回后，必须确保液压泵处于停止状态，禁止带压操作。

（4）安装液压管道时必须将管道锁紧装置向上拨动，同时管道垂直插入接口，禁止倾斜插入接口；拆卸管道时，必须一手将锁紧装置向上拨动，同时另一手轻轻垂直向上拔起。禁止暴力拆卸管道，如果在安装时装入困难，须用泄压阀泄压后再进行安装操作。在拆卸的同时，人的站位要避开可能喷射的方向。

（5）液压元件、管道等安装好后，在启动泵之前，必须检查各元件的安装是否牢固可靠，以防止在接通压力油的瞬间，元件或者管道掉落或脱开。

（6）在缸运动的行程上不允许摆放任何工具、工件及其他物品。

（7）关闭液压泵之前，必须将泵卸荷后再关闭。

（8）在缸运动过程中，不允许用任何物品触碰液压缸活塞杆。

（9）禁止在液压泵启动后，液压缸在未加任何控制信号的情况下，突然伸出。

子任务实施　换向阀更换

第一步：将缸缩回。

第二步：卸荷泵，关闭液压泵。

第三步：按照操作规范拆下主换向阀的连接管道。

第四步：按照操作规范拆下原来的主换向阀，并按规定摆放到指定位置。

第五步：按照操作规范安装三位四通换向阀，然后连接管道，检查阀和管道是否安装和连接牢固可靠。

第六步：启动控制电路，检查电磁阀的信号是否正常。

第七步：关闭控制电路，启动泵，空载转动几分钟，然后按下电磁阀的手动操作装置，观察缸的动作是否正确。

第八步：启动控制电路，观察缸的动作是否正确。

第九步：使缸缩回，关闭控制电路，卸荷后关闭液压泵。

第十步：将所使用的各种工具、夹具、辅具及场地按照 6S 管理要求进行整理。

换向阀更换操作

任务总结

本任务以数控车床液压尾座回路的调整为例，根据液压尾座的动作要求，分析驱动其动作的液压回路功能，建立起回路的实质就是实现机械动作的某种功能。然后从功能出发，分析出方向回路的核心元件是换向阀。读者应该明白，面对复杂的问题，最有效的办法就是深入分析，看透本质，抓住主干。通过对换向阀类型、结构、原理、功能和应用的分析，引导读者搭建符合功能要求的方向回路，并对液压尾座的回路进行调整。在这个过程中，采用问题引导、虚实结合、理实一体的讲解方法，让读者明白学思践悟、知行合一的学习才是正确而有效的学习方法。然后指导读者按照规范操作，完成主换向阀的更换。在这个过程中，强调职业规范和职业道德，使读者养成良好的职业素养。

••• 任务 4.2 搭建液压压力控制回路 •••

任务描述

任务 4.1 中你改进了液压尾座回路，车间的工人提出在使用中要求尾座套筒夹持工件时，能保证夹紧缸工作压力为预先设定好的压力值，且能实现保持压力恒定，能适应超载情况，能用不同夹持力夹持工件。请你改进油路。

在接到任务后，请根据任务描述，分析以下问题：

1. 该液压尾座回路的压力控制的功能是什么？

2. 压力控制元件的原理是什么？符号如何识读？

3. 该液压尾座回路实现压力调节的核心元件是什么？

4. 实现这些功能的回路都有哪些类型？

5. 该液压尾座回路调整要遵循什么规范？

读者可尝试按照以下过程解决上面的问题。

子任务 4.2.1　读任务回路图

子任务分析　回路功能变化和增加的元件分析

1. 了解液压尾座对压力的要求

接到任务后，首先向车间工人了解液压尾座的新的工作要求。液压尾座液压回路除应能够实现任务 4.1 的工作要求外，还需具备以下新的功能。

（1）能调整夹持力大小，并且在切削过程中，要能保持这个夹持力不变。

（2）要求能实现过载保护，以防止尾座的顶尖损坏。

基于以上工作要求分析，明确该回路的功能是在任务 4.1 的基础上，增加工作压力调节功能、保持压力功能、过载保护功能。这些功能都是对系统的压力进行调节和控制，由任务 4.1 可将这些控制元件命名为压力控制元件（阀）。后文统一称为压力控制阀，简称压力阀。因此，实现新增加功能的核心元件是压力控制阀。（解决问题 1）

2. 分析液压尾座回路图

分析在任务 4.1 中改进后的液压尾座回路图。

图 4-2-1 所示为任务 4.1 中液压尾座改进后的液压回路，此回路缸 1A1 伸出实现尾座套筒顶紧工件，缸 1A1 缩回，尾座套筒缩回则松开工件，由阀 1V1 控制实现。但由于尾座套筒在夹持工件时，回路工作压力可能会不断增大，导致工件的夹持力不断增大而出现液压泵过载，存在降低液压泵和电动机寿命的风险。所以该回路的问题就是因缺少压力控制阀而使回路不满足要求。由于技术人员对压力控制阀的应用不太了解，影响了压力控制阀的选用。

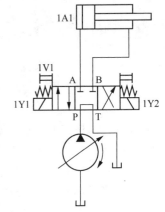

图 4-2-1　任务 4.1 中液压尾座改进后的液压回路

相关知识

一、液压压力控制阀的功能和类型

1. 压力控制阀的功能

压力控制阀是用来调节和控制液压传动系统压力高低的装置。

2. 压力控制阀的类型

根据其功能和用途不同，压力控制阀可分为溢流阀、减压阀、顺序阀和压力继电器等。这类阀的共同点是利用作用在阀芯上的液压力和弹簧力相平衡的原理进行工作。

二、液压溢流阀

1. 溢流阀的功能及分类

溢流阀的主要功能：一是用来调压和稳压，保持液压传动系统或液压基本回路的压力恒定，如用在由定量泵构成的液压源中，作溢流恒压阀，用以调节泵的出口压力，保持定量泵的出口压力恒定；二是用来限压，防止液压传动系统过载，如在液压传动系统中用作安全阀，当系统正常工作时，溢流阀处于关闭状态，仅在系统压力大于或等于其调定压力时，溢流阀才开启，从而对液压传动系统起过载保护作用。此外，溢流阀还可作为背压阀、卸荷阀、制动阀、平衡阀和限速阀等使用。溢流阀通常接在液压泵出口处的油路上。

根据结构和工作原理不同，溢流阀可分为直动式溢流阀和先导式溢流阀两类。

2. 溢流阀的结构和工作原理

（1）直动式溢流阀。直动式溢流阀是依靠系统中作用在阀芯上的主油路液压力与调压弹簧力直接相平衡，以控制阀芯的启闭动作的溢流阀。

图 4-2-2 所示为直动式溢流阀，直动式溢流阀主要由阀体、阀芯、弹簧和调压螺母等部分组成。P 为进油口，接液压泵，T 为回油口，接油箱。图 4-2-2 所示的状态，进油口不通油，阀芯在弹簧力作用下处于最下端位置，进、出油口不通，为阀的原始状态，即原始状态下，直动式溢流阀的进、出口不通。

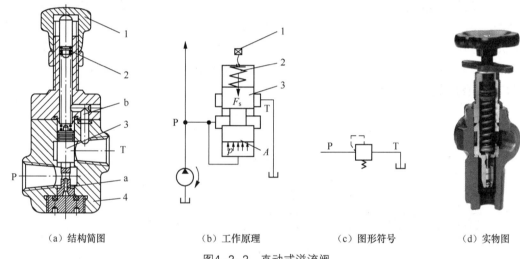

（a）结构简图　　　　（b）工作原理　　　　（c）图形符号　　　　（d）实物图

图4-2-2　直动式溢流阀

1—调压螺母；2—弹簧；3—阀芯；4—阀体

进油口接通压力油，进油口 P 的一部分压力油经阀芯中间的阻尼孔 a 通入阀芯底部，对阀芯的锥形底面产生一个向上的作用力，阀芯上端的弹簧对阀芯产生一个向下的作用力。设阀芯下腔有效工作面积为 A，则阀芯上的阻尼孔 a 的作用是减小油压的脉动，提高阀工作的平稳性。调整调压螺母可以改变弹簧的压紧力，这样也就调整了溢流阀进口处的油液压力 p。

当进油口压力较小时，即 $pA < F_s$ 时，阀芯在调压弹簧的作用下处于最下端位置，P 口与 T 口不通，阀口无法打开，溢流阀不工作；当进油压力升高时，阀芯下端所产生的作用力超过弹簧的预紧力 F_s，即 $pA > F_s$ 时，弹簧被压缩，阀芯上移，打开回油口 T，P 口与 T 口接通，进油口的部分油液通过进口、出口流回油箱，完成溢流，系统压力不再升高。溢流阀进、出口接通后，部分油液流回油箱，降低进口压力，它的名称由此而来。

直动式溢流阀的
工作原理

由于直动式溢流阀出口接油箱，所以进出口接通后，其进口压力会降低。当压力油产生的作用力由于溢流阀开口溢流而低于弹簧预紧力时，阀芯在弹簧的作用下下移，阀口又会关小。

阀口关小后，溢流阀进口的压力又会上升，压力油产生的作用力又会大于弹簧的预紧力，阀芯再次上升，阀口再次打开或关闭，如此反复。最终阀芯在液压油作用力和弹簧力作用下处于一个平衡状态而静止，阀口开度一定，即

$$pA = F_s \tag{4-2-1}$$

由式（4-2-1）可知，当直动式溢流阀阀芯受力平衡而静止时，若不考虑阀芯的自重、摩擦力和液压力的影响，则有

$$p = \frac{F_s}{A} \tag{4-2-2}$$

即当阀芯平衡时，其进口的压力由阀芯弹簧弹力决定。也就是溢流阀进口的压力为定值，这个压力值就是阀的调定值。由于 F_s 变化不大，故可以认为溢流阀进口处的压力 p 基本保持恒定，这是溢流阀稳压溢流作用。

通道 b 使弹簧腔与回油口相通，以排掉泄入弹簧腔的油液，此泄油方式为内泄式。

直动式溢流阀结构简单，制造容易，成本低。但因油液压力直接与调压弹簧力平衡，所以定压精度低，压力稳定性差，不适于在高压、大流量下工作。此外，系统压力较高时，要求弹簧刚度大，使阀的开启性能变坏。所以直动式溢流阀常用于调压精度要求不高的场合或作为安全阀、先导阀使用，一般只用于低压液压传动系统，其最高调定压力为 2.5MPa，而中、高压系统常采用先导式溢流阀。

图 4-2-3 所示为锥阀芯直动式溢流阀，常作为先导式溢流阀的先导阀使用。

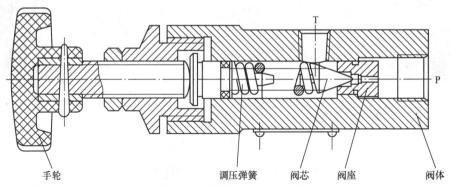

图4-2-3　锥阀芯直动式溢流阀

（2）先导式溢流阀。图 4-2-4 所示为先导式溢流阀，其由先导阀和主阀两部分组成。先导阀实际上是一个小流量的直动式溢流阀，阀芯是锥阀芯，功能是调定压力，所以其弹簧 2 称为调压弹簧；主阀阀芯是滑阀，功能是实现溢流。同直动式溢流阀，P 为进油口，T 为出油口。主阀阀芯上、下腔有效工作面积相同。由图 4-2-4（b）可知，在原始状态下，主阀阀芯 5 在主阀弹簧 4 的作用下处于最下端位置，进、出油口不通。

进口油液经径向孔 d、轴向小孔 a，进入主阀阀芯 5 下腔 A，对主阀阀芯产生向上的作用力；同时经主阀阀芯上阻尼小孔 b 进入并充满上部油腔，对主阀阀芯产生向下的作用力；再经通道 c 进入先导阀进口油腔 B，作用在先导锥阀的阀芯上。

当进口油压小于锥阀芯弹簧弹力时，先导阀关闭，流经阻尼小孔 b 的油液没有形成通路，油液静止。主阀上、下腔和先导阀右腔形成密闭容积，由帕斯卡原理可知，压力处处相等，都

等于主阀进口压力。在主阀弹簧 4 作用下，主阀阀芯处于最下端位置，回油口 T 关闭，不溢流。

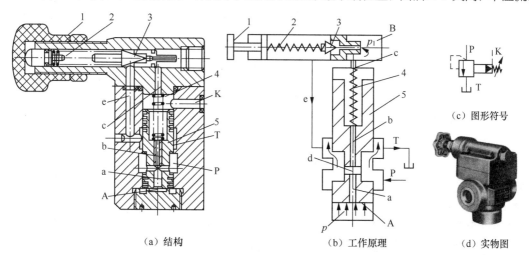

（a）结构　　　　　　　　　（b）工作原理　　　　（d）实物图

（c）图形符号

图4-2-4　先导式溢流阀

1—调压螺母；2—调压弹簧；3—锥阀；4—主阀弹簧；5—主阀阀芯

当进口油压大于锥阀芯弹簧弹力时，先导阀开启，一部分油液流经阻尼小孔 b，先导阀进、出口，通道 e，回油口 T 流回油箱。流经阻尼小孔 b 的油液形成通路，油液以流动状态经过阻尼小孔，由于阻尼小孔的阻尼作用，压力油流经阻尼小孔 b 时产生压力降，使主阀上腔油液压力小于下腔油液压力 p，即主阀阀芯上、下腔形成压力差。主阀上腔油液压力由先导阀调定为其调定压力值 p_1。因此，主阀阀芯受到上、下腔液压油压力差产生的作用力与主阀弹簧弹力的共同作用。

当此压力差产生的向上的作用力大于主阀弹簧 4 的弹簧弹力并克服主阀阀芯自重和摩擦力时，主阀阀芯向上移动，进、出油口连通，溢流阀阀口打开溢流。

当主阀阀口打开溢流后，同直动式溢流阀，先导式溢流阀的主阀阀芯也要经历一个上下振荡的过程，之后处于一个平衡状态，此时主阀阀口开度一定，有

$$\Delta pA = (p - p_1)A = F_{s主阀} \tag{4-2-3}$$

由式（4-2-3）可得，先导式溢流阀利用主阀阀芯上、下腔压力差与主阀弹簧弹力相互平衡工作。当溢流阀处于平衡状态时，其进口处的压力为

$$p = p_1 + \frac{F_{s主阀}}{A} = \frac{F_{s锥阀}}{A_{锥阀}} + \frac{F_{s主阀}}{A} \tag{4-2-4}$$

由式（4-2-4）知，先导式溢流阀控制的压力由先导阀弹簧弹力和主阀弹簧弹力两部分组成。其中，主阀上腔的压力 p_1 由先导阀弹簧调定，基本为定值；主阀弹簧的弹力也几乎为一定值，因此此时主阀进口的压力为一定值。一般主阀弹簧很软，只要能克服摩擦力使主阀阀芯复位即可。因此，调节调压弹簧的预紧力即可获得不同的进油口压力。

相对于主阀，流经先导阀溢流的流量比较小，因此先导阀的弹簧弹力并不大，可以用小弹簧调节大压力，故广泛用于中高压、大流量和调压精度要求较高的场合。但其灵敏度和响应速度要比直动式溢流阀低一些。

91

如图 4-2-4（a）所示，先导式溢流阀的主阀上有一个远程控制口 K（液控口），它和主阀阀芯的上腔相连，一般封闭不用。如果将 K 口打开，接通油箱，则主阀上腔压力 $p_1 \approx 0$，主阀阀芯在很小的液压力（基本为零）作用下便可向上移动，打开阀口，实现溢流。由以上分析可知，此时主阀进口压力也接近于零，即实现系统卸荷。当 K 口接入另外一个溢流阀，一般称为远程调压阀，如果远程调压阀的调定压力小于主阀中先导阀的调定压力，则主阀上腔的压力由远程调压阀调节。这就是说，当远程控制口 K 打开后，其调定压力取决于先导阀的调定压力与远程口（液控口）的压力两者之间较小的压力。

3. 溢流阀的图形符号和特征

（1）溢流阀的图形符号。溢流阀的图形符号如图 4-2-5 所示。正方形表示阀体，也表示阀芯。框内箭头方向后面的部分表示进油管路，在箭头方向前面的部分表示出油管路，P 表示进油口，T 表示出油口。方框另外两端面上的部分表示阀芯控制动作的动力源形式，其中虚线表示液压控制的控制油管路；弹簧按常用示意图的画法表示，其上的斜箭头表示弹簧弹力可调整。图 4-2-5（b）中虚线椭圆中的黑三角是先导式结构的符号。

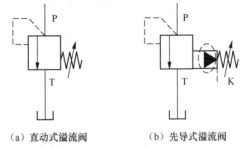

（a）直动式溢流阀　　　（b）先导式溢流阀

图4-2-5　溢流阀的图形符号

（2）溢流阀的特征。由溢流阀的原理，可总结出直动式溢流阀和先导式溢流阀的特征如下。

① 原始状态下进、出油口不通，图 4-2-5 所示溢流阀符号中，进、出油口间没有箭头。

② 控制阀芯运动的液压力来源于其进油口，图 4-2-5 所示溢流阀符号中，表示阀芯上的液压力接到其进油口。

③ 出油口接油箱，图 4-2-5 所示溢流阀符号中，出油口用 T 表示。

④ 调压弹簧腔的油液经出油口泄油，因此没有单独的泄油通道（外泄口）。

对比图 4-2-5（a）、（b），直动式溢流阀和先导式溢流阀的区别是，先导式溢流阀符号中多了表示先导阀结构的黑三角，有的先导式溢流阀还有远程控制口 K。

4. 溢流阀的应用

（1）溢流稳压。如图 4-2-6（a）所示，系统采用定量泵供油，溢流阀并联在泵的出口，缸进油路或回油路上设置节流阀或调速阀，使液压泵输出的压力油一部分进入液压缸工作，而多余的油液须经溢流阀流回油箱，溢流阀处于其调定压力的常开状态。调节弹簧的预紧力，也就调节了系统的工作压力。因此，在这种情况下，溢流阀的作用即为溢流稳压。

（2）安全保护。如图 4-2-6（b）所示，系统采用变量泵供油，溢流阀并联在泵的出口。液压泵供油量随负载大小自动调节至需要值，系统内没有多余的油液需要溢流，其工作压力由负载决定。溢流阀只有在过载时才打开，对系统起安全保护作用。故该系统中的溢流阀又称作安全阀，且系统正常工作时阀口常闭。

（3）形成背压。如图 4-2-6（c）所示，将溢流阀设置在液压缸的回油路上，这样缸的回油腔只有达到溢流阀的调定压力时，回油路才与油箱连通，使缸的回油腔形成背压，从而避免了当负载突然减小时活塞的前冲现象，提高运动部件运动的平稳性。

以上三种应用，是直动式溢流阀和先导式溢流阀的基本应用。先导式溢流阀由于有远程控制口，所以有以下两种特殊的应用。

（4）使泵卸荷。如图 4-2-6（d）所示，虚线框内的先导式溢流阀和电磁阀构成电磁溢流阀，当二位二通换向阀的电磁铁通电时，先导式溢流阀的远程控制口 X 与油箱连通，相当于先导阀的调定值为零，此时其主阀阀芯在进油口压力很低时即可迅速抬起，能使泵卸荷，以减少能量损耗与泵的磨损。

（5）远程调压。如图 4-2-6（e）所示，虚线框内的先导式溢流阀 1 经过电磁阀与小于其调定值的溢流阀 2 连接，构成远程调压阀，当换向阀的电磁铁通电时，先导式溢流阀 1 的调定压力取决于溢流阀 2 的调定值，实现远程调压。

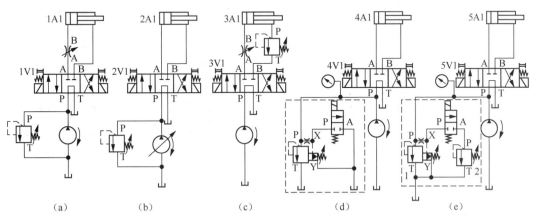

图4-2-6 溢流阀的应用

三、液压减压阀

1. 减压阀的功用及分类

在液压传动系统中，减压阀是利用液体流过缝隙时产生压力损失，使其出油口压力低于进油口压力的一种压力控制阀。其作用是降低并稳定液压传动系统中某一分支油路的油液压力，使之低于液压泵的供油压力，以满足执行机构（如夹紧装置、润滑装置、控制装置等）的需要，并保持基本恒定。

根据所控制的压力不同，减压阀可分为用于保证出油口压力为定值的定压输出减压阀、用于保证进油口和出油口的压力差为定值的定差减压阀，以及用于保证进油口和出油口的压力成比例的定比减压阀。若没有特殊说明，本书中讲到的减压阀均为定差减压阀。

减压阀根据结构和工作原理不同，可分为直动式减压阀和先导式减压阀两类。

2. 减压阀的结构及工作原理

直动式减压阀在工程实际中很少单独使用，一般常见的是先导式减压阀，故在此以先导式减压阀为例来介绍减压阀的结构及工作原理。

图 4-2-7（a）所示为先导式减压阀结构，它与先导式溢流阀的结构有相似之处，也是由先导阀和主阀两部分组成，其中先导阀为直动式溢流阀，因先导阀为锥阀，后文就用锥阀代替先导阀。图 4-2-7（b）所示为先导式减压阀工作原理，它主要依靠压力油通过缝隙的液阻降压，使出油口压力低于进油口压力，并保持出油口压力为一定值。缝隙越小，压力损失越大，减压作用就越强。图 4-2-7（c）所示为先导式减压阀图形符号，图 4-2-7（d）所示为先导式减压阀

实物图。进油口压力用 p_1 表示，出油口压力用 p_2 表示。不同于溢流阀，减压阀出口不接油箱，而是接负载。

如图 4-2-7（b）所示，在初始状态，主阀阀芯 5 在主阀弹簧 4 的作用下处于最下端位置，进、出油口连通，减压阀阀口开度（h）最大，即初始状态时，阀口常开。

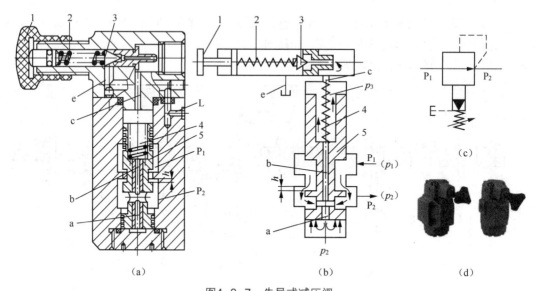

图4-2-7　先导式减压阀

1—调压螺母；2—调压弹簧；3—锥阀；4—主阀弹簧；5—主阀阀芯

压力为 p_1 的压力油从阀的进油口 P₁ 进入减压阀，经阀口到出油口 P₂，再经过阀体和端盖上通道进入主阀阀芯下腔，压力为 p_2；同时经主阀阀芯上阻尼小孔 b 进入主阀阀芯上腔，压力为 p_3，再经过通道 c 进入先导锥阀右腔（进油口处）。

当出油口油液压力 p_3 低于锥阀调定压力时，锥阀关闭，流经阻尼小孔的油液没有形成通路，油液静止。主阀上、下腔和先导阀右腔形成密闭容积，压力处处相等，都等于阀进油口压力，即 $p_1 \approx p_2 \approx p_3$。主阀弹簧 4 的弹力克服摩擦阻力将主阀阀芯 5 推向最下端，阀口开度 h 最大，减压阀处于不工作状态，即常开状态。

当油路负载增大时，p_2 升高，p_3 随之升高，当 p_3 大于锥阀调定压力时，锥阀打开，一部分油液流经阻尼小孔 b、通道 c、锥阀进口、锥阀出口、通道 e，由泄油口 L 流回油箱。流经阻尼小孔 b 的油液形成通路，油液以流动状态经过阻尼小孔，由于阻尼小孔的阻尼作用，压力油流经阻尼小孔 b 时产生压力降，使主阀上腔油液压力 p_3 小于下腔油液压力 p_2，即主阀阀芯上、下腔形成压力差 Δp（$\Delta p = p_2 - p_3$）。主阀上腔油液压力由先导阀调定为其调定压力值 p_3。因此，主阀阀芯受到上、下腔液压油压力差产生的作用力与主阀弹簧弹力的共同作用。

当此压力差 Δp 所产生的向上的作用力大于主阀阀芯重力、摩擦力、主阀弹簧的弹力之和时，主阀阀芯 5 向上移动，使减压阀阀口开度 h 减小，压力油通过减压阀阀口的压降增大，减压作用增强，p_2 随之下降。当出油口油液作用力小于主阀阀芯重力、摩擦力、主阀弹簧 4 的弹力之和时，主阀弹簧 4 推动阀芯下移，阀口开度变大，出油口压力又会升高。如此反复，直至出油口压力 p_2 稳定在锥阀所调定的压力值。出油口处保持调定压力时，主阀阀芯 5 处于新的平

衡位置上，先导阀阀口保持一定的开度，减压阀处于工作状态。主阀阀芯下腔有效面积为 A，则主阀阀芯受力平衡方程为

$$p_2 A = p_3 A + F_{s主阀} \qquad (4\text{-}2\text{-}5)$$

由式（4-2-5）可得此时减压阀出油口压力为

$$p_2 = p_3 + \frac{F_{s主阀}}{A} \qquad (4\text{-}2\text{-}6)$$

由以上分析可知，式（4-2-6）中的 p_3 为锥阀的压力调定值，所以减压阀出油口的压力也为一定值。由于减压阀进、出油口均接压力油，因此泄油口要单独接回油箱。

3. 减压阀的图形符号

图 4-2-8 所示为减压阀的图形符号。其中，图 4-2-8（a）为直动式减压阀的图形符号，图 4-2-8（b）为先导式减压阀的图形符号。

图 4-2-8 中，L 表示减压阀的泄油通道。与溢流阀的图形符号的不同点是：进、出油口之间有箭头，

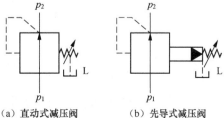

（a）直动式减压阀　（b）先导式减压阀

图4-2-8　减压阀的图形符号

表示原始状态下，进、出油口连通；出油口压力用 p_2 表示；阀芯上表示液压油控制力的虚线连接到阀的出油口，表示由出油口压力控制阀芯移动，调节出油口压力。

4. 减压阀和溢流阀的比较

（1）减压阀出油口接负载，其压力用 p_2 表示，溢流阀出油口接油箱，用 T 表示。

（2）减压阀控制阀芯的液压力来源于出油口，溢流阀则来源于进油口。

（3）原始状态下，减压阀阀口常开，且为最大，溢流阀阀口常闭。

（4）减压阀调节和控制出油口压力为定值，溢流阀则调节并保持进油口压力为定值。

（5）减压阀设有单独的泄油口，溢流阀则没有单独的泄油口。

5. 减压阀的应用

减压阀的基本作用是减压和稳压，在液压传动系统中，当一个液压泵向若干个执行元件供油，且各执行元件所需要工作压力不同时，就要分别控制。若某个执行元件所需的供油压力较液压泵供油压力低时，可在此分支油路中串联一个减压阀，所需压力由减压阀来调节控制，如控制油路、夹紧油路、润滑油路就常采用减压回路。

图 4-2-9 所示为减压阀在夹紧机构中的应用。

液压泵供给主系统的油压由溢流阀 1V2 控制，同时经减压阀、单向阀、换向阀向夹紧缸供油。夹紧缸的压力由减压阀 1V3 调节，并稳定在调定值上。一般减压阀调整的最高值要比系统中控制主回路压力的溢流阀调定值低 $0.5 \sim 1\text{MPa}$。

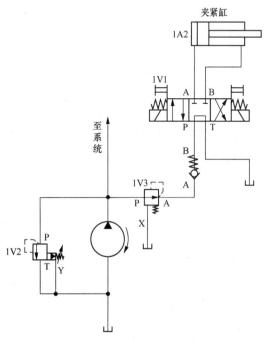

图4-2-9　减压阀在夹紧机构中的应用

四、液压顺序阀

1. 顺序阀的功用及分类

顺序阀是利用油路中的油液压力作为控制信号来实现油路的通断，从而控制液压传动系统中各执行元件先后顺序动作的压力控制阀。根据控制压力来源不同，顺序阀可分为内控式和外控式；根据泄油方式，顺序阀可分为内泄式和外泄式。根据结构、工作原理和功用不同，顺序阀可分为直动式顺序阀、先导式顺序阀、液控顺序阀等。

2. 顺序阀的结构及工作原理

（1）内控外泄式顺序阀。图 4-2-10 所示为内控外泄式顺序阀，简称顺序阀。同溢流阀和减压阀，控制阀芯运动的液压力来源于其主口（进油口或出油口）之一的，则为内控式，否则为外控式。同减压阀，调压弹簧腔的油液通过单独的泄油通道泄出的，为外泄式；同溢流阀，调压弹簧腔的油液通过出油口泄出的，为内泄式。

内控外泄式顺序阀主要由阀体、端盖、底盖、阀芯、控制活塞、调压弹簧和调节螺母等组成。内控外泄式顺序阀结构与直动式溢流阀结构相似，但不同的是内控式顺序阀为减小弹簧刚度设置了控制活塞 6，且阀芯 5 和阀体 4 之间的封油长度比溢流阀长。调节调压弹簧的预紧力，即可调节内控式顺序阀的开启压力。

（2）外控式顺序阀。外控式顺序阀，又称为液控式顺序阀。将图 4-2-10 所示的内控外泄式顺序阀的底盖 7 旋转 90°或 180°安装，使油路通道 8 堵塞，从而导致控制油口与进油腔隔离，并除去控制油口螺堵，即为外控外泄式顺序阀。其工作原理与内控外泄式顺序阀相同，只是控制活塞动作的油源来自控制油口接通的控制油路，而与进油口压力无关，因此得名。

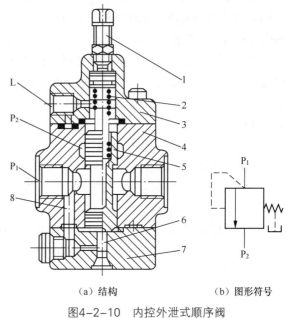

（a）结构　　（b）图形符号

图4-2-10　内控外泄式顺序阀

1—调节螺母；2—调压弹簧；3—端盖；4—阀体；5—阀芯；
6—控制活塞；7—底盖；8—油路通道

（3）直动式顺序阀。图 4-2-11 所示为直动式顺序阀（内控外泄式）。其结构和工作原理与直动式溢流阀相似。

如图 4-2-11（a）所示，原始状态下，阀口常闭，进、出油口不通。压力油从进油口 P_1 进入阀体，经阀芯中间小孔流入阀芯底部油腔，对阀芯产生一个向上的液压作用力。当油液的压力较低时，液压作用力小于阀芯上部的弹簧弹力，在弹簧弹力作用下，阀芯处于下端位置，P_1 和 P_2 两油口被隔断，即处于常闭状态。当油液的压力升高到作用于阀芯底部的液压作用力大于调定的弹簧弹力时，在液压作用力的作用下，阀芯上移，阀口打开，进、出油口接通，阀后的油路工作。

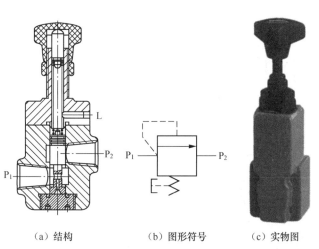

（a）结构　　　　（b）图形符号　　　（c）实物图

图4-2-11　直动式顺序阀

因为顺序阀出油口不接油箱，接负载，所以当顺序阀接通后，其出油口压力由负载决定，进油口压力也不会像溢流阀由于阀开口而降低。当顺序阀开口后，只要负载压力大于其调定值，阀芯就不会经过多次上下振荡而处于平衡状态，这就意味着当顺序阀打开且出油口的负载压力大于其调定值时，阀口的开度比较大或者处于全开状态，忽略摩擦损失，其进油口和出油口的压力差不大，即 $p_1 \approx p_2$。

因此顺序阀不调压，在油路中相当于一个以油液压力作为信号来控制油路通断的液压开关。虽然顺序阀不能调压，但是利用油路压力变化来工作，所以仍然属于压力控制阀。直动式顺序阀的最大调定压力为 2.5MPa。

（4）先导式顺序阀。图 4-2-12 所示为先导式顺序阀（内控外泄式）。其结构和工作原理与先导式溢流阀相似。同直动式顺序阀，先导式顺序阀的出油口接负载，当阀口打开后，只要负载压力大于其调定值，则其进、出油口压力基本相等。

（5）液控顺序阀。图 4-2-13 所示为液控顺序阀，即外控式顺序阀。液控顺序阀阀口的启闭与阀的主油路进油口压力无关，而只决定于控制口 K 通入油液的控制压力。

图 4-2-13（c）所示为液控顺序阀用作卸荷阀时的图形符号。此时，液控顺序阀的端盖转过一定角度，使泄油孔处的小孔 a 与阀体上接通出油口 P_2 的小孔连通，并使顺序阀的出油口与油箱连通。当阀口打开时，进油口 P_1 的压力油可以直接通往油箱，实现卸荷。

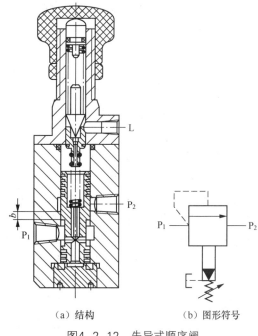

（a）结构　　　　　（b）图形符号

图4-2-12　先导式顺序阀

若控制油压从进油口引入，出油口接油箱，则成为内控内泄式顺序阀，图形符号和工作原理与溢流阀相同。

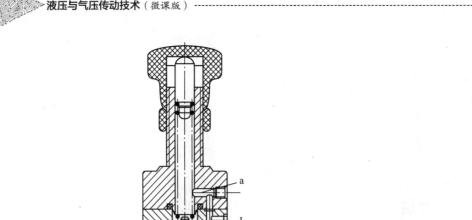

（a）结构　　　　　（b）图形符号　　　（c）用作卸荷阀时的图形符号

图4-2-13　液控顺序阀

3．顺序阀和溢流阀的比较

（1）顺序阀出口接负载，外泄式顺序阀需要设置单独的泄油通道。溢流阀出油口接油箱，不需要设置单独的泄油通道。

（2）顺序阀阀口打开后，只要负载压力大于其调定值，则阀口全开而不是微开，溢流阀阀口打开后，阀口则保持一定的开度。

（3）原始状态下，阀口都是常闭的。

4．顺序阀的应用

根据顺序阀的工作原理，在实际中，顺序阀可以用于实现顺序动作，在缸运动中平衡重力、形成背压和使泵卸荷。其中顺序动作和平衡缸运动中重力的作用在后面详细讲解，此处先讲解形成背压和使泵卸荷的应用。

（1）形成背压。根据功能，这时顺序阀又被称为背压阀。如图4-2-14所示回路中的顺序阀，串联在回油路上，使回油路有一定的压力。

（2）使泵卸荷。根据功能，这时顺序阀又被称为卸荷阀。图4-2-15中阀3为内泄外控式顺序阀，快速运动时，系统压力低，阀3关闭，双泵同时供油；慢速进给时，系统压力升高，阀3打开，使泵1卸荷，泵2单独为系统供油。

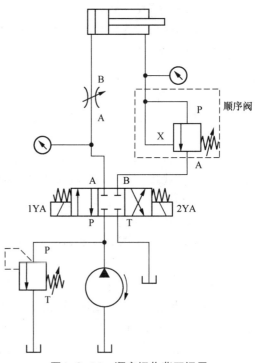

图4-2-14　顺序阀作背压阀用

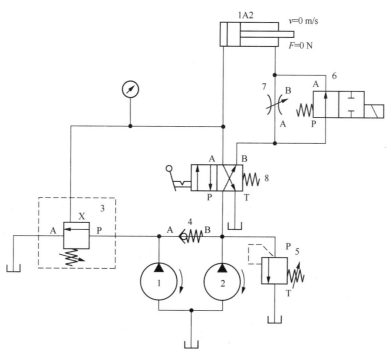

图4-2-15 顺序阀作卸荷阀用

1—低压大流量泵；2—高压小流量泵；3—顺序阀；4—单向阀；5—溢流阀；6、8—换向阀；7—节流阀

五、液压压力继电器

1. 压力继电器的功用与分类

压力继电器是将液压传动系统中的压力信号转换为电信号的电液控制元件。它在油液压力达到其设定压力时，发出电信号控制电气元件动作，实现液压泵的加载或卸荷、执行元件的顺序动作、液压传动系统的安全保护及联锁控制等功能。

根据结构特点不同，压力继电器可分为柱塞式、弹簧管式、膜片式和波纹管式四种，工作原理基本相同。

2. 压力继电器的结构与工作原理

图 4-2-16 所示为膜片式压力继电器。控制油口 K 与液压传动系统相通，当油口 K 的压力达到弹簧 7 的调定值（开启压力）时，膜片 1 在液压力的作用下产生中凸变形，使柱塞 2 向上移动。柱塞上的圆锥面使钢球 5 和 6 做径向移动，钢球 6 推动杠杆 10 绕销轴 9 逆时针偏转，致使其端部压下微动开

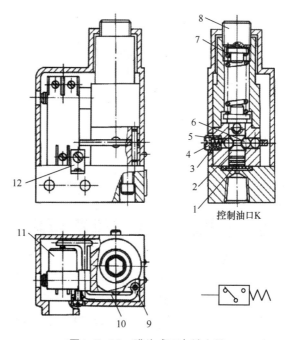

图4-2-16 膜片式压力继电器

1—膜片；2—柱塞；3、7—弹簧；4—调节螺钉；5、6—钢球；8—调压螺钉；9—销轴；10—杠杆；11—微动开关；12—调节架

关，接通电路，发出电信号，接通或断开某一电路。当油口 K 的压力因漏油或其他原因下降到一定值时，弹簧 7 使柱塞 2 下移，钢球 5 和 6 回落到柱塞的锥面槽内，微动开关 11 复位，切断电信号，并将杠杆 10 推回，断开或接通电路。

3. 压力继电器的主要性能指标

（1）调压范围。压力继电器发出电信号的最低压力和最高压力之间的范围称为调压范围。拧动调压螺钉 8 即可调整其工作压力。

（2）通断调节区间。压力继电器发出电信号时的压力，称为开启压力；切断电信号时的压力称为闭合压力。开启时摩擦力的方向与油压作用力的方向相反，闭合时则相同，故开启压力大于闭合压力。两者之差称为压力继电器通断返回区间，它应有足够大的数值。否则，系统压力脉动时，压力继电器发出的电信号会时断时续。返回区间可通过调节螺钉 4 控制弹簧 3 对钢球 6 的压力来调整。如中压系统中使用的压力继电器返回区间一般为 0.35～0.8MPa。

膜片式压力继电器膜片位移小、反应快、重复精度高。其缺点是易受压力波动的影响，不宜用于高压系统，常用于中、低压液压传动系统中。高压系统中常使用单触点柱塞式压力继电器。

4. 压力继电器的应用

根据功能，在液压传动系统中，压力继电器的基本应用是实现顺序动作，这个功能在后面将详细地讲解。与顺序阀不同，压力继电器利用液体压力作用，转换成机械动作启闭电气开关。因此这两种元件的应用场合有所不同，在使用中要加以注意。

5. 溢流阀、减压阀及顺序阀的区别

溢流阀、减压阀及顺序阀的区别见表 4-2-1。（解决问题 2）

表 4-2-1　溢流阀、减压阀及顺序阀的区别

区别点	溢流阀	减压阀	顺序阀
控制压力	来源于进油口	来源于出油口	来源于进油口或外部油源
连接方式	并联在泵出口，出油口接油箱，串联在回油路（背压阀）	串联在支路上，出油口接负载	当用作卸荷阀或平衡阀时，出油口接油箱；当用作顺序控制时，出油口接负载
回油方式	出油口回油，原始状态下阀口常闭	外部回油，常态下阀口常开	外部回油，当用作卸荷阀时内部回油。常态下阀口常闭
阀芯状态	当用作安全阀时，阀口常闭；当用作溢流阀、背压阀时，阀口常开（微开）	常态下阀口常开，工作过程中阀口微开	常态下阀口关闭，工作过程中阀口开启，全开
作用	安全保护、溢流稳压、背压、卸荷	减压、稳压	顺序控制、卸荷、平衡、背压

子任务实施　为液压尾座液压回路选择合适的液压压力控制阀

根据液压尾座套筒的压力控制要求：夹紧力保持不变，则夹紧缸工作腔的压力要保持为一稳定的值，由于尾座套筒液压回路是整个液压系统的一个分支油路，且主系统的压力可能高于该分支油路的压力，减压阀具有减压稳压的作用，所以可以选用减压阀来保证该分支油路获得低于主系统的稳定的压力。过载保护功能是溢流阀的基本功能。因此，本子任务选用一个溢流阀实现过载保护，选用两个减压阀保证夹持力稳定和实现不同的夹持力。

图 4-2-17 所示为选用的溢流阀的符号，图 4-2-18 所示为选用的减压阀的符号。

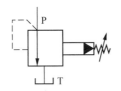

图4-2-17　选用的溢流阀的符号　　　　　图4-2-18　选用的减压阀的符号

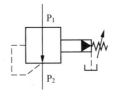

考虑到系统的压力和流量要求，所以选用先导式的溢流阀和减压阀。（解决问题 3）

子任务 4.2.2　改进任务回路图

子任务分析

为了搭建符合功能要求的液压回路，前面已经选用了合适的压力控制元件：溢流阀和减压阀，理论上能够实现夹持力稳定、过载保护的功能要求，但如何搭建符合功能要求的液压回路呢？任务 4.1 为实现对方向的控制功能，搭建了方向控制回路。同理，本任务要实现对压力的控制回路，就要搭建压力控制回路。前面也分析了压力控制回路的核心元件是压力控制元件，所以根据常用的压力控制元件可知常用压力控制回路有调压回路、减压回路、保压回路、卸荷回路、平衡回路等。

根据液压尾座套筒液压回路压力控制要求，本任务搭建的回路是减压和调压回路。

相关知识

一、液压压力控制回路

控制或调节整个液压系统或液压系统局部油路上工作压力的回路就是压力控制回路。显然压力控制元件是各种压力控制回路的核心元件。根据功能，压力控制回路包括调压回路、减压回路、卸荷回路、平衡回路、保压回路和缓冲回路等多种。

二、搭建液压调压回路

调压回路的功能是使液压传动系统整体或某一部分的压力保持恒定或不超过某个限定值。调压回路可分为有级调压回路和无级调压回路。其核心元件是溢流阀，其原理是溢流阀的调压原理。

1. 有级调压回路

有级调压回路包括单级调压回路和多级调压回路。

（1）单级调压回路。单级调压回路就是经过调压系统获得一种或一个稳定的压力值的回路。例如图 4-2-6（a）所示的回路实际上就是单级调压回路。图 4-2-19 和图 4-2-20 所示分别为用先导式溢流阀和远程调压阀实现的单级调压回路。

在图 4-2-19 中，先导式溢流阀的 X 口为其远程口，"⊤"表示远程口封闭，因此只能实现单级调压。图 4-2-20 中，在先导阀的远程控制通道内接入溢流阀 2 作为远程调压阀，阀 2 的调定值小于阀 1 的调定值。远程调压阀起调节系统压力，阀 1 起溢流作用。

（2）两级和多级调压回路。两级和多级调压回路要利用先导式溢流阀的远程控制功能。例如图 4-2-6（e）为两级调压回路，图 4-2-21 为多级调压回路。

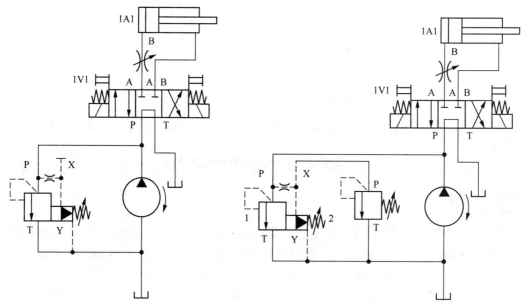

图4-2-19　先导式溢流阀实现的单级调压回路　　　图4-2-20　采用远程调压阀的单级调压回路

1—先导式溢流阀；2—直动式溢流阀

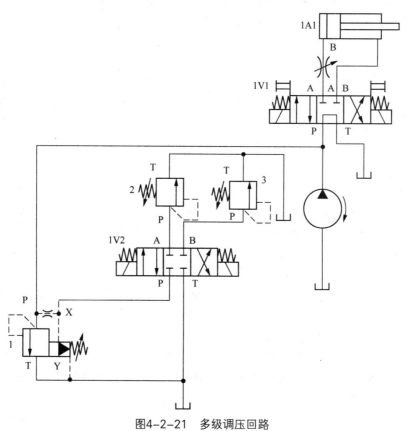

图4-2-21　多级调压回路

1—先导式溢流阀；2、3—远程调压阀

两级调压回路就是经过调压系统获得两种或两个稳定的压力值的回路，其原理仍然是溢流阀的远程调压原理。两级或两级以上的调压回路称为多级调压回路。图4-2-21中，远程调压阀2和3的进油口经换向阀与先导式溢流阀1的远程控制油口相连。电磁换向阀1V2左位工作时，油液压力由远程调压阀2来调定；电磁换向阀1V2右位工作时，系统压力由远程调压阀3来调定；而中位时为系统的最高压力，由先导式溢流阀1来调定。

注意：回路中先导式溢流阀1调定的压力必须高于远程调压阀2和3调定的压力，且远程调压阀2和3的调定压力不相等。

2. 无级调压回路

图4-2-22所示为无级调压回路，图中可通过改变先导式比例电液溢流阀的输入电流实现无级调压，这种调压回路容易实现远距离控制和计算机控制，而且具有压力切换平稳的优点。

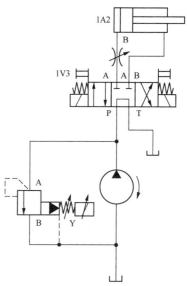

图4-2-22　无级调压回路

三、搭建液压减压回路

在液压传动系统中，溢流阀按主系统的工作压力进行调定。若系统中某个执行元件或某个支路所需要的工作压力低于溢流阀所调定的主系统压力，这时就要采用减压回路。如机床液压传动系统中的定位、夹紧、回路分度及液压元件的控制油路等，它们往往要求比主油路较低的压力。减压回路一般由减压阀实现，其原理就是减压阀的减压原理。

1. 单级减压回路

单级减压回路就是经过减压回路减压、稳压后，分支油路获得一种低于主系统压力的稳定压力的回路。图4-2-9所示的减压阀的应用回路就是单级减压回路。经过减压回路，夹紧缸获得一种稳定的夹紧压力。

2. 二级减压回路

二级减压和多级减压原理是先导式溢流阀的远程减压功能。有的先导式减压阀也有远程控制口（液控口），图4-2-8（b）中先导阀处的虚线表示远程控制口。

同先导式溢流阀，如果将远程控制口打开，将一溢流阀（远程调压阀）与远程控制口相连。减压阀的调定压力取决于先导阀的调定压力与远程控制口（液控口）的压力两者之间的较小值。

图4-2-23所示为采用减压阀和远程调压阀的二级减压回路。在图4-2-23所示状态下支路液压缸的油路压力由先导式减压阀1调定；当二位二通电磁换向阀通电后，支路液压缸的油路压力则由远程调压阀2决定，故此回路为二级减压回路。若系统

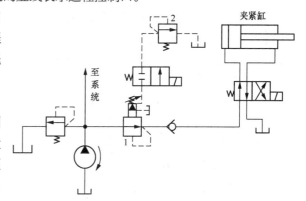

图4-2-23　采用减压阀和远程调压阀的二级减压回路
1—先导式减压阀；2—远程调压阀

只需一级减压，可取消二位二通电磁换向阀和远程调压阀 2，堵塞先导式减压阀 1 的远程控制口。

为了使减压回路工作可靠，减压阀的最低调整压力不应小于 0.5MPa，最高调定压力至少要比液压传动系统（溢流阀）的调定压力小 0.5MPa。必须指出的是，负载在减压阀出油口处所产生的压力应不低于减压阀的调定压力，否则减压阀不可能起到减压和稳压的作用。减压阀出油口一般要接一个单向阀，目的是当主油路执行元件快进时，阻止支路中的油液反流。

当减压回路中的执行元件需要调速时，调速元件应放在减压阀的后面，以避免减压阀泄漏（指由减压阀泄油口流回油箱的油液）对执行元件的速度产生影响。

减压回路较为简单，一般是在所需低压的支路上串接减压阀。采用减压回路虽能方便地获得某支路稳定的低压，但压力油经减压阀口时要产生压力损失，这是它的缺点。

四、搭建液压卸荷回路

当液压设备短时间不工作时，为避免电动机的频繁启动造成不必要的损坏，在液压传动系统中，一般设有卸荷回路。其功能是当执行元件停止工作时，在液压泵不停止运转的情况下，使液压泵在很小的输出功率下运转，避免液压泵电动机的频繁启动，以减少功率损耗，降低系统发热、延长泵和电动机的使用寿命。通常功率在 3kW 以上的液压系统都必须设有实现该功能的卸荷回路。

根据泵输出的能量计算公式，泵输出能量为零时，有两种情况：泵出口压力为零，即泵接近零压下运转，这是压力卸荷；泵输出流量为零，即泵在输出流量接近零的状态下工作，这是流量卸荷，显然只适用于变量泵。根据泵卸荷时执行元件是否需要保压，卸荷回路分两种：执行元件需要保压的卸荷回路和执行元件不需要保压的卸荷回路。

1. 不需要保压的卸荷回路

常见的卸荷方式主要包括利用换向阀中位机能的卸荷回路、利用先导式溢流阀的卸荷回路、采用二位二通换向阀的卸荷回路及采用液控顺序阀的卸荷回路。

（1）利用换向阀中位机能的卸荷回路。在低压、小流量系统中，常利用 H、K 或 M 型中位机能卸荷。图 4-2-24 所示为利用换向阀 M 型中位机能的卸荷回路。当执行元件停止工作时，三位四通换向阀处于中位，使液压泵和油箱直接连通，从而实现卸荷。这种卸荷回路的卸荷效果较好，一般用于液压泵额定流量小于 63L/min 的液压传动系统，选用换向阀的规格应与液压泵的额定流量相适应。

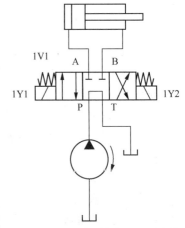

图4-2-24　利用换向阀M型中位机能的卸荷回路

（2）利用先导式溢流阀的卸荷回路。图 4-2-6（d）中卸荷即利用先导式溢流阀的远程控制作用实现。当电磁阀通电时，先导式溢流阀的远程控制口接通油箱，而使泵卸荷。此时先导式溢流阀处于全开状态，卸荷压力取决于先导式溢流阀上阀弹簧刚度大小。由于通过二位二通换向阀的流量只是先导式溢流阀控制油路中的流量，因而只需采用小流量换向阀即可进行控制。当停止卸荷，使液压系统重新开始工作时不会产生压力冲击，这种卸荷回路适用于高压、大流量液压传动系统。

（3）采用二位二通换向阀的卸荷回路。图 4-2-25 所示为采用二位二通换向阀的卸荷回路。泵出口并联一个二位二通换向阀。当执行元件停止运动时，使二位二通换向阀电磁铁断电，其右位接入系统，这时液压泵输出的油液通过二位二通换向阀流回油箱，使液压泵卸荷。

注意： 采用这种卸荷回路时，二位二通换向阀的流量规格应能超过液压泵的最大流量。

（4）采用液控顺序阀的卸荷回路。图4-2-26所示为采用液控顺序阀的卸荷回路，一般常用于双泵供油的液压传动系统。

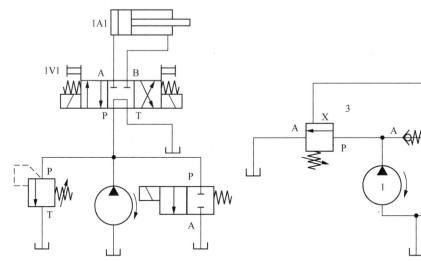

图4-2-25 采用二位二通换向阀的卸荷回路　　图4-2-26 采用液控顺序阀的卸荷回路

1—低压大流量泵；2—高压小流量泵；3—液控顺序阀；4—溢流阀

在快速行程时，两液压泵同时向系统供油，进入工作阶段后，由于压力升高，打开液控顺序阀3使低压大流量泵1卸荷。溢流阀4调定工作行程时的压力，单向阀的作用是对高压小流量泵2的高压油起止回作用。

2. 需要保压的卸荷回路

如图4-2-27所示，当电磁铁1YA通电时，泵和蓄能器同时向液压缸无杆腔供油，推动活塞右移，接触工件后，系统压力升高。当系统压力升高到卸荷阀1V2的调定值时，卸荷阀1V2打开，液压泵卸荷，单向阀反向截止，蓄能器内油液输入液压缸无杆腔，保持系统压力。

五、搭建液压保压回路

保压回路的功能是使执行元件在停止工作或因工件变形而产生微小位移的工况下能保持系统稳定不变的压力。在液压传动系统

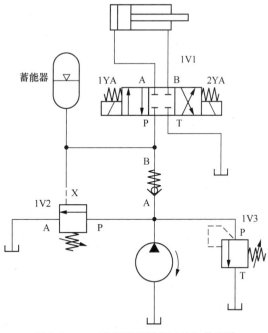

图4-2-27 采用蓄能器保压的卸荷回路

中，液压缸在工作循环某一阶段，若为维持系统压力稳定或防止局部压力波动影响其他部分，如在液压泵卸荷并要求局部系统仍要维持原来压力时，可采用保压回路。常用的几种保压回路如下。

1. 利用高压补油泵的保压回路

图 4-2-28 所示为利用高压补油泵的保压回路。在这种保压回路中，增设一台小流量高压补油泵 5。系统加压时，主换向阀的电磁铁 YA2 通电，同时先导式溢流阀 6 的远程控制口通过电磁换向阀 7 的常态位接油箱，高压补油泵 5 卸荷。当液压缸加压完毕要求保压时，由压力继电器 4 发出信号，使三位四通换向阀 2 处于中位，使主泵 1 卸载，同时，压力继电器 4 发出信号使电磁换向阀 7 电磁铁通电，先导式溢流阀 6 的远程口封闭，由高压补油泵 5 向密封的保压系统供油，以维持液压传动系统压力稳定。由于高压补油泵 1 只需补偿液压传动系统中的泄漏量，因而可选用小流量泵，功率损失小。

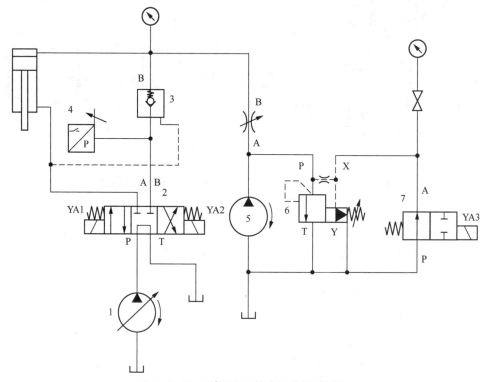

图4-2-28　利用高压补油泵的保压回路

1—主泵；2—三位四通换向阀；3—单向阀；4—压力继电器；5—高压补油泵；

6—先导式溢流阀；7—电磁换向阀

2. 利用蓄能器的保压回路

利用蓄能器的保压回路是指由蓄能器来补偿系统泄漏，从而保持系统压力稳定的回路。

图 4-2-29 所示为利用蓄能器的保压回路。启动系统，主换向阀 1V1 电磁铁 2YA 通电，液压泵向缸供油，同时向蓄能器内充液。当系统压力升高到压力继电器上限压力时，压力继电器给电磁阀 1V3 发信号，电磁阀 1V3 的电磁铁 3YA 通电，先导式溢流阀 1V2 远程控制口通过电磁阀 1V3 接通油箱，泵远程卸荷。泵出口单向阀反向关闭，蓄能器内的油液输入缸的无杆腔，保持缸工作腔压力。

当蓄能器内压力降低到压力继电器下限值时，压力继电器使电磁阀 1V3 的 3YA 断电，溢流阀 1V2 远程控制口再次封闭，泵再次向缸和蓄能器供油，蓄能器内油液压力持续上升。

3. 自动补油保压回路

图 4-2-30 所示为自动补油保压回路。图中压力表为电接触式压力表。按下启动按钮，电磁铁 2YA 通电，换向阀右位工作，压力油进入缸无杆腔，当其压力上升至上限值时，上触点接电，电磁铁 2YA 断电，换向阀回到中位，液压泵卸荷，由液控单向阀来实现液压缸的保压。当液压缸无杆腔压力下降到预定下限值时，电接触式压力表又发出信号，使 2YA 通电，液压泵向系统供油，使得系统压力上升。这种回路适用于保压时间不太长、保压稳定性要求不太高，但要求功率损失较小的场合。

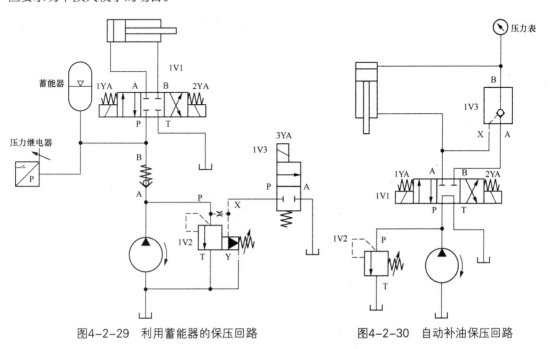

图4-2-29　利用蓄能器的保压回路　　　　　图4-2-30　自动补油保压回路

六、搭建液压平衡回路

平衡回路的功能就是防止立式液压缸及其工作部件在悬空停止时因自重而自行下落，或在下行运动中由于自重而造成失控失速的不稳定运动。对某些液压缸垂直放置的立式设备，如立式液压机、立式机床，运动部件在悬空停滞期间会因自重而快速下滑，或在下行运动中因自重而造成失控超速的不稳定运动。这样的回路都有必要采用平衡回路。平衡回路的原理是使执行元件保持一定背压（即回油路上的压力），使之与重力负载相平衡。常用单向顺序阀和液控单向阀实现平衡。

1. 采用单向顺序阀的平衡回路

图 4-2-31 所示为采用单向顺序阀的平衡回路。

图 4-2-31（a）中采用的是内控式单向顺序阀，当活塞下行时，由于回路上只存在一定背压，因此只要调节单向顺序阀 1V3（又称为平衡阀）的开启压力，使其稍大于活塞和与之相连的工作部件自重产生的背压，活塞就可平稳下落。这种回路当活塞向下快速运动时功率损失较大，另外，由于单向顺序阀 1V3 和换向阀 1V1 的泄漏，使活塞不可能长时间停在任意位置。因而这种平衡回路适用于工作部件自重不大且活塞锁住时要求不高的场合。

图 4-2-31（b）中采用外控式单向顺序阀，当活塞下行时，控制压力油打顺序阀 2V3，背压消失，因而回路效率较高。当停止工作时，顺序阀 2V3 关闭，以防止活塞和工作部件因自重而下降。优点是只有缸的无杆腔进油活塞才下行，安全可靠，缺点是活塞下行时由于顺序阀 2V3 始终处于启闭的过渡状态，因而平稳性差。工程机械中常用这种平衡回路。

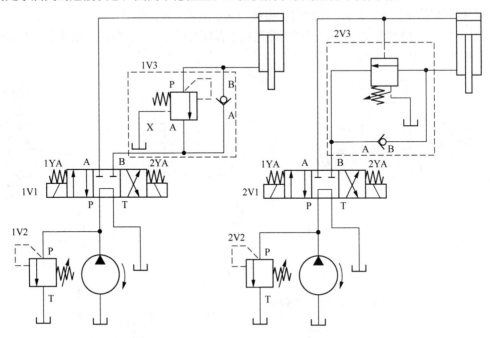

（a）内控式单向顺序阀实现的平衡回路　　　　（b）外控式单向顺序阀实现的平衡回路

图4-2-31　采用单向顺序阀的平衡回路

2. 采用液控单向阀的平衡回路

图 4-2-32 所示为采用液控单向阀的平衡回路。由于液控单向阀锥面密封，泄漏小，因而其闭锁性能好。回油路上的可调单向节流阀可用来保证活塞向下运动的平稳性。假如回油路上没有可调单向节流阀，当活塞下行时，液控单向阀将被控制的油路打开，由于活塞的回油腔中无背压，因而活塞会加速下降，使液压缸上腔供油不足，从而导致液控单向阀 1 因控制油路失压而关闭。（解决问题 4）

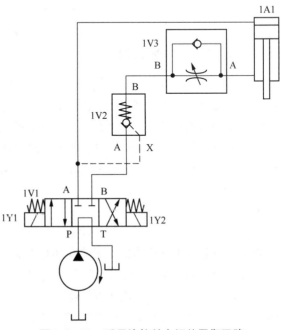

图4-2-32　采用液控单向阀的平衡回路

子任务实施 搭建符合功能要求的回路图

综上，图 4-2-33 所示为本任务中液压尾座改进后的液压回路图。

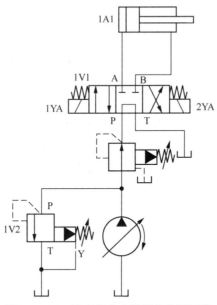

图4-2-33 液压尾座改进后的液压回路

子任务 4.2.3 油路调整

子任务分析

子任务 4.2.2 中搭建的液压尾座的液压回路，经过仿真，功能符合要求。接下来要在数控车床上搭建实际的液压回路。主要工作是液压回路的调压元件——溢流阀的安装。你必须熟知安全规范，并能按照操作规范，拆下液压泵出油口的管道，然后再安装三通阀和溢流阀。在确保安装牢固可靠的前提下，先手动调试，再启动控制系统进行电气-液压回路的综合调试。

相关知识 安全操作规范

（1）溢流阀和减压阀在安装前必须进行试压和冲洗。

（2）溢流阀和减压阀在安装前应检查其型号是否与设计相符，阀外控制管路及导向阀各连接件不应有松动；外观应无机械损伤，并应清除阀内异物。

（3）溢流阀和减压阀必须严格按照阀体上的箭头方向与流体流动方向保持一致。

（4）溢流阀和减压阀的安装方式必须便于操作和维护，且安装后保证顺时针调节手柄为压力升高，逆时针调节手柄为压力降低。

（5）安装前必须区分其进油口、出油口、泄油口及远程口，在远程口不使用时必须将其封闭。

其他规范参考任务 4.1 相应部分。

子任务实施　安装液压溢流阀和减压阀

第一步和第二步：请参考任务 4.1 相应部分。

第三步：按照操作规范拆下主换向阀与液压泵出油口的连接管道。

第四步：按照管道连接操作规范安装三位四通换向阀，并检查连接是否牢固可靠。

第五步：根据溢流阀和减压阀上箭头指示方向，分别将溢流阀的进油口和减压阀的进油口与泵出口规范相连，将溢流阀出油口与油箱用管道相连；按照操作规范将减压阀出油口与主换向阀的 P 口用管道相连，并检查管道连接是否牢固可靠。

第六步：关闭控制电路，启动液压泵，空载转动几分钟，调节溢流阀的调定压力至设定值，然后按下电磁阀的手动操作装置，观察缸是否能正常动作（若缸不动，则需调高溢流阀的调定压力）；将缸缩回，调节减压阀的调定压力值，再次使缸伸出，用压力表检测缸工作腔压力，直至设定值。

第七步：启动控制电路，在缸伸出的过程中，检测泵出口压力和缸工作腔压力是否为调定值，如果不是则返回第五步进行调整。

第八步：使缸缩回，关闭控制电路，卸荷后关闭液压泵。

第九步：将所使用的各种工具、夹具、辅具及场地按照 6S 管理要求进行整理。（解决问题 5）

溢流阀安装操作

任务总结

本任务是在任务 4.1 的基础上，根据液压尾座新增加的功能，分析驱动其动作的液压回路功能，然后从功能出发，分析出压力回路的核心元件是压力控制元件。使读者明白，面对复杂的问题，最有效的办法就是深入分析，看透本质，抓住主干。通过对液压压力控制元件类型、结构、工作原理、功能和应用的分析，引导读者搭建符合功能要求的压力控制回路，并对液压尾座的液压回路进行调整。在这个过程中，采用问题引导、虚实结合、理实一体的讲解方法，让读者明白学思践悟、知行合一的学习方法才是正确而有效的。然后指导学习者按照规范操作，完成溢流阀和减压阀的安装。在这个过程中，强调职业规范和职业道德，使学习者养成良好的职业素养。

•••　任务 4.3　搭建液压速度控制回路　•••

任务描述

任务 4.2 中你改进的液压尾座回路，在调试中发现尾座套筒在夹紧工件的过程中运动速度过快，容易撞到工件。现车间技术人员又提出在尾座套筒运动过程中增加速度控制的要求，以免与工件发生碰撞，请你改进油路图。

在接到任务后，请根据任务描述，分析以下问题：

1．本任务中液压尾座回路增加的功能是什么？

2．实现本任务液压尾座回路功能的核心元件是什么？

3．本任务中这种功能的回路都有哪些类型？

4．该液压尾座回路的调整要遵循什么规范？

读者可尝试按照以下过程解决上面的问题。

子任务 4.3.1　读任务回路图

子任务分析

1．了解液压尾座的工作要求

接到任务后，首先向车间技术人员了解液压尾座的工作要求，即增加尾座顶尖伸出时慢速、缩回时快速的运动要求。明确本任务是在任务 4.2 基础上增加对液压尾座速度的控制。由液压传动的工作特性——运动速度取决于流量可知，改变输入液压缸的流量就能改变缸的运动速度。在液压传动系统中，调节和控制流量的液压元件称为流量控制元件（阀），简称流量阀。因此本任务实现尾座套筒运动速度控制功能的核心元件是流量阀。（解决问题 1 和问题 2）

2．分析液压尾座回路图

在图 4-2-33 所示的液压尾座改进后的液压回路中，1V1 实现缸 1A1 的换向，顶紧或松开工件，同时可以实现液压尾座的任意位置停止和锁紧；溢流阀保证泵不过载，减压阀保持夹紧力恒定，但液压尾座顶尖在伸出的过程中运动速度过快，容易撞伤工件。所以该回路的问题就是缺少流量阀，不满足要求。这是由于技术人员不熟悉流量阀，从而影响了流量阀的选用。

相关知识

一、液压流量阀的功能和类型

1．流量阀的功能

流量阀均以节流单元为基础，其功能是通过改变阀口通流截面积或通流通道的长短来调节通过阀的流量，从而控制执行元件的运动速度。

2．流量阀的类型

在液压传动系统中，常用的流量阀有节流阀、调速阀、溢流节流阀等，其中节流阀、调速阀是最常见的流量阀。

二、液压节流阀

要求节流阀阀口前、后压力差和油温变化，通过节流阀的流量变化小，抗阻塞特性好，可获得较低的最小稳定流量，同时泄漏要小。常用节流阀有普通节流阀、单向节流阀等。

1．普通节流阀

图 4-3-1 所示为一种典型的普通节流阀，简称节流阀，主要由阀体、阀芯、弹簧、推杆和调节手轮等部分组成。阀芯上开有轴向三角槽式节流口，阀体上开有节流小孔。当阀芯沿轴向向右移动时，轴向三角槽和阀体上节流小孔围成的通流面积增大。

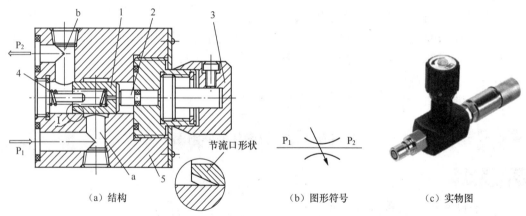

（a）结构　　　　　　　　　（b）图形符号　　　　　（c）实物图

图4-3-1　普通节流阀

1—阀芯；2—推杆；3—手轮；4—弹簧；5—阀体

节流阀的工作原理是：压力油从进油口 P_1 流入，经节流口后从出油口 P_2 流出。节流阀阀芯 1 在弹簧 4 的推力作用下，始终紧靠在推杆 2 上。调节顶盖上的手轮 3，借助推杆 2 可推动阀芯 1 做轴向移动。由节流口形状可知，通过阀芯 1 的轴向移动改变了节流口的通流面积，从而实现对流经节流阀的流量的调节。

当压力油从 P_2 口流入、P_1 口流出时，同样能调节流量（通过油液流经小孔或缝隙遭遇阻力调节）。

图 4-3-1（b）所示的图形符号中，箭头表示节流阀的开度可以调节，如果没有箭头则表示阀口开度不能调节，是个固定节流阀。因为双向节流，所以不用区分进、出油口。

节流阀是流量控制阀中的主要元件，其他流量控制阀均包含节流阀。

（1）节流阀的流量特性。节流阀输出流量的平稳性与节流口的结构形式有关。节流口通常有三种基本形式：薄壁孔（ $l/d \leqslant 0.5$ ）、短孔（ $0.5 < l/d \leqslant 4$ ）和细长孔（ $l/d > 4$ ），但无论节流口采用何种形式，通过节流口的流量都遵循节流口的流量特性公式，即

$$q = CA_T\Delta p^m \qquad\qquad (4\text{-}3\text{-}1)$$

式中：C 为流量系数，由节流口形状、尺寸和液体性质（主要是黏性）决定；A_T 为节流口通流截面的面积；Δp 为节流口的进、出油口压力差；m 为由小孔长径比决定的指数，薄壁孔 $m=0.5$，细长孔 $m=1$，短孔 $0.5 < m < 1$。

由式（4-3-1）可知，节流口形状，进、出油口压力差，温度，通流截面面积都影响节流阀流量稳定性。

理论上，当流量系数 C、压力差 Δp 和指数 m 不变时，改变节流口的通流截面积 A_T 便可调节通过节流口的流量。但实际上由于液压缸的负载常发生变化，当通流截面积 A_T 一定时，通过节流口的流量也是变化的，特别是在小流量时变化较大。

① 节流口前、后压力差 Δp 对流量的影响。图 4-3-2 所示为三种节流口的节流阀流量-压力特性曲线。

由于负载变化，引起节流口出油口压力变化，而进油

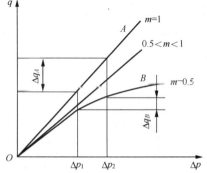

图4-3-2　三种节流口的节流阀流量-压力特性曲线

112

口压力由溢流阀调定，因此造成节流口前、后压力差 Δp 变化，使流量不稳定。由图 4-3-2 可知，节流阀进、出油口压力差增大时，三种节流口通过的流量都变大，但是指数 m 越小，Δp 变化对流量的影响就越小。由于节流口中薄壁孔的 m 值最小，所以薄壁孔受压力差的影响最小。薄壁孔压力差越大，流量越稳定。由以上分析，为保证流量稳定，节流口的形式以薄壁孔较为理想。

② 温度对流量的影响。温度变化影响黏度，从而影响流量的稳定性，薄壁孔 C 值与黏度关系很小，而细长孔的 C 值与黏度关系大，所以薄壁孔的流量受油温的影响很小。

③ 孔口堵塞对流量的影响。油液中的杂质，油液高温氧化后析出的胶质、沥青，以及油液老化或受到挤压后产生的带电极化分子，会吸附在金属表面上，在节流口表面逐步形成附着层，造成节流口的局部堵塞，它不断地堆积又不断被高速液流冲掉，这就不断改变着通流截面积的大小，使流量不稳定（周期性脉动），尤其是开口较小时，这一影响更为突出，严重时会完全堵塞而出现断流现象。因此，节流口的抗堵塞性能也是影响流量稳定性的重要因素，尤其会影响流量控制阀的最小稳定流量。所谓流量控制阀的最小稳定流量是指流量控制阀能正常工作（指无断流且流量变化不大于 10%）的最小流量限制值。

（2）节流口的形式。节流阀的节流口的形式很多，图 4-3-3 所示为几种典型的节流口。

图 4-3-3（a）所示为针阀式节流口。针阀芯做轴向移动时，将改变环形通流截面积的大小，从而调节流量。其通道长，湿周大，易堵塞，流量受油温影响较大，一般用于对性能要求不高的场合。

图 4-3-3（b）所示为偏心槽式节流口。在阀芯上开有一个截面为三角形（或矩形）的偏心槽，当转动阀芯时，就可以调节通流截面积大小而调节流量。其性能与针阀式节流口相同，容易制造，其缺点是阀芯上的径向力不平衡，旋转阀芯时较费力，一般用于压力较低、流量较大和流量稳定性要求不高的场合。

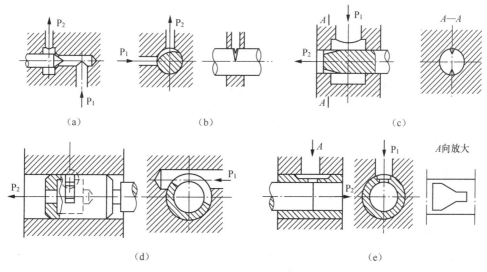

图4-3-3 典型节流口的结构形式

图 4-3-3（c）所示为轴向三角槽式节流口。在阀芯端部开有一个或两个斜的三角槽，轴向移动阀芯时，就可以改变三角槽通流截面积的大小，从而调节流量。其结构简单，水力直径（通流截面积的 4 倍与周长之比）中等，可得到较小的稳定流量，且调节范围较大，但节流通道有一定的长度，油温变化对流量有一定的影响。节流口因小流量所以稳定性好，轴向三角槽式节

流口是目前应用较广的一种节流口。

图 4-3-3（d）所示为周向缝隙式节流口。沿阀芯周向开有一条宽度不等的狭缝，油液可以通过狭缝流入阀芯内孔，然后由左侧孔流出，旋转阀芯就可以改变缝隙的通流截面积。其阀口做成薄刃形，通道短，水力直径大，不易堵塞，油温变化对流量影响小，一般适用于低压小流量场合。

图 4-3-3（e）所示为轴向缝隙式节流口。在套筒上开有轴向缝隙，轴向移动阀芯即可改变缝隙的通流面积大小，以调节流量。其性能与周向缝隙式节流口相似，为保证流量稳定，节流口的形式以薄壁小孔较为理想。

（3）节流阀的特点。节流阀结构简单，制造容易，体积小，使用方便，成本低，可实现双向节流作用，可反接使用；负载和温度变化对流量稳定性影响较大，因此只适用于负载和温度变化不大或速度稳定性要求不高的液压传动系统。

2. 单向节流阀

图 4-3-4 所示为单向节流阀，其由单向阀和节流阀并联组成。

当压力油从进油口 P_1 流入时，由于单向阀反向截止，油液经阀芯上的轴向三角槽式节流口从出油口 P_2 流出，旋转手轮可改变节流口通流截面积大小而调节流量。当压力油从出油口 P_2 流入时，在油压力作用下，阀芯下移，单向阀正向接通，压力油从进油口 P_1 流出，节流阀不起节流作用。与节流阀相比，单向节流阀单向节流，在使用中要注意区分进、出油口，不能接反。

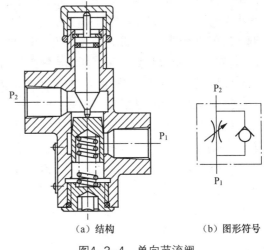

（a）结构　　　　　（b）图形符号

图 4-3-4　单向节流阀

3. 节流阀的应用

在图 4-2-19 所示的先导式溢流阀实现的单级调压回路中，定量泵供油，节流阀串联在液压泵与执行元件之间，调节节流阀开度，改变进入液压缸的流量，多余的油液从溢流阀溢出。在定量泵液压系统中，节流阀一般与溢流阀配合组成节流调速回路。

三、液压调速阀

节流阀不能补偿由负载变化所造成的速度不稳定，需要对节流阀进行压力补偿，使节流阀前、后压力差在负载变化时保持不变。压力补偿有两种办法：一种是将定差减压阀与节流阀串联，构成调速阀；另一种是将溢流阀与节流阀并联，构成溢流节流阀。

1. 调速阀

调速阀中节流阀调节流量，定差减压阀保证节流阀前、后的压力差 Δp 不受负载变化的影响，从而使通过节流阀的流量保持稳定。

（1）工作原理。图 4-3-5 所示为调速阀，P_1 口为调速阀的进油口和减压阀的进油口；P_2 口为减压阀的出油口和节流阀的进油口；P_3 口为调速阀的出油口和节流阀的出油口。

如图 4-3-5（a）所示，若减压阀进油口压力为 p_1，出油口压力为 p_2，节流阀出油口压力为 p_3，则减压阀 a 腔、b 腔、c 腔的油压分别为 p_1、p_2、p_3；若减压阀 a 腔、b 腔、c 腔有效工作面积分别为 A_1、A_2、A_3，则 $A_3=A_1+A_2$。由溢流阀调定的液压泵出油口压力为 p_1，压力油进入调速阀后，先流过定差减压阀阀口，将压力降为 p_2，再分别进入 a 腔和 b 腔，作用在定差减压阀阀芯的左端面。油液经节流阀阀口后，压力又由 p_2 降为 p_3，进入执行元件，与外部负载相平衡。同时压力为 p_3 的油液经孔道流入 c 腔，作用在定差减压阀阀芯的右端面。节流阀出口的压力 p_3 由液压缸的负载决定。

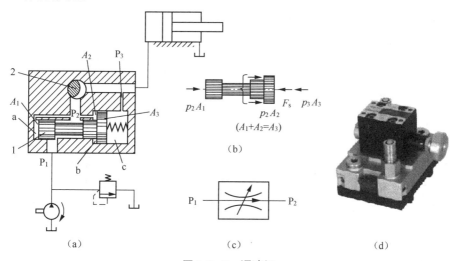

图4-3-5 调速阀

1—定差减压阀；2—节流阀

图 4-3-5（b）所示为减压阀阀芯的受力图，当减压阀阀芯在其弹簧弹力 F_s、油液压力 p_2 和 p_3 的作用下处于某一平衡位置时，受力平衡方程为

$$p_2A_1+p_2A_2=p_3A_3+F_s \qquad (4\text{-}3\text{-}2)$$

即

$$\Delta p=p_2-p_3=F_s/A \approx 常数 \qquad (4\text{-}3\text{-}3)$$

减压阀阀芯弹簧刚度较低，且工作过程中减压阀阀芯位移很小，可以认为 F_s 基本不变，故节流阀两端压力差（$\Delta p=p_2-p_3$）也基本保持不变。即当负载变化时，只要节流阀通流截面积不变，通过调速阀的油液流量就基本不变，液压传动系统执行元件的运动速度保持稳定。

当负载增加，使 p_3 增大的瞬间，减压阀右腔推力增大，其阀芯左移，阀口开大，阀口液阻减小，使 p_2 也增大，p_2 与 p_3 的差值 $\Delta p=F_s/A$ 却不变。当负载减小，p_3 减小时，减压阀阀芯右移，p_2 也减小，其差值也不变。

（2）图形符号。调速阀的图形符号如图 4-3-6 所示，图 4-3-5（c）所示为其简化图形符号。

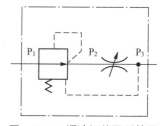

图4-3-6 调速阀的图形符号

调速阀中的减压阀不能反接使用，所以调速阀也不能反接使用，具有方向性。这一点在图形符号上，用进、出油口之间的箭头表示。必须区分调速阀的进、出油口，在实际应用中可根据调速阀上箭头的方向来判断进、出油口。

（3）调速阀与节流阀的流量特性比较。图 4-3-7 所示为调速阀与节流阀的流量特性比较。节流阀的流量随进、出油口压力差 Δp 变化较大。而调速阀在压力差较小（a 点左侧）时，二者曲线重合，即调速阀性能与普通节流阀性能相同，这是由于较小的压力差不能克服定差减压阀的弹簧弹力，减压阀不起减压作用，整个调速阀就相当于一个节流阀。因此，为了保证调速阀正常工作，必须保证其前、后压力差 Δp 在 0.5MPa 以上。

（4）调速阀的应用。与节流阀相比，调速阀基本消除了负载变化对节流进、出油口压力差的影响，所以能够保证不同负载情况下的流量基本保持恒定。因此调速阀具有调速和稳速的功能，其缺点为结构较复杂，压力损失较大。调速阀常用于执行元件负载变化较大、运动速度稳定性要求较高的液压传动系统，如各类组合机床、车床、铣床等设备的液压传动系统。

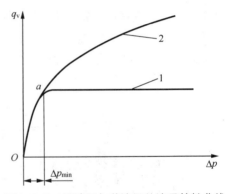

图4-3-7　调速阀与节流阀的流量特性曲线

1—调速阀；2—节流阀

2. 溢流节流阀

溢流节流阀又叫旁通型调速阀。溢流节流阀是由节流阀和压差式溢流阀并联而成的组合阀。节流阀调节流量，溢流阀保证节流阀进、出油口压力差基本保持不变。图 4-3-8 所示为溢流节流阀的结构和图形符号。如图 4-3-8（a）所示，溢流阀阀芯上 a、b 和 c 腔的有效面积分别为 A、A_1 和 A_2，且 $A=A_1+A_2$。溢流阀阀芯弹簧弹力为 F_S。

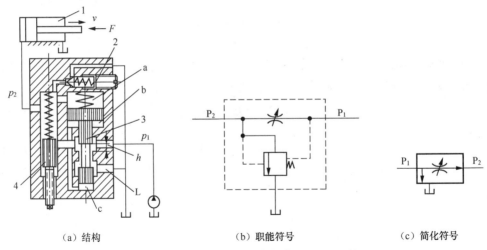

（a）结构　　　　　（b）职能符号　　　　　（c）简化符号

图4-3-8　溢流节流阀

1—液压缸；2—安全阀；3—溢流阀；4—节流阀

液压泵压力为 p_1 的油液，进入溢流节流阀后，一部分经节流阀 4，压力降为 p_2，进入执行元件，另一部分经溢流阀 3 的溢油口（L）流回油箱。溢流阀阀芯上腔 a 和节流阀出口相通，压力为 p_2；溢流阀阀芯大台肩下面的油腔 b、c 和节流阀入口的油液相通，压力为 p_1。阀芯平衡，有

$$p_1A_2+p_1A_1=p_2A+F_S \qquad (4\text{-}3\text{-}4)$$

由式（4-3-3）可得

$$\Delta p=p_1-p_2=F_S/A \qquad (4\text{-}3\text{-}5)$$

压力 p_2 由负载 F_L 决定，所以当负载 F_L 增大时，出油口压力 p_2 增大，因而溢流阀阀芯上腔 a 的压力增大，阀芯下移，关小溢流口，使节流阀进油口压力 p_1 增大，因而节流阀前、后压力差 $\Delta p=p_1-p_2$ 基本保持不变；反之亦然。

同调速阀，溢流节流阀也具有方向性。这一点在图形符号上，用进、出油口之间的箭头表示。必须区分溢流节流阀的进、出油口，在实际应用中可根据溢流节流阀上箭头的方向来判断进、出油口。

溢流节流阀功率损耗低，发热量小，流过的流量比调速阀大，阀芯运动时阻力较大，弹簧较硬，使节流阀前、后压力差 Δp 加大，因此它的稳定性稍差。

子任务实施　为液压尾座液压回路选择合适的液压流量控制阀

本任务中尾座套筒在快速运动时几乎是空载的，在即将接触工件时要将速度减慢，在运动过程中对速度的稳定性要求也不高。结合节流阀和调速阀调节流量特性及应用场合，本任务选用节流阀调节流量即可满足控制要求。考虑到尾座套筒在返回时不需要调速，所以应选择一个单向节流阀。

子任务 4.3.2　改进任务回路图

子任务分析

本任务的回路增加的功能是调速，因此本任务要搭建调速回路。前面已经选用了合适的流量控制阀，但如何搭建符合功能要求的调速回路呢？搭建调速回路要解决的问题包括选用合适的流量控制阀、流量控制阀的安装位置及如何连接油路等。

本任务主要讲解调速回路的搭建。

相关知识

一、液压速度控制回路

在液压传动系统中，用来控制执行元件运动速度的回路称为速度控制回路。根据控制原理及控制特性的不同，速度控制回路可分为调速回路、快速运动回路和速度换接回路三大类。

二、搭建液压调速回路

调速回路的功用是调节执行元件运动速度。液压传动系统中的执行元件，主要是液压缸和液压马达。在不考虑液压油的可压缩性和泄漏的情况下，液压缸的运动速度为

$$v=q/A \tag{4-3-6}$$

液压马达的转速为

$$n=q/V_M \tag{4-3-7}$$

由式（4-3-6）、式（4-3-7）知，改变输入执行元件的流量 q 或液压缸的有效面积 A 或液压马达的排量 V_M，就可以达到调节速度的目的。对于确定的液压缸来说，一般只能用改变输入液压缸流量的方法来调速。对于变量马达来说，既可以用改变输入流量的办法来调速，也可通过改变马达排量的方法来调速。

根据控制方式不同，调速回路分为节流调速回路、容积调速回路和容积节流调速回路三种。

1. 节流调速回路

节流调速回路一般采用定量泵供油，通过节流阀或调速阀改变进入或流出执行元件的流量

实现调速。根据流量控制阀在回路中的位置不同，节流调速回路分为进油节流调速回路、回油节流调速回路和旁油路节流调速回路。下面对节流调速回路的分析以节流阀为主。

（1）进油节流调速回路。把节流阀串联在执行元件进油路上的节流调速回路称为进油节流调速回路。如图4-3-9（a）所示，进油节流调速回路中由定量泵供油，泵出口并联一个溢流阀，缸进油路串联一个节流阀或调速阀。

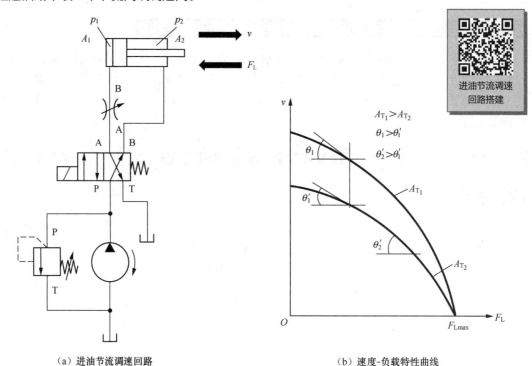

（a）进油节流调速回路　　　　　　　　　　（b）速度-负载特性曲线

图4-3-9　进油节流调速回路及其速度-负载特性曲线

① 调速原理。通过调节节流阀开口面积，改变进入液压缸的流量，即可调节液压缸的运动速度。液压泵的多余流量经溢流阀流回油箱。

② 速度-负载特性。活塞受力平衡方程为

$$p_1 A_1 = F_L + p_2 A_2 \tag{4-3-8}$$

式中：p_1 为液压缸无杆腔的压力（MPa）；A_1 为液压缸无杆腔活塞的面积（mm²）；F_L 为负载作用力（N）；p_2 为液压缸有杆腔的压力（MPa），液压缸有杆腔接油箱，故 $p_2 = 0$；A_2 为液压缸有杆腔活塞的面积（mm²）。

节流阀两端的压力差为

$$\Delta p - p_P - p_1 = p_P - \frac{F_L}{A_1} \tag{4-3-9}$$

式中：p_P 为泵出油口压力，即节流阀进油口压力，由溢流阀调整为定值。

可调节流阀的流量 q_1 为

$$q_1 = CA_T \Delta p^m = CA_T \left(p_P - \frac{F_L}{A_1} \right)^m \tag{4-3-10}$$

因此，液压缸的运动速度为

$$v = \frac{q_1}{A_1} = \frac{CA_T}{A_1}\left(p_P - \frac{F_L}{A_1}\right)^m \qquad (4\text{-}3\text{-}11)$$

式（4-3-11）即为进油节流调速回路的速度-负载特性方程。由式（4-3-11）可知，液压缸的运动速度主要与节流阀通流截面积 A_T 和负载 F_L 有关。当负载恒定时，液压缸的运动速度与节流阀通流截面积 A_T 成正比，调节 A_T 可实现无级调速，且调速范围较大。当 A_T 一定时，速度随负载的增大而减小。

如图 4-3-9（b）所示，v 为纵坐标，F_L 为横坐标，A_T 为参变量。速度 v 随负载 F_L 的变化程度称为速度刚度，表现在速度-负载特性曲线的斜率上。当负载一定时，A_T 越大，速度越大，速度刚度越差；A_T 一定时，负载越大，速度越小，速度刚度越差。因此进油节流调速回路适用于低速轻载场合。

③ 最大承载能力。液压缸能产生的最大推力，即最大承载能力。无论可调节流阀的通流截面积 A_T 如何变化，当 $F_L = p_P A_1$ 时，可调节流阀两端的压力差 Δp 都为 0，活塞运动停止，定量泵输出的流量全部经溢流阀流回油箱，此时的 F_L 值为该节流调速回路的最大承载值，即

$$F_{Lmax} = p_P A_1 \qquad (4\text{-}3\text{-}12)$$

因此，进油节流调速回路的最大承载能力不随 A_T 的变化而变化。如图 4-3-9（b）中，两种通流截面下的速度-负载特性曲线与横坐标轴交于一点。

④ 功率和效率。进油节流调速回路的功率损失由两部分组成：溢流损失和节流损失。所以这种调速回路的效率比较低，特别是在高速和重载场合，其效率更低，一般用于轻载、低速、负载变化不大和对速度稳定性要求不高的小功率液压系统。为了提高这种调速回路的效率，在实际工作中，应尽量使定量泵的流量接近液压缸的流量，特别是当液压缸需要进行快速和慢速两种运动时，应采用双向定量泵供油。

（2）回油节流调速回路。图 4-3-10 所示为回油节流调速回路。该回路是将节流阀放置在回油路上，控制液压缸回油流量，从而控制进入执行元件的流量，达到调速目的。其速度-负载特性和速度刚度与进油节流调速回路基本相同。

回油节流调速回路与进油节流调速回路的区别如下。

① 运动平稳性。节流阀装在回油路上，由于回油路上有较大的背压，因此在外界负载变化时可起缓冲作用，运动的平稳性比进油节流调速回路要好。但是使用单活塞杆式液压缸，进油节流调速无杆腔进油，回油节流有杆腔进油，因此在缸径、缸速相同的情况下，进油节流调速回路通流面积大，不易堵塞，能获得更低的稳定速度。

② 发热和泄漏的影响。在回油节流调速回路中，经节流阀后因压力损耗而发热，导致温度升高的油液直接流回油箱，

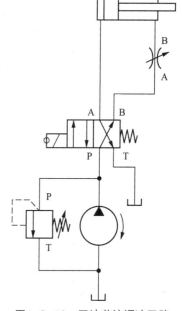

图4-3-10 回油节流调速回路

散热容易。在进油节流调速回路中，经节流阀发热后的油液直接进入液压缸。因此发热和泄漏对进油节流调速回路的影响更大。

③ 停车后的启动性能不同。长期停车后，液压缸油腔内的油液会流回油箱，当液压泵重新向液压缸供油时，在回油节流调速回路中，由于进油路上没有节流阀控制流量，即使回油路上节流阀关得很小，也会使活塞前冲；而在进油节流调速回路中，进油路上有节流阀控制流量，故活塞前冲很小，甚至没有前冲。

④ 压力控制方便性。在进油节流调速回路中，进油腔压力随负载变化而变化，回油节流调速回路则是回油腔压力随负载变化而变化，显然进油节流调速回路易于实现压力控制。

⑤ 承受负值负载能力。回油节流调速回路的节流阀或调速阀使缸回油腔形成一定的背压，在负值负载时，背压能阻止液压缸的前冲，因而能承受一定的负值负载，而进油节流调速回路由于回油路没有背压，因而不能承受负值负载。

为提高回路的综合性能，在实际应用中，一般采用进油节流调速回路，并在其回油路上加背压阀。这种方式兼具了两种回路的优点。

（3）旁油路节流调速回路。图 4-3-11 所示为旁油路节流调速回路，定量泵供油，泵出口并联一个溢流阀，节流阀并联在液压缸支路上（泵出口）。

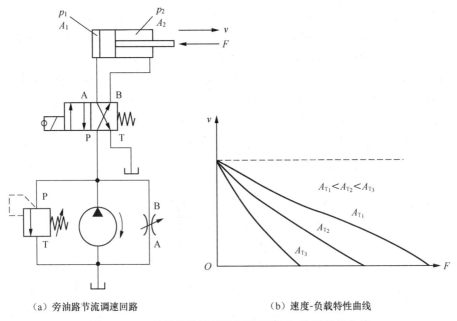

（a）旁油路节流调速回路　　　　　　（b）速度-负载特性曲线

图4-3-11　旁油路节流调速回路及速度-负载特性曲线

① 调速原理。节流阀调节油液溢回油箱的流量，从而控制进入液压缸的流量，实现调速。溢流阀作安全阀用，液压泵供油压力取决于负载而不恒定。所以这种调速方式又称为变压式节流调速。溢流阀的调定压力一般为液压缸克服最大负载所需工作压力的 1.1～1.3 倍。

旁油路节流调速
回路搭建

② 速度-负载特性。活塞受力平衡方程同式（4-3-8），但是节流阀出油口压力为零，所以节流阀或调速阀进、出油口压力差等于泵出口的压力，由负载决定，即

$$\Delta p = p_p = F/A_1 \qquad (4\text{-}3\text{-}13)$$

设 q_T 为节流阀溢回油箱的流量，泵输出的流量为 q_p，输入液压缸的流量为 q_1，则有

$$q_1 = q_p - CA_T(\Delta p)^m \tag{4-3-14}$$

则缸的运动速度 v 为

$$v = \frac{q_1}{A_1} = \frac{q_T - k_1\left(\dfrac{F}{A_1}\right) - CA_T\left(\dfrac{F}{A_1}\right)^m}{A_1} \tag{4-3-15}$$

式中：k_1 为泵的泄漏系数，其他符号意义同前。

在图 4-3-11（b）中，A_T 一定，负载增大，速度显著下降，特性很软。负载越大，速度刚度越大；负载一定，A_T 越小，缸运动速度越大，其速度刚度也越大。速度-负载特性曲线在横坐标轴上并不交汇，最大承载能力随节流阀通流截面积 A_T 的增大而减小，说明其低速承载能力很差，调速范围也小。因此该回路适用于高速重载场合、对速度平稳性要求不高的较大功率系统中，如牛头刨床、输送机械液压系统。

旁油路节流调速回路无溢流损失，只有节流损失，因此效率比前两种调速回路的高。

旁油路节流调速回路负载特性软，低速承载能力差，实际中应用较少。

2. 容积调速回路

容积调速回路是通过改变液压泵或液压马达的排量实现调速的回路。这种调速回路具有功率损失小（没有溢流损失和节流损失）、系统效率高、工作压力随负载变化而变化的优点，广泛应用于高速、大功率的液压传动系统，如液压压力机、工程机械、矿山机械等。缺点是稳定性比节流调速回路要差，结构复杂，成本较高。

按油液循环方式的不同，容积调速回路可分为开式和闭式两种。在开式回路中，液压泵从油箱吸油，执行元件的回油直接回油箱。这种回路结构简单，油箱容积大，因而油液能得到较充分的冷却，且便于油中杂质的沉淀和气体逸出。但空气和污染物易进入回路。在闭式回路中，执行元件的回油直接与泵的吸油腔相连，油液在封闭的油路系统内循环。其结构紧凑，运行平稳，空气和污染物不易侵入，噪声小，但其散热条件差。为了补偿闭式回路工作中油液的泄漏，以及补偿由于执行元件的进、回油腔中面积不等所引起的流量之差，闭式回路中需设置补油装置（如顶置充液箱、辅助泵及与其配套的溢流阀、油箱等）。

根据液压泵和执行元件组合方式不同，容积调速回路通常有三种形式：变量泵和定量执行元件组成（定量执行元件主要是指液压缸和定量液压马达）的容积调速回路、定量泵和变量液压马达组成的容积调速回路及变量泵和变量液压马达组成的容积调速回路。

（1）变量泵和定量执行元件组成的容积调速回路。变量泵和定量执行元件组成的容积调速回路可由变量泵与液压缸或定量液压马达组成。

图 4-3-12（a）所示为采用变量泵和液压缸的容积调速回路。活塞的运动速度 v 可以通过调节变量泵 1 的排量实现调速。图 4-3-12（b）所示为采用变量泵和定量液压马达的容积调速回路。不计损失，定量液压马达的转速 n_M 与泵的流量的关系为

$$n_M = q_p/V_M \tag{4-3-16}$$

定量液压马达的排量是定值，因此改变变量泵 1 的排量即可调节定量液压马达的转速。辅助泵 2 用于补油，安全阀 3 用于防止系统过载，低压溢流阀 4 调节补油泵的补油压力，同时置换部分已经发热的油液，降低系统的温升。低压辅助泵的流量为主泵（变量泵）的 10%～15%，工作压力为 0.5～1.4MPa。

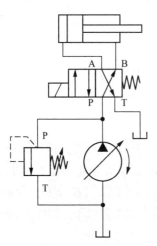
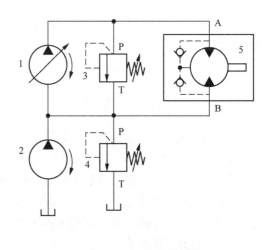

（a）变量泵和液压缸组成的容积调速回路 　（b）变量泵和定量液压马达组成的容积调速回路

图4-3-12　变量泵和定量执行元件组成的容积调速回路

1—变量泵；2—辅助泵；3—安全阀；4—低压溢流阀；5—定量液压马达

（2）定量泵和变量液压马达组成的容积调速回路。图 4-3-13 所示为采用定量泵和变量液压马达的容积调速回路。定量泵 1 为主泵，输出流量不变，改变变量液压马达的排量即可调节其转速。

这种回路调速范围很小，不能使变量液压马达实现平稳的反向，不易调节，目前很少单独使用。

（3）变量泵和变量液压马达组成的容积调速回路。图 4-3-14 所示为采用变量泵和变量液压马达的容积调速回路。图中，双向变量泵 1 实现双向变量马达 2 换向，单向阀 6 和 8 用于使辅助泵 4 双向补油，单向阀 7 和 9 使安全阀 3 在两个方向都能起过载保护作用，低压溢流阀 5 使辅助泵 4 有一定的工作压力。

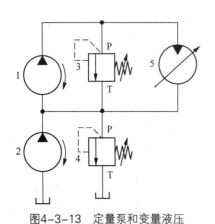
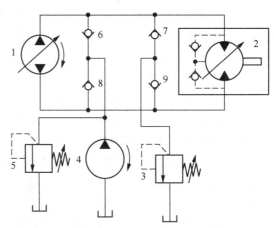

图4-3-13　定量泵和变量液压　　　　　　图4-3-14　变量泵和变量液压

马达组成的容积调速回路　　　　　　　马达组成的容积调速回路

1—主泵；2—辅助泵；3—安全阀；4—低压溢流阀；　　1—双向变量泵；2—双向变量马达；3—安全阀；

5—变量液压马达　　　　　　　　　　　4—辅助泵；5—低压溢流阀；6、7、8、9—单向阀

这种调速回路是上述两种调速回路的组合，主泵 1 和马达 2 的排量都可以调节，故增加了调速范围，扩大了马达输出转矩和功率的选择余地。在调速时，一般先将液压马达的排量调到最大，然后使泵的排量从小到大变化直至最大，马达转速随之升高；然后使马达的排量从大到

小变化直至最小，马达的转速持续升高。

3. 容积节流调速回路

容积节流调速回路的工作原理是采用压力补偿型变量泵供油，用流量控制阀调节流入或流出执行元件的流量来调节速度，同时又使变量泵的输出流量与液压缸所需流量相匹配。这种调速回路没有溢流损失，只有节流损失，回路的效率较高，且回路的调速性能取决于流量控制阀的调速性能，速度稳定性比容积调速回路好，常用在调速范围大、中小功率的场合。

常用的容积节流调速回路有限压式变量泵与调速阀组成的容积节流调速回路和差压式变量泵与节流阀组成的容积节流调速回路两种。

（1）限压式变量泵与调速阀组成的容积节流调速回路。图4-3-15 所示为采用限压式变量泵与调速阀的容积节流调速回路。变量泵 1 输出的流量经调速阀 2 进入液压缸的工作腔，回油路上的背压阀 3 使回油路形成一定的背压。改变调速阀中节流阀开口的大小，即可使泵的输出流量 q_p 和通过调速阀进入液压缸的流量 q_1 相适应，实现对液压缸的运动速度的调节。

稳态工作（$q_1=q_p$）时，在调速阀 2 的开口关小的瞬间，变量泵 1 的输出流量来不及减小，泵出口多余的流量使泵出口和调速阀进口封闭，使得泵出口的压力升高，从而使变量泵 1 的输出流量减小，直至重新回到稳态；反之，在调速阀 2 的开口开大的瞬间，变量泵 1 的输出流量来不及增加，将会使泵出口压力降低，输出流量自动增加，直至重新回到稳态。

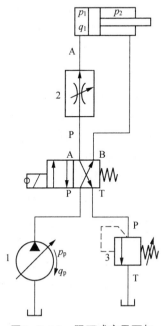

图4-3-15　限压式变量泵与
调速阀组成的容积节流调速回路

1—变量泵；2—调速阀；3—背压阀

与节流调速回路一样，调速阀 2 也可以装在回油路上。这种调速回路的承载能力、速度平稳性、速度刚度等与对应的节流调速回路相同，适合用于负载变化不大的中、小功率场合。

（2）差压式变量泵与节流阀组成的容积节流调速回路。图 4-3-16 所示为采用差压式变量泵与节流阀组成的容积节流调速回路。其工作原理与图 4-3-15 的回路基本相似：节流阀改变进入液压缸或自液压缸流出的流量，使变量泵输出的流量 q_p 与液压缸所需流量 q_1 相适应。

稳态工作（$q_1=q_p$）时，节流阀 3 的开口关小，使泵出口的压力升高，泵内左、右两个控制柱塞压缩弹簧，使定子右移，偏心距减小，泵输出流量减小；反之，泵输出流量增大。最后都重新回到稳态。由于将负载压力反馈到变量泵的控制柱塞 2 的工作腔，因此当负载变化时，泵能自动根据负载调节输出的流量，从而消除负载变化对输入液压缸的流量产生的影响。因此其速度刚度、

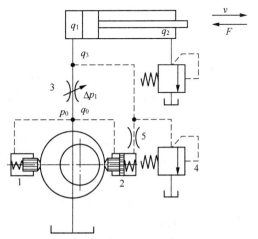

图4-3-16　差压式变量泵与节流阀组成的
容积节流调速回路

1、2—控制柱塞；3—节流阀；4—安全阀；5—阻尼孔

运动平稳性和承载能力和图 4-3-15 所示回路基本相同，调速范围只受节流阀调节范围的限制，而且能弥补负载变化引起的泵泄漏变化，此回路适用于负载变化大，速度较低的中、小功率的场合。

三、搭建液压快速运动回路

快速运动回路的功能是当泵的流量一定时，使液压执行元件获得尽可能大的工作速度，同时使液压系统的输出功率尽可能小，实现系统功率的合理匹配，以提高系统的工作效率。常用的快速运动回路一般有差动连接快速运动回路、蓄能器供油的快速运动回路、双泵供油的快速运动回路和增速缸的快速运动回路。

差动连接快速运动
回路搭建

1. 差动连接快速运动回路

差动连接快速运动回路的原理是通过差动连接实现缸的快速运动。如图 4-3-17 所示，主换向阀的电磁铁 1YA 通电，处于左位，缸伸出；当阀 3 处于常态位时，缸差动连接，从而实现快速运动。差动连接与非差动连接的速度之比为活塞截面积和活塞杆截面积之比。这种回路简单、经济，但液压缸的速度加快有限。常常需要和其他方法（如限压式变量泵）联合使用。

差动连接时，泵输出的流量和缸有杆腔排出的流量合在一起进入缸无杆腔，要注意此时油液流经的阀和管道的通流量，不能小于这个合成流量，以免造成泵出口压力过高，而使溢流阀开口溢流，而降低差动的速度。

2. 蓄能器供油的快速运动回路

蓄能器供油的快速运动回路是指当执行元件间歇或低速运动时，将其余的压力油储存在蓄能器中，需要快速运动时，蓄能器作为辅助动力源，与泵同时向系统提供压力油。这种回路的关键在于能量存储和释放的控制方式，常用于液压缸间歇式工作。

图 4-3-18 所示为一种采用蓄能器供油的快速运动回路。主换向阀 5 处于中位时，液压缸油口封闭，缸停止运动，液压泵 1 经单向阀 3 向蓄能器供油。当蓄能器内压力达到卸荷阀 2 的调定压力时，阀 2 开启，液压泵卸荷，单向阀 3 反向关闭。当需要液压缸动作时，阀 5 换到左位或右位，阀 2 关闭，液压泵和蓄能器同时向缸供油，缸快速伸出或退回。

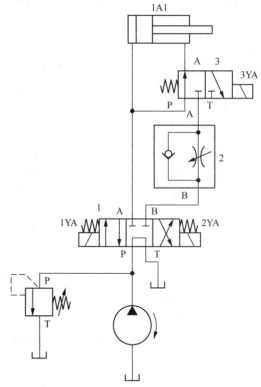

图4-3-17　差动连接快速运动回路

1—三位四通换向阀；2—单向节流阀；
3—二位三通换向阀

这种回路适用于短时间内需要大流量的场合，并可用小流量的液压泵使液压缸获得较大的运动速度。需注意的是，在液压缸的一个工作循环内，须有足够的停歇时间使蓄能器充液。

3. 双泵供油的快速运动回路

图 4-2-15 所示的顺序阀作卸荷阀用的回路就是双泵供油快速运动回路。低压大流量泵 1 和高压小流量泵 2 组成的并联泵作为系统的动力源。溢流阀 5 设定高压小流量泵 2 的最高工作压力，单向阀 4 用于分隔油路。

液压缸快速运动时，系统压力低，顺序阀 3 关闭，低压大流量泵 1 打开单向阀 4，低压大流量泵 1 和高压小流量泵 2 同时为缸供油。换向阀 6 的电磁铁通电后，缸有杆腔的油经节流阀 7 回油箱，系统压力升高。当系统压力达到顺序阀 3 的调定压力后，低压大流量泵 1 通过顺序阀 3 卸荷，单向阀 4 反向关闭，只有高压小流量泵 2 单独向系统供油，缸慢速向右运动。注意：顺序阀 3 的调定压力至少应比溢流阀 5 的调定压力低 10%～20%。此回路还能实现从快速到慢速的速度换接功能。

双泵供油的快速回路具有功率利用合理、效率高且速度换接较平稳的优点，但回路复杂，因此，适用于快、慢速差别较大的液压系统。

4. 增速缸的快速运动回路

图 4-3-19 所示为增速缸快速运动回路。增速缸是一种复合缸，由活塞缸与柱塞缸复合而成。增速原理是减小液压缸的有效作用面积，提高运动速度。该回路增速比大、效率高，但液压缸结构复杂，常用于液压机中。

手动换向阀处于左位，压力油经柱塞孔进入增速缸小腔 1，推动活塞 5 快速向右移动，大腔 2 所需油液由充液阀 3 从油箱吸取。当执行元件接触工件，工作压力升高，顺序阀 4 开启，高压油进入增速缸大腔 2，同时关闭充液阀 3，活塞转换成慢速运动，且推力增大。

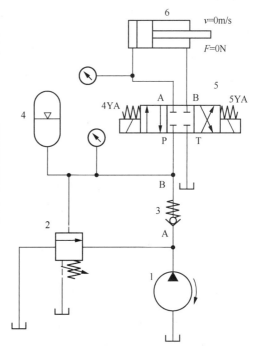

图4-3-18　蓄能器供油的快速运动回路

1—液压泵；2—卸荷阀；3—单向阀；4—蓄能器；
5—主换向阀；6—液压缸

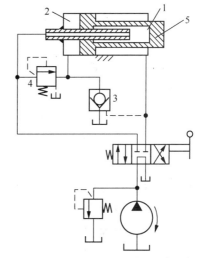

图4-3-19　增速缸快速运动回路

1—增速缸小腔；2—增速缸大腔；3—充液阀；
4—顺序阀；5—活塞

四、搭建液压速度换接回路

速度换接回路的功能就是使液压执行机构在一个工作循环中，从一种运动速度转换到另一种运动速度。这种换接不仅包括快速到慢速的换接，也包括两种慢速之间的换接。实现这些功能的回路应该具有较高的速度换接平稳性，即不允许在速度换接的过程中，有前冲现象（即速度突然增加）。

1. 快速与慢速的速度换接回路

实现快速与慢速速度换接的方法很多，可以采用行程、压力、时间的方式切换。在图 4-3-17 中，当阀 3 的电磁铁通电时实现快速到慢速的速度换接，速度的换接方式采用行程控制；在图 4-3-19 中，当系统压力升高到顺序阀 4 的调定压力时，实现快速到慢速的速度换接，速度换接采用的是压力控制。

通过行程控制实现的快速与慢速的速度换接回路

（1）通过行程控制实现的快速与慢速的速度换接回路。如图 4-3-20 所示，当缸伸出且没有压下行程阀 1 时，缸的回油路不经过节流阀，直接回到油箱。当缸运动到行程阀所在的位置，压下行程阀时，缸的回油路发生切换，必须经过单向节流阀回到油箱。回路实现回油节流调速，所以速度变慢。

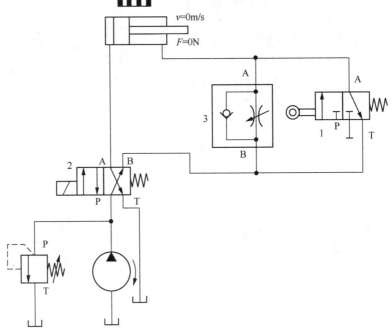

图4-3-20　通过行程控制实现的快速与慢速的速度换接回路
1—行程阀；2—二位四通换向阀；3—单向节流阀

行程阀靠机械作用换位，换位过程比较平稳，换速节点的位置精度比较高。但是行程阀的安装位置不能任意布置，管路连接也比较复杂。

（2）通过压力控制实现的快速与慢速的速度换接回路。图 4-3-21 所示为压力控制的快速与慢速的速度换接回路。在缸的进油路上有一个调速阀 3、电磁换向阀 2 与调速阀 3 并联。按下启动按钮，主换向阀 1 的电磁铁 1YA 和串磁换向阀 2 的电磁铁 3YA 通电，主换向阀 1 换到左位，缸的进油不经过调速阀直接进入缸无杆腔，缸快速伸出；当缸的负载升高到压力传感器 4 的动作压力时，电磁换向阀 2 的电磁铁 3YA 断电，缸的进油经过调速阀进入缸无杆腔，进油节流调速，缸慢速伸出。电磁阀安装比较方便，但速度换接的平稳性、可靠性及换向精度都较差。

2. 两种慢速的速度换接回路

某些自动机床、注塑机等，需要在自动工作循环中变换两种以上的工作进给速度，这时需要采用两慢速进给的速度换接回路。图 4-3-22 所示为两种慢速的速度换接回路。

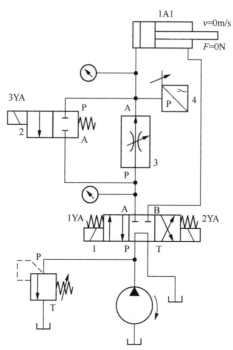

图4-3-21　通过压力控制实现的快速与慢速的速度换接回路

1—主换向阀；2—二位二通电磁换向阀；3—调速阀；4—压力传感器

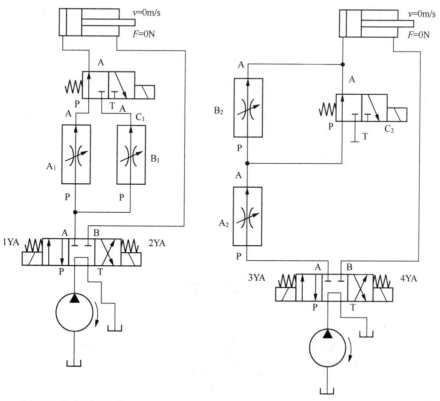

（a）调速阀并联的速度换接回路　　　　　　　（b）调速阀串联的速度换接回路

图4-3-22　两种慢速的速度换接回路

图4-3-22（a）中，两个调速阀相互独立，互不影响，由换向阀实现换接。电磁阀 C_1 处于常态位时，油液经过调速阀 A_1 进入缸，经 A_1 调速，速度减慢；电磁阀 C_1 换向右位时，油液经过调速阀 B_1 进入缸，只要 B_1 的开口小于 A_1 的开口，缸就能获得更慢的速度。这种回路中一个调速阀工作时另一个调速阀内无油通过，回路的减压阀处于最大开口位置，速度换接时大量油液通过该处，将使工作部件产生突然前冲现象。因此这种回路不宜用在加工过程中的速度换接，只可用在速度预选的场合。

图4-3-22（b）中，电磁阀 C_2 处于常态位时，油液经过调速阀 A_2 进入缸，速度减慢；电磁阀 C_2 换向右位时，油液经过 A_2，再经过调速阀 B_2 进入缸，只要 B_2 的开口小于 A_2 的开口，缸的速度会更慢。这种回路中的调速阀 A_2 一直处于工作状态，它在速度换接时限制进入调速阀 B_2 的流量，因此这种回路的速度换接平稳性比较好，但是能量损失大。

由图4-3-22知，后经过的调速阀的开口要小于先经过的调速阀的开口，缸才能获得更低的稳定速度。

子任务实施　搭建符合功能要求的回路图

综上，图4-3-23所示为本任务中液压尾座改进后的液压回路。

搭建的液压尾座的液压回路经过仿真，功能符合要求。接下来要在数控车床上搭建实际的液压回路。主要工作是液压回路的调压元件——单向节流阀的安装。在实际安装操作中，必须熟知安全规范，并能按照操作规范，拆下液压缸进油口的管道，再安装可调单向节流阀。在确保安装牢固可靠的前提下，先手动调试，再启动系统的控制系统进行电气-液压回路的综合调试。

安全操作规范和液压单向调速阀的安装可参考本项目任务4.1的内容。

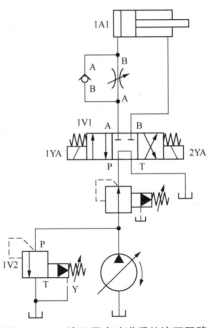

图4-3-23　液压尾座改进后的液压回路

任务总结

本任务以液压尾座套筒速度调节功能为例，讲解并深入分析了常用的流量控制阀如节流阀、单向节流阀、调速阀和溢流节流阀的工作原理、符号及用途。在流量控制阀原理的基础上讲解了液压调速回路、快速运动回路和速度换接回路的搭建方法。根据液压尾座套筒的速度控制要求，搭建了其速度调节回路。最后指导读者按照规范操作，完成单向调速阀的安装。在这个过程中，采用问题引导、虚实结合、理实一体的方法，强化理论和实践的关系，强调职业规范和职业道德，促使学习者养成良好的职业素养。

••• 任务 4.4　搭建多缸顺序动作回路 •••

假如你是某企业车间设备维修人员，现在因生产需要改造一台液压装配设备，工件的夹紧与装配是由该装配设备的夹紧缸和装配缸来完成的。要求工作时先进行工件的夹紧，夹紧缸夹紧到位后再进行工件的装配；装配结束后，装配缸先缩回，缩回到位后夹紧缸再缩回。请设计能够实现此功能的液压回路，选择液压元件，正确搭建回路并进行调试。

在接到任务后，请根据任务描述，分析以下问题：

1. 该液压回路的功能是什么？

2. 液压回路中的实现顺序动作的控制方式有哪些？

3. 这种功能的回路都有哪些类型？

4. 该液压回路安装调试有哪些注意事项？

读者可尝试按照以下过程解决上面的问题。

子任务 4.4.1　液压传动系统顺序动作控制原理

子任务分析

用一个液压泵驱动两个或两个以上的液压缸（或液压马达）工作的回路，称为多缸动作回路。常见的多缸工作回路有顺序动作回路、同步回路、互锁回路和互不干扰回路等类型。本任务主要讲解顺序动作回路。本任务回路的功能为顺序控制。（解决问题 1）

顺序动作回路的功能是使几个执行元件严格按照预定顺序依次动作。例如，自动车床中刀架的纵、横向运动，夹紧机构的定位和夹紧等。

多缸顺序动作回路按其顺序动作实现方式不同，可分为压力控制、行程控制和时间控制三类，其中时间控制的多缸顺序动作回路控制准确性较低，应用较少。常用的是压力控制和行程控制多缸顺序动作回路。（解决问题 2）

考虑到该回路的工作要求和使用环境，在此选择基于压力控制的顺序动作实现方式。

相关知识

一、实现液压顺序动作的元件

基于压力控制实现多缸顺序动作的元件有压力继电器和顺序阀，基于行程控制实现多缸顺序动作的元件有行程开关、行程阀等，基于时间控制实现多缸顺序动作的元件有流量阀和时间继电器。

二、液压传动系统顺序动作原理

压力控制多缸顺序动作回路是利用油路本身的压力变化来控制阀口的启闭，从而实现多个液压缸的顺序动作的。这种回路只适用于系统中液压缸数目不多、负载变化不大的场合。

行程控制多缸顺序动作回路是利用执行元件到达一定位置时发出信号来控制多个液压缸顺序动作的。这种控制方式应用极为普遍，它能直接反映和控制运动部件的运动位置或行程长度，保证各运动部件按顺序要求进行动作。

时间控制多缸顺序动作回路是利用延时元件（时间继电器）来实现多个液压缸按时间完成顺序动作要求的。这种回路控制准确性较低，应用较少。

子任务实施　选择符合系统要求的顺序动作控制元件

考虑该装配设备先夹紧后装配的工作要求，本任务选用压力控制的方式搭建基于行程控制的多缸顺序动作回路。压力控制阀选择压力继电器。

子任务 4.4.2　搭建液压多缸顺序回路

子任务分析

选用了合适的压力控制阀之后，该如何搭建符合功能要求的液压回路呢？

本任务中，该装配设备的功能是实现工件的夹紧与装配，要求工作时先进行工件的夹紧，夹紧缸夹紧到位后再进行工件的装配；装配结束后，装配缸先缩回，缩回到位后夹紧缸再缩回。所以本任务的回路功能就是实现多缸的顺序动作。

相关知识

一、搭建压力控制的多缸顺序动作回路

压力控制多缸动作回路，就是利用油路本身的压力变化来控制液压缸动作的回路，主要包括利用压力继电器控制的多缸顺序动作回路和利用顺序阀控制的多缸顺序动作回路。

1. 搭建顺序阀实现的多缸顺序动作回路

如图 4-4-1 所示，换向阀 5 在图示位置时，泵出口油液进入进给缸 2 的有杆腔，其无杆腔油液经单向顺序阀 3 回到油箱，夹紧缸 1 的进油路被封闭，因此夹紧缸和进给缸都保持缩回状态。

换向阀 5 换到左位时，泵出口的油液通过单向顺序阀 3 进入夹紧缸 1 的无杆腔，其有杆腔油液回油箱，夹紧缸伸出，实现动作 1；当夹紧后，缸 1 的工作腔压力升高，升高到单向顺序阀 3 的调定压力后，单向顺序阀 3 打开，油液进入进给缸的无杆腔，因此进给缸伸出，实现动作 2。

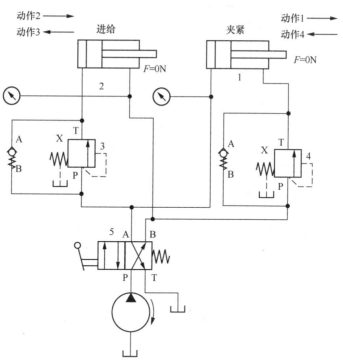

图4-4-1 利用顺序阀实现的多缸顺序动作回路

1—夹紧缸；2—进给缸；3、4—单向顺序阀；5—二位四通手动换向阀

当换向阀 5 回到图 4-4-1 所示位置时，泵出口油液进入进给缸 2 的有杆腔，其无杆腔油液经单向顺序阀 3 回到油箱，进给缸缩回，实现动作 3；当进给缸缩回到位后，其有杆腔压力升高，打开单向顺序阀 4，夹紧缸 1 的有杆腔进油，无杆腔回油，夹紧缸缩回，实现动作 4。

利用顺序阀实现的
多缸顺序动作回路

这种多缸顺序动作回路的可靠性主要取决于顺序阀的性能及其调整压力。为保证动作可靠，顺序阀的调定压力应比先动作的液压缸的最高压力高 0.8～1MPa，以避免液压传动系统波动造成顺序阀产生误动作。

2. 搭建压力继电器实现的多缸顺序动作回路

如图 4-4-2 所示，1K 和 2K 为压力继电器。其动作原理是：按下伸出按钮，阀 3 的电磁铁 1YA 通电，缸 1 伸出，实现动作 1；当缸 1 无杆腔压力上升到 1K 的动作压力时，1K 使阀 4 的电磁铁 3YA 通电，缸 2 伸出，实现动作 2；按下缩回按钮，阀 4 的电磁铁 4YA 通电，缸 2 缩回，实现动作 3；当缸 2 缩回到位，缸 2 有杆腔压力升高，当缸 2 有杆腔压力升高到 2K 的动作压力时，2K 使阀 3 的电磁铁 2YA 通电，1YA 断电，缸 1 缩回，实现动作 4。

顺序动作由压力继电器保证，在这种多缸动作回路中，为了防止压力继电器在前一行程液压缸到达行程端点以前发生误动作，其调定压力应比前一行程液压缸的最大工作压力高 0.3～0.5MPa。同时，为了能使压力继电器工作可靠，其调定压力又应比溢流阀的调定压力低 0.3～0.5MPa。

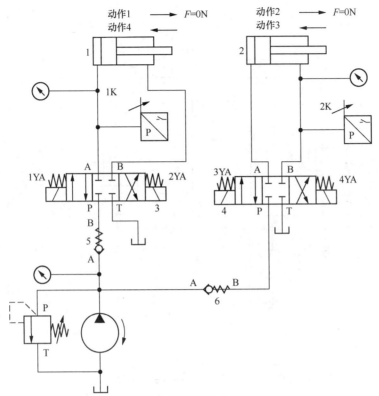

图4-4-2　利用压力继电器实现的液压多缸顺序动作回路

1、2—液压缸；3、4—三位四通换向阀；5、6—液控单向阀

利用压力继电器实现的多缸顺序动作回路

二、搭建行程控制的多缸顺序动作回路

行程控制多缸顺序动作回路是用缸的行程作为控制信号实现的顺序动作回路。行程控制的顺序回路，需要在主回路中增加能发出行程信号的元件，常用的元件是行程阀和行程开关。

1. 搭建行程阀实现的多缸顺序动作回路

如图 4-4-3 所示，两液压缸保持缩回状态。按下启动按钮，阀 3 的电磁铁 1YA 通电，缸 1 伸出，实现动作 1；当缸 1 伸出到达行程阀 A_1 所在位置，压下 A_1 时，缸 2 无杆腔进油，有杆腔油液经单向节流阀回到油箱，缸 2 伸出，实现动作 2；按下缩回按钮，阀 3 的电磁铁 1YA 断电，缸 1 缩回，实现动作 3；当缸 1 缩回松开行程阀 A_1 时，缸 2 有杆腔进油，无杆腔回油，缸 2 缩回，实现动作 4。

这种回路动作灵敏，工作可靠，其缺点是行程阀只能安装在执行元件的附近，调整和改变动作顺序也较为困难，主要用于专用机械的液压系统。

2. 搭建行程开关实现的多缸顺序动作回路

图 4-4-4 所示为利用行程开关实现的多缸顺序动作回路。按下启动按钮，1V1 的电磁铁 1YA 通电，缸 1 伸出，实现动作 1；当缸 1 伸出压下 2S 时，2S 使阀 2V1 电磁铁 2YA 通电，缸 2 伸出，实现动作 2；当缸 2 伸出压下行程开关 3S 时，3S 使电磁铁 1YA 断电，缸 1 缩回，实现动作 3；当缸 1 缩回压下行程开关 1S 时，缸 2 缩回，实现动作 4。

调整行程挡块或行程开关的位置，可调整液压缸的行程，通过电控系统可任意改变动作顺序，方便灵活，应用广泛，其可靠程度取决于电气元件的质量。

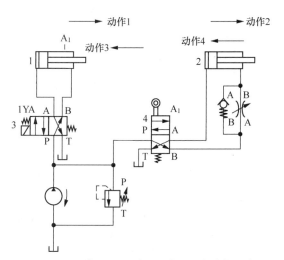

图4-4-3 利用行程阀实现的多缸顺序动作回路

1、2—液压缸；3—二位四通电磁换向阀；
4—二位四通机动换向阀

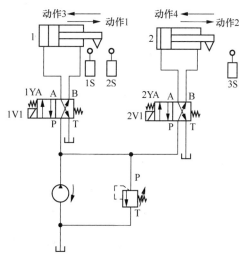

图4-4-4 利用行程开关实现的多缸顺序动作回路

1、2—液压缸

三、搭建时间控制的多缸顺序动作回路

时间控制的多缸顺序动作回路是用时间作为控制信号实现的顺序回路。时间控制可以利用延时元件，主要是流量控制阀，也可以利用时间继电器和PLC控制实现多缸顺序动作回路。

1. 搭建流量控制阀实现的多缸顺序动作回路

图4-4-5所示为利用流量控制阀实现的基于时间控制的液压多缸顺序动作回路。按下启动按钮，电磁线圈1YA通电，二位四通电磁换向阀4左位接通，液压泵输出的液压油经过二位四通电磁换向阀左位进入缸1无杆腔，缸1有杆腔回油，缸1伸出；同时液压油进入延时阀3的节流阀，推动二位二通换向阀缓慢左移，一定时间后使其右位接通，液压泵输出的液压油经过二位四通电磁换向阀左位和延时阀3中的二位二通换向阀右位进入液压缸2无杆腔，液压缸2有杆腔回油，缸2伸出；当电磁线圈1YA断电时，二位四通电磁换向阀右位接通，液压泵输出的液压油经过二位四通电磁换向阀右位进入液压缸1、2有杆腔，此时液压缸1、2活塞杆退回。通过调节节流阀开口大小，可以调节液压缸1、2先后动作的时间差。

这种时间控制的多缸动作回路由于通过节流阀的流量受负载和温度的影响，所以延时不易准确，一般要与行程控制方式配合使用。

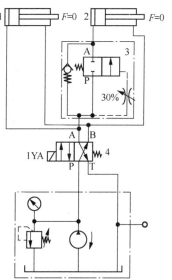

图4-4-5 利用流量控制阀
实现的液压多缸顺序动作回路

1、2—液压缸；3—延时阀；
4—二位四通电磁换向阀

2. 搭建电气控制和PLC控制实现的多缸顺序动作回路

（1）搭建电气控制实现的多缸顺序动作回路。图4-4-6所示为利用时间继电器实现的多缸

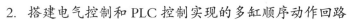

顺序动作回路。动作顺序为：1A1 伸出，1A2 伸出，1A1 缩回，1A2 缩回。图示位置时，液压缸 1A1、1A2 均处于缩回状态。按下启动按钮 S1，继电器 K1 通电，控制电路 3 接通，电磁铁 1YA 通电，阀 1V1 换到左位，液压缸 1A1 伸出，同时通电延时时间继电器 KT1 开始计时，计时时间到，控制电路 4 中的接通延时时间继电器 KT1 的常开触点闭合，电路 4 接通，电磁铁 3YA 通电，阀 2V1 换到左位，缸 1A2 伸出，同时接通延时时间继电器 KT2 开始计时，计时时间到，控制电路 7 中接通延时时间继电器 KT2 的常开触点闭合，继电器 K2 通电，控制电路 9 接通，控制电路 2、3 断开，继电器 K1 断电，电磁铁 2YA 通电、1YA 断电、3YA 断电，阀 1V1 换到右位，缸 1A1 缩回，同时断电延时继电器 KT3 开始计时，计时时间到，控制电路 10 接通，电磁铁 4YA 通电，阀 2V1 换到右位，缸 1A2 缩回。

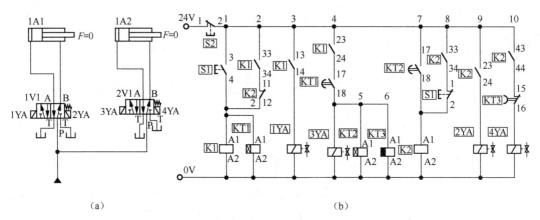

(a)　　　　　　　　　　　　　　　　　　(b)

图4-4-6　利用时间继电器实现的多缸顺序动作回路

时间继电器控制实现的多缸顺序动作回路，电路复杂，接线多，动作逻辑改变必须改变电路连接关系，不适用于复杂的控制逻辑。

（2）搭建 PLC 控制实现的多缸顺序动作回路。图 4-4-7 所示为利用 PLC 控制实现的基于时间控制的多缸顺序动作回路。动作顺序为：1A1 伸出，1A2 伸出，1A1 缩回，1A2 缩回。图示位置时，液压缸 1A1、1A2 均处于缩回状态。操作外部启动按钮，阀 1V1 电磁铁 1YA 通电、2YA 断电，液压缸 1A1 伸出，同时接通延时定时器开始定时 5s，定时时间到，阀 2V1 电磁铁 3YA 通电，缸 1A2 伸出，同时接通延时定时器 T2 开始定时 8s，此时断电延时定时器 T3 不起作用，定时时间到，阀 1V1 电磁铁 2YA 通电、1YA 断电，液压缸 1A1 缩回，同时接通延时定时器 T4 开始定时 8s，定时时间到，阀 2V1 电磁铁 3YA 断电，断电延时定时器 T3 开始定时 2s，定时时间到，阀 2V1 电磁铁 4YA 通电，液压缸 1A2 缩回，同时接通延时定时器 T5 开始定时，定时时间到，电源断开。（解决问题 3 和问题 4）

注意：PLC 控制必须先设计好 I/O 表和 I/O 接线图。关于 PLC 控制实现的液压回路的介绍详见项目 5，在此不再赘述。

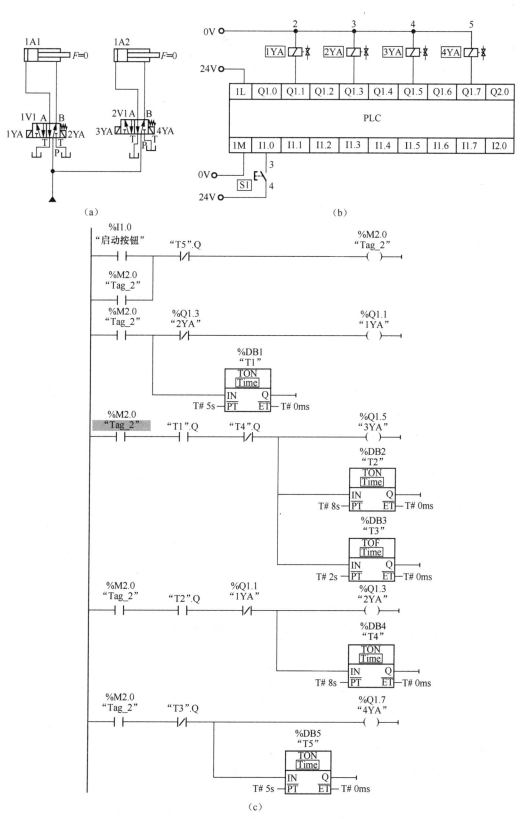

图4-4-7 利用PLC控制实现的多缸顺序动作回路

子任务实施　设计符合系统要求的顺序动作回路

综上，图4-4-8所示为本任务设计的能实现双缸顺序动作的装配设备液压回路。

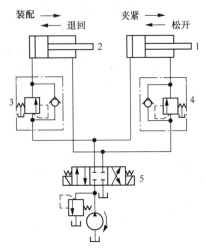

图4-4-8　装配设备液压回路

1、2—液压缸；3、4—单向顺序阀；5—换向阀

搭建的装配设备液压回路经过仿真，功能符合要求。接下来要在实训台上搭建实际的液压回路。主要工作是回路元件的布局、安装及各元件间液压管道的连接。你必须熟知安全规范，并能按照操作规范，按步骤安装元件、连接管道。在确保安装牢固可靠的前提下，先手动调试，再启动系统的控制系统进行电气-液压回路的综合调试。

任务总结

本任务装配设备的液压回路要求，从分析回路功能要求出发，分析出该液压回路的核心功能是实现顺序动作。然后根据顺序动作的常用控制方式入手，分析多缸动作顺序回路的原理和搭建方法。并根据装配设备的功能要求，搭建出了满足要求的装配设备液压回路。再次强化职业规范和职业道德，培养学习者良好的职业素养。

●●● 任务 4.5　认识其他液压控制元件 ●●●

任务描述

假如你是某粉末制品企业的设备维修人员，某车间自行改造的粉末制品压力机上液压缸工作中运行速度慢，导致生产效率低等情况，请你分析原因，并进行技术改进。

在接到任务后，请根据任务描述，分析以下问题：

1．该粉末制品压力机上液压缸的功能是什么？

2．什么原因造成该粉末制品压力机生产效率低？

读者可尝试按照以下过程解决上面的问题。

子任务 4.5.1　认识插装阀

子任务分析

1. 了解粉末制品压力机上液压缸的动作要求

接到任务后，首先向车间技术人员了解粉末制品压力机上液压缸的动作要求：

（1）该粉末制品压力机的上液压缸在微机控制下可以伸出和缩回；

（2）该液压回路上液压缸压制完成后快速上行；

（3）上液压缸停止状态时，液压泵处于卸荷状态。

经了解，粉末制品压力机是粉末压制的主要设备，属于重型机械，其动力及控制部分多数采用液压传动，具有高精度、高效率等特点，200kN 以下的机械压力机的最大生产率每分钟可达 100 件以上。该粉末制品压力机的上液压缸液压回路是由于方向控制阀流量小导致上液压缸运行速度慢，从而导致生产效率低，故应选择流量大的二通插装阀组成的方向控制阀来增大上液压缸的运动速度。（解决问题 1 和问题 2）

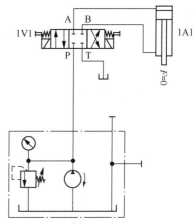

2. 分析粉末制品压力机上液压缸回路图

图 4-5-1 所示 1V1 是普通的三位四通电磁换向阀，功能是实现缸 1A1 的换向，从而实现粉末制品压力机上液压缸运动方向的控制；操纵方式选用电磁式，满足控制要求；但是由于采用的普通的三位四通电磁换向阀，通径小，导致进入上液压缸的油液流量小，从而导致运动速度慢，粉末制品压力机生产效率低，所以该回路的问题就是换向阀的选用不满足要求。

图4-5-1　粉末制品压力机上
液压缸液压回路

相关知识

在液压传动中，前面所介绍的三类液压控制阀，完全能够控制一个液压系统，但是不能满足高压、大流量系统的要求，于是出现了插装阀、叠加阀及比例阀等液压控制元件。所以本任务主要学习这些阀的结构组成、工作原理、特点及应用。

一、插装阀的工作原理

图 4-5-2 所示为插装阀。它由插装块体、插装单元（由阀套、阀芯、弹簧及密封件组成）、控制盖板和先导式控制阀（如先导阀为二位三通电磁换向阀）组成。由于这种阀的插装单元在回路中主要起通断作用，故又称二通插装阀。

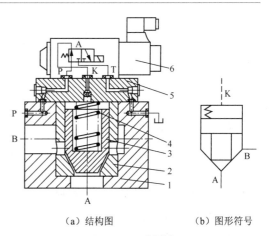

（a）结构图　　　　（b）图形符号

图4-5-2　插装阀

1—插装块体；2—阀套；3—阀芯；4—弹簧；5—控制盖板；
6—先导式控制阀

插装阀的工作原理相当于一个液控单向阀。图 4-5-2 中 A 和 B 为主油路仅有的两个工作油口，K 为控制油口（与先导式控制阀相接）。当 K 口无液压力作用时，阀芯受到的向上的液压力大于弹簧弹力，阀芯开启，A 口与 B 口相通，至于油液的方向，视 A、B 口的压力大小而定。反之，当 K 口有液压力作用，且 K 口的油液压力大于 A 口和 B 口的油液压力时，才能保证 A 口与 B 口之间关闭。

二、插装阀的典型应用

将插装阀进行相应组合，并将小流量方向控制阀、压力控制阀作为先导式控制阀，便可组成方向控制插装阀、压力控制插装阀和流量控制插装阀。

1. 方向控制插装阀

图 4-5-3（a）所示为单向阀，当 $p_A > p_B$ 时，阀芯关闭，A 口与 B 口不通；而当 $p_B > p_A$ 时，阀芯开启，油液从 B 口流向 A 口。

图 4-5-3（b）所示为二位二通电磁阀，当二位二通电磁阀断电时，阀芯开启，A 口与 B 口接通；电磁阀通电时，阀芯关闭，A 口与 B 口不通。

图 4-5-3（c）所示为二位三通电磁阀，当二位三通电磁阀断电时，A 口与 T 口接通；电磁阀通电时，A 口与 P 口接通。

图 4-5-3（d）所示为二位四通电磁阀，当二位四通电磁阀断电时，P 口与 B 口接通，A 口与 T 口接通；电磁阀通电时，P 口与 A 口接通，B 口与 T 口接通。

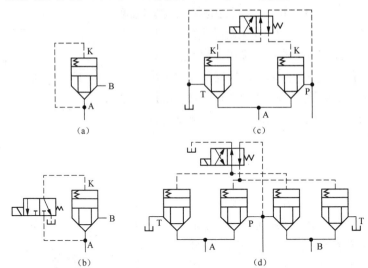

图4-5-3　方向控制插装阀

2. 压力控制插装阀

在图 4-5-4（a）中，若 B 口接油箱，则插装阀用作溢流阀，其原理与先导式溢流阀相同。若 B 接负载时，插装阀起顺序阀的作用。

图 4-5-4（b）所示为电磁溢流阀，当二位二通电磁阀断电时，其用作溢流阀，当二位二通电磁阀通电时，其起卸荷作用。

3. 流量控制插装阀

在插装阀的盖板上，增加阀芯行程调节装置，调节阀芯开口的大小，就构成了一个插装式可调节流阀。图 4-5-5 所示为二通插装节流阀。在插装阀的控制盖板上有阀芯限位器，用来调节阀芯的开度，从而起到流量控制阀的作用。若在二通插装节流阀前串联一个定差减压阀,则可组成二通插装调速阀。

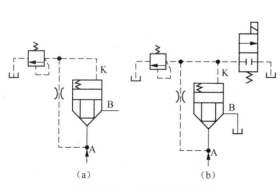

图4-5-4 压力控制插装阀

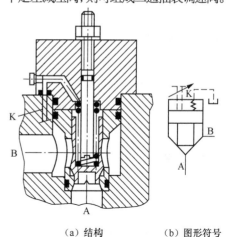

（a）结构 （b）图形符号

图4-5-5 二通插装节流阀

插装阀与一般液压阀相比,具有以下特点。

（1）结构简单,制造方便,工作可靠,不易堵塞。

（2）通流能力大,最大可达5 000L/min左右,特别适用于大流量的场合。

（3）动作灵敏,密封性能好,泄漏小,适宜使用低黏度介质,特别适合于高速开启的场合。

（4）对大流量、高压力、较复杂的液压系统有较好的经济性。

（5）插装式元件已标准化,一阀多能,易于实现系统的标准化、系列化和通用化,易于系统集成。

因而插装阀主要用于流量较大系统或对密封性能要求较高的系统,对于小流量及多液压缸无单独调压要求的系统和动作要求简单的液压系统,不宜采用插装阀。

子任务实施 搭建插装阀的液压换向回路

综上,图4-5-6所示为本任务中粉末制品压力机上液压缸调整后的液压回路。

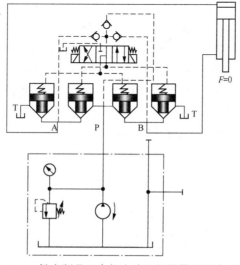

图4-5-6 粉末制品压力机上液压缸调整后的液压回路

子任务分析

叠加式液压阀简称叠加阀，是在板式阀集成化基础上发展起来的一种新颖元件。其阀体本身既是元件又是具有油路通道的连接体。选择同一通径系列的叠加阀叠合在一起，安装在板式换向阀和底板之间，将相应阀体的上、下两面做成连接面，用螺栓紧固即可组成所需的集成化控制回路。本任务分析叠加阀的工作原理、特点和典型应用。

相关知识

一、叠加阀的工作原理

图 4-5-7 所示为叠加阀叠积总成外观图。叠加阀的工作原理与一般液压阀基本相同，但是在具体结构和连接尺寸上则不同。

叠加阀以板式阀为基础，每个叠加阀不仅起到单个阀的功能，而且还沟通阀与阀的流道，每个叠加阀都有 P、A、B、T 口。换向阀安装在最上方，对外连接油口开在最下边的底板上，其他的阀通过螺栓连接在换向阀和底板之间。

叠加阀在结构和连接上与板式阀不同，如溢流阀，在叠加阀上除了 P 口和 O 口外，还有 A、B 口，这些油口自阀的底面贯通到顶面，而且同一通径的各类叠加阀的 P、O、A、B 口间的相对位置都是与相匹配的标准板式换向阀一致的。

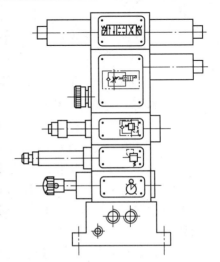

图4-5-7　叠加阀叠积总成外观图

叠加阀常见的标准通径规格有 $\phi6mm$、$\phi10mm$、$\phi16mm$、$\phi20mm$、$\phi32mm$ 等，额定压力为 20MPa，额定流量为 10～200L/min。与传统板式液压阀相同，可适用于不同流量工作环境的场合。

叠加阀按功用的不同分为压力控制阀、流量控制阀和方向控制阀三类，其中方向控制阀仅有单向阀类，没有换向阀功能，主换向阀不属于叠加阀。

与传统液压阀相比，叠加阀最大的特点在于不必使用配管即可达到系统安装的目的，因此减小了系统的泄漏、振动、噪声；相比传统的管路连接，叠加阀不需要特殊安装技能，并且可非常方便地更改液压系统的功能；由于不需要配管，增强了系统整体的可靠性，且便于日常检查与维修；但同一组叠加阀只能选用相同通径进行安装，选型灵活性相对不如传统板式液压阀。叠加阀可适用于各种工业液压系统，如注塑机液压系统、数控机床液压系统、冶金设备液压系统等。

二、叠加阀的典型应用

1. 叠加式溢流阀

图 4-5-8 所示为叠加式溢流阀。其主要由主阀和先导阀组成，主阀芯为单向阀二级同心结构，先导阀即为锥阀式结构。叠加式溢流阀的工作原理与一般的先导式溢流阀相同，在此不再赘述。

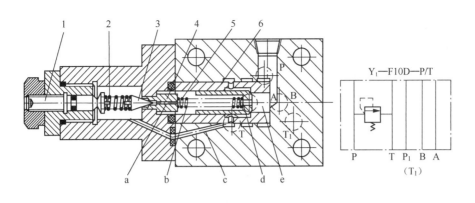

（a）结构 （b）图形符号

图4-5-8 叠加式溢流阀

1—推杆；2、5—弹簧；3—锥阀阀芯；4—阀座；6—主阀阀芯

2. 叠加式单向调速阀

如图 4-5-9 所示，叠加式单向调速阀主要由单向阀、节流阀和减压阀组成。叠加式单向调速阀的工作原理与一般的单向调速阀的工作原理基本相同，在此不再赘述。

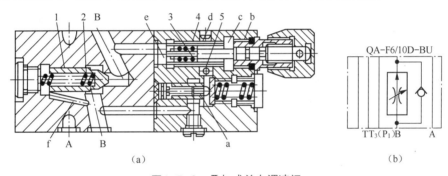

（a） （b）

图4-5-9 叠加式单向调速阀

1—单向阀；2、4—弹簧；3—节流阀；5—减压阀

3. 叠加式单向阀

叠加式单向阀是叠压式结构的液控单向阀，其主要是靠截止阀与执行器之间的液压油路，从而使单向阀反向流通的一种液压阀。叠加式液控单向阀现已广泛地运用于煤矿机械的液压支护设备中，并发挥着重要的作用。

如图 4-5-10 所示，叠加式液控单向阀主要由钢制阀体 1、单向阀 2 和 3、先导级活塞 4 组成。单向阀的主阀芯内有先导锥阀芯 5，通过它保证单向阀打开。当油液由 A_1 流向 A_2 时，单向阀 2 打开，同时先导级活塞 4 被推至右位，通过先导锥阀芯 5 的作用将单向阀 3 打开；当进油口 A_1 和 B_1 出现失压时，弹簧作用力将阀芯紧压在阀座上，切断了单向阀与执行机构之间的油路。为确保锥阀

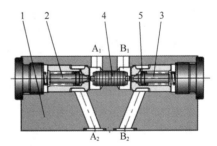

图4-5-10 叠加式液控单向阀

1—阀体；2、3—单向阀；4—先导级活塞；

5—先导锥阀芯

正确到位地关闭阀口，应使用 Y 型中位机能的换向阀，让先导级活塞 4 位于中位，油口 A_1 和 B_1 都接油箱。

叠加阀的特点如下。

（1）标准化、通用化、集成化程度高，设计、加工、装配周期短。

（2）用叠加阀组成的液压系统结构紧凑，体积小，质量轻，外形整齐美观。

（3）叠加阀可集中配置在液压站，也可分散安装在设备上，配置形式灵活，当系统改变时可很方便地更换或增减叠加阀。

（4）因不用油管连接，可消除了因油管和管接头等引起的漏油、振动和噪声，压力损失小，动作平稳，系统稳定性高，使用安全可靠。

（5）回路形式较少，通径较小，品种规格尚不能满足较复杂和大功率液压系统的需要。

液压叠加阀的使用注意事项：叠加阀是以阀体自身作为连接体，同一通径的叠加阀油口和螺栓孔的大小、位置及数量都与相匹配的换向阀相应要求相同，只要将同一通径的叠加阀按一定的次序叠加，再加上电磁阀或电液换向阀，然后固定，即可组成各种典型的液压系统。

子任务 4.5.3　认识比例阀

子任务分析

图 4-5-11 所示为某机械设备采用比例阀的液压回路。当比例阀电磁铁 1YA 通电时，液压缸伸出，当比例阀电磁铁 2YA 通电时，液压缸缩回；并且可以调节比例阀电流的大小来调节液压缸的运动速度；当比例阀处于中位时，液压缸锁紧。本任务主要分析比例阀的工作原理、特点和典型应用。

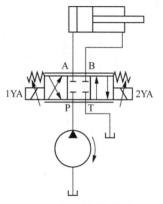

图4-5-11　采用比例阀的液压回路

相关知识

一、比例阀的工作原理

电液比例阀简称比例阀，它是一种把输入的电气信号连续地、按比例地转换成力或位移，从而对压力、流量或方向等参数进行远距离连续控制的液压阀。

1. 比例阀的分类

比例阀由直流比例电磁铁与液压控制阀两部分组成。其液压阀部分与一般液压阀差别不大，而直流比例电磁铁和一般电磁阀所用的电磁铁不同，比例电磁铁要求吸力（或位移）与输入电流成比例。

与普通液压阀的主要区别：其阀芯的运动是采用比例电磁铁控制的，使输出的压力或流量与输入的电流成正比。所以可以用改变输入电信号的方法对压力、流量进行连续控制。有的阀还兼有控制流量大小和方向的功能。

这种阀在加工制造方面的要求接近于普通阀，但其性能大大提高。同时它的采用还能使液压系统简化，所用液压元件数量大为减少，且可用计算机控制，自动化程度明显提高。

根据用途和工作特点的不同，比例阀可分为比例压力阀（如比例溢流阀、比例减压阀、比例顺序阀）、比例流量阀（如比例节流阀、比例调速阀）和比例方向流量阀（如比例方向节流阀、比例方向调速阀）三大类。

2. 比例阀的结构组成及工作原理

（1）比例溢流阀。图4-5-12所示为先导式比例溢流阀。用比例电磁铁取代先导式溢流阀导阀的手调装置（调压手柄），便成为先导式比例溢流阀，比例电磁铁的衔铁4通过推杆6控制先导锥阀2，从而控制溢流阀阀芯上腔压力，使控制压力与比例电磁铁输入电流成比例。其中手动调整的先导阀9用来限制比例压力阀最高压力。远程控制口K可进行远程控制。

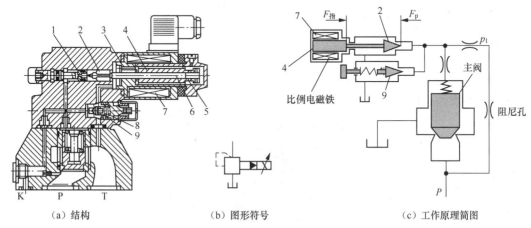

(a) 结构　　　　　　　　(b) 图形符号　　　　　　　(c) 工作原理简图

图4-5-12　先导式比例溢流阀

1—先导阀座；2—先导锥阀；3—极靴；4—衔铁；5、8—弹簧；6—推杆；7—线圈；9—手调先导阀

随着输入电信号强度的变化，比例电磁铁的电磁力将随之变化，从而改变指令力 $F_{指}$ 的大小，使锥阀的开启压力随输入信号的变化而变化。若输入信号连续地、按比例地或按一定程序变化，则比例溢流阀所调节的系统压力也连续地、按比例地或按一定的程序进行变化。因此比例溢流阀多用于系统的多级调压或实现连续的压力控制。

（2）比例调速阀。用比例电磁铁取代节流阀或调速阀的手调装置，以输入电信号控制节流口开度，便可连续地或按比例地远程控制其输出流量，实现执行部件的速度调节。图4-5-13所示为比例调速阀。图中的节流阀芯由比例电磁铁的推杆操纵，输入的电信号不同，则电磁力不同，推杆受力不同，与阀芯左端弹簧力平衡后，便有不同的节流口开度。因为定差减压阀已保证了节流口前后压力差为定值，所以一定的输入电流就对应一定的输出流量，不同的输入信号变化，就对应着不同的输出流量变化。

（3）比例方向节流阀。图4-5-14所示为比例方向节流阀。用比例电磁铁取代电磁换向阀中的普通电磁铁，便构成直动型比例方向节流阀。由于使用了比例电磁铁，阀芯不仅可以换位，而且换位的行程可以连续地或按比例地变化，因而连通油口间的通流截面积也可以连续地或按比例地变化，所以比例方向节流阀不仅能控制执行元件的运动方向，而且能控制其速度。

部分比例电磁铁前端还附有位移传感器（或称差动变压器），这种比例电磁铁称为行程控制比例电磁铁。位移传感器能准确地测定电磁铁的行程，并向放大器发出电反馈信号。电放大器将输入信号和反馈信号加以比较后，再向电磁铁发出纠正信号以补偿误差，因此阀芯位置的控制更加精确。

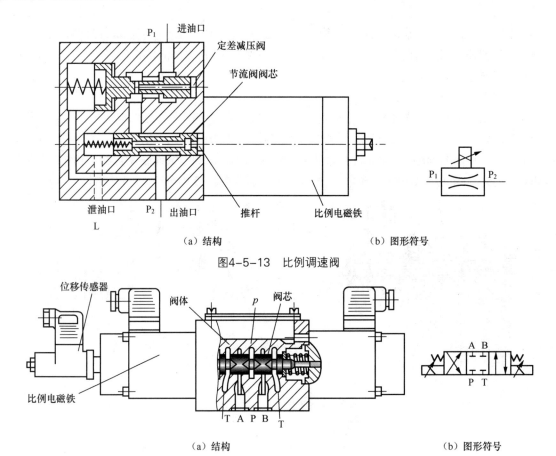

（a）结构　　　　　　　　　　　　　（b）图形符号

图4-5-13　比例调速阀

（a）结构　　　　　　　　　　　　　（b）图形符号

图4-5-14　比例方向节流阀

3. 比例阀的优点

与普通液压阀相比，比例阀主要有以下优点。

（1）油路简化，元件数量少。

（2）能简单地实现远距离控制，自动化程度高。

（3）能连续地、按比例地对油液的压力、流量或方向进行控制，从而实现对执行机构的位置、速度和力的连续控制，并能防止或减小压力、速度变换时的冲击。

比例阀广泛应用于要求对液压参数进行连续控制或程序控制，但对控制精度和动态特性要求不太高的液压系统中。

二、比例阀的典型应用

图 4-5-15（a）所示为利用比例溢流阀调压的多级调压回路。改变输入电流 I，即可控制系统获得多级工作压力。它比利用普通溢流阀的多级调压回路所用液压元件数量少，回路简单，且能对系统压力进行连续控制。

图 4-5-15（b）所示为采用比例调速阀的调速回路。改变比例调速阀输入电流即可使液压缸获得所需要的运动速度。比例调速阀可在多级调速回路中代替多个调速阀，也可用于远距离速度控制。

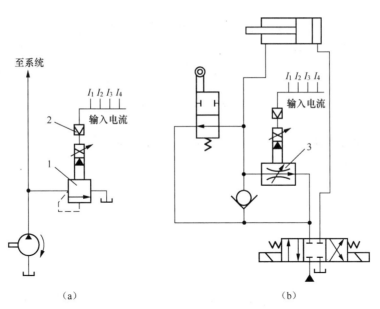

图4-5-15 比例阀的典型应用

1—比例溢流阀；2—电子放大器；3—比例调速阀

任务总结

本任务是在某企业粉末制品压力机上液压缸运行速度慢、生产效率低，需要进行技术改进的情境下，根据工作要求，进行原因分析，从而引入插装阀、叠加阀、比例阀。然后从回路功能出发，分析出大流量的液压回路需要采用插装阀、叠加阀、比例阀。通过对插装阀、叠加阀、比例阀的类型、结构、工作原理、功能和应用的分析，引导学习者搭建符合功能要求的液压回路，并对该粉末制品压力机的上液压缸液压回路进行调整。

05 ▷ 项目5 ◁
识读典型液压系统图

●●● 项目导入 ●●●

项目简介

　　本项目以液压动力滑台和液压剪板机的液压系统图为例，对液压系统图的识读方法和相应的控制原理进行介绍，具体阐述液压油路图的识读方法，系统常用的电气、PLC 控制原理及控制回路的分析设计方法。

项目目标

　　1. 能读懂液压系统原理图；
　　2. 能分析液压系统的组成及系统中的各种回路；
　　3. 能掌握分析机电设备的液压系统的方法和步骤；
　　4. 养成安全、文明、规范的职业行为习惯；
　　5. 培养敬业、精业的工匠精神；
　　6. 培养学生学思践悟、知行合一的学习方法。

学习路线

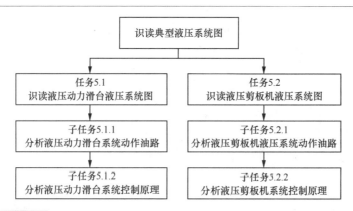

学思融合：注重细节

　　阅读本书提供的拓展资料或查找"细节决定成败"的历史典故，并思考以下问题：
　　1. 识读系统图时，有哪些细节问题需要注意？

2. 你认为吃苦耐劳体现在哪些行动上？

3. 如果系统图仿真不出来，你打算怎么办？

••• 任务 5.1　识读液压动力滑台液压系统图 •••

任务描述

车间工人在安装液压系统时，由于不能正确识读液压系统图，影响了工作进度，现在请你为工人和新进厂的维修人员培训如何识读液压系统图。

在接到任务后，请根据任务描述，分析以下问题：

1. 什么是液压系统？

2. 液压系统中元件通常怎么表示？

3. 怎么识读液压系统图？

4. 液压系统是靠什么控制运动，实现油路变换的？

读者可尝试按照以下过程，解决问题。

子任务 5.1.1　分析液压动力滑台系统动作油路

子任务分析

大家前面已经学习过液压传动的基本理论，认识了常用的各类液压元件，掌握了典型的液压基本回路，但是要想进一步理解元件和回路的功用及工作原理，增加对各种液压元件和基本回路综合应用的理性认识，了解和掌握分析液压系统的方法和液压系统的工作原理，还需要结合具体机床设备的液压回路，对液压系统进行分析。

相关知识

一、液压动力滑台

动力滑台是组合机床上的常见部件。组合机床是一种高效率的专用机床，由具有一定功用的通用部件（如动力头、动力滑台等）和一部分专用部件（如主轴箱、夹具等）组成，具有加工范围广、自动化程度高的特点，是一种用于大批量生产的专用机床，其示意图如图 5-1-1 所示。动力滑台是组合机床上用来实现进给运动的一种通用部件。

由于动力滑台具有速度换接平稳、进给速度稳定、功率合理、效率高、发热少等优点，因此多数动力滑台采用液压驱动，以便实现多种进给。

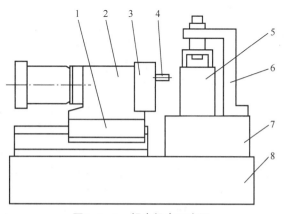

图 5-1-1　组合机床示意图

1—动力滑台；2—动力头；3—主轴箱；4—刀具；
5—工件；6—夹具；7—工作台；8—底座

147

二、液压系统图的识读方法

1. 液压系统

液压系统是由若干液压元件（如能源装置、控制元件、执行元件等）与管路组合起来，并能完成一定动作的整体，也就是能完成一定动作的各个液压基本回路的组合。液压系统既是元件的组合，也是回路的组合。（解决问题1）

液压系统图的表示有两种方法：结构简图和图形符号。元件结构简图可以清楚地表示元件的结构和基本原理，但是绘制麻烦、不易识读，图形符号抽象简单、易于识读，故常采用图形符号表示液压系统。但是专用元件或不易用图形符号表示的元件，还需用结构简图表示。（解决问题2）

对于液压系统图的识读，如果有说明书，可以按照说明书识读，相对比较简单。如果没有说明书，只有液压系统原理图，则需要依靠所学液压知识和实践经验进行识读。这是工程技术人员必须具备的技能。

2. 液压系统图的识读步骤

第一步：了解使用该系统的设备的用途及对液压系统的要求，了解液压系统应该实现的运动和工作循环，弄清楚每一步的动作。如组合机床液压系统，是一个以速度控制为主的系统；磨床液压系统，是一个以方向控制为主的液压系统；液压机液压系统，则是一个以压力控制为主的液压系统；而注塑机则涉及综合控制的问题。所以设备不同，功用不同，对液压系统的要求及液压系统应该实现的运动和循环就有区别。

第二步：按照先看两头（动力元件和执行元件）、后看中间（其他元件）的原则，对液压系统图进行初步分析。先浏览液压系统图，弄清楚系统的执行元件数目、安装方式、运动方向、由哪些元件组成。如果系统中存在若干个执行元件，应该先把该系统分解成几个子系统逐一分析（所谓子系统，就是和一个执行元件有关的系统）。

第三步：对每个子系统的工况、工作原理及油液流动路线进行分析，弄清组成子系统的基本回路及各液压元件的功用与原理，它们之间的相互连接关系。分析各工况及工作原理时，一般遵循"先看图示位置，后看其他位置"的原则；分析油液流动路线时，通常遵循"先看主油路，后看辅助油路"的原则。假定每个动作的起点是执行元件，终点是液压泵，所有液压元件都处于连通状态，分析油液流经哪些液压元件，写出油液倒流的路线。然后从液压泵出发，根据液压缸的动作判断每个元件的状态，顺着油液流向分析各动作的实现过程。

第四步：根据设备对液压系统中各子系统之间的顺序、同步、互锁、防干扰或联动等要求分析它们之间的联系，进一步读懂和分析液压系统的原理。

第五步：归纳出设备液压系统特点和设备正常工作要领，加深对整个液压系统的理解。

这五个步骤就是识读液压系统图的基本方法。（解决问题3）

此外，在识读液压系统图时，应注意以下两点：一是液压系统图中的符号只表示液压元件的职能和各元件的连通方式，而不表示元件的具体结构和具体参数；二是各元件在液压系统图中的位置及相对位置关系，并不代表它们在实际设备中的位置及相对位置关系。下面以液压动力滑台为例，按照上述步骤，对动力滑台液压系统图进行识读，并分析系统动作油路。

三、液压动力滑台系统动作油路

1. 步骤一：了解主机的功用、主机对液压系统的要求及液压系统可以完成的运动和动作循环

已知组合机床的功用，液压动力滑台利用液压缸将压力能转换为滑台直线运动的机械能，最终实现运动。通过配用不同的主轴头，可以实现钻孔、扩孔、铰孔、镗孔、铣孔、刮端面、倒角及攻螺纹等各种加工工序。组合机床工作进给速度范围一般在 6.6～660mm/min 内可以实现无级调速，最大进给力约为45kN，动力滑台可以实现的动作循环一般有三种：

（1）快进→工进→止挡块停留→快退→原位停止；

（2）快进→一工进→二工进→停留→快退→原位停止；

（3）快进→工进→快进→工进……快退→原位停止。

液压动力滑台的规格型号有多种，现以 YT4543 型液压动力滑台为例进行分析。图 5-1-2 所示为该型号液压动力滑台的液压系统原理图。该滑台的液压系统在电气和机械装置的配合下，可以实现上述第（2）种自动动作循环。

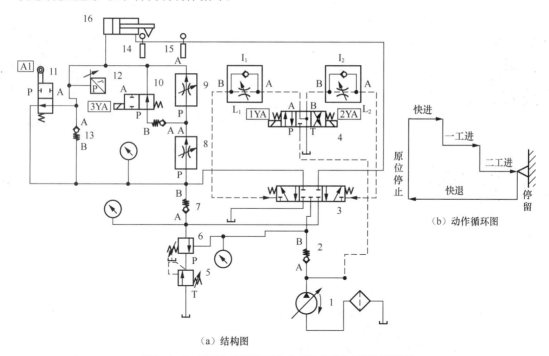

图5-1-2　YT4543型液压动力滑台的液压系统原理图

1—变量泵；2、7、13—单向阀；3—三位五通液控换向阀（主换向阀）；4—三位四通电磁换向阀（中位机能：Y型）；
5—背压阀；6—外控外泄式液控顺序阀；8、9—调速阀；10—二位二通单电控电磁换向阀；11—行程阀；
12—压力继电器；14、15—行程开关；16—液压缸；I₁、I₂—单向阀；L₁、L₂—节流阀

2. 步骤二：系统浏览与划分

此步骤就是分析系统的执行元件数目、安装方式、运动方向及由哪些元件组成。图 5-1-2 所示系统由 16 个元件组成：一个执行元件（液压缸），一个溢流阀，一液控顺序阀，4 个换向阀（图 5-1-2 中阀3、4、10、11），3 个单向阀，2 个调速阀，1 个变量泵，1 个压力继电器，2 个单向节流阀（图 5-1-2 中 I₁、L₁ 及 I₂、L₂）。其中液压缸 16 为单活塞式液压缸，采用缸筒固

定的安装方式。由图5-1-2（b）所示动作循环图可知，图示向右为前进方向，向左为退回方向，注意动作循环图中的箭头表示缸的实际运动方向。

根据执行元件的数目将系统进行划分。本系统有一个缸，所以只有一个系统。

3. 步骤三：倒推油液路线

分析油路前，先采用倒推法分析缸前进经过的元件。方法是：假定每个动作的起点是执行元件，终点是液压泵，所有液压元件都处于连通状态，分析缸前进和后退经过的液压元件。用红线表示进油，蓝线表示回油，画出缸的前进油路，如图5-1-3所示。油液经元件16的无杆腔及元件10、9、8、7、11、13、3、2，到达泵；油液经元件16的有杆腔及元件3、6、5到达油箱。用同样的方法可以分析出缸后退时，油液经元件16的有杆腔及元件3、2，到达泵；油液经元件16的无杆腔及元件10、9、8、7、11、13、3到达油箱。本步骤实际上分析了缸前进和后退可能的油路。

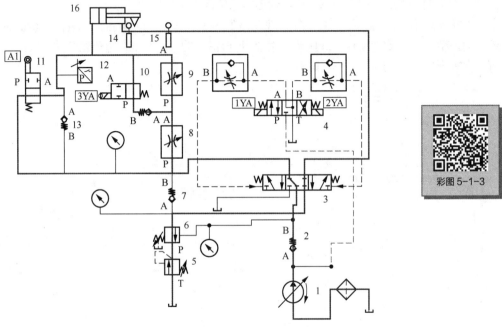

图5-1-3　缸的前进油路

4. 步骤四：正向油液路线和各动作原理

与步骤三的分析相反，本步骤从泵出发，根据缸的动作，顺着油液流向，分析各动作的实现过程。分析的原则是先看两头、后看中间。

源头的动力元件是变量泵1，作为系统的供油能源。在组合式动力系统中，常用限压式变量叶片泵，这种泵的工作情况可以分为两种：一种是低压大流量实现快速运动；另一种是中压小流量实现工作进给。在这个系统中，液压泵的低压大流量实现的是液压缸的快速进给和快速退回，这个工作过程是空行程工况，负载相应较小，为了缩短辅助时间，提高工作效率，一般泵压力比较小，为1~2MPa，流量相应较大，约为50L/min，时间很短，为2~5s。第二种工作情况是工作进给，为了提高加工质量，液压缸的运动速度要慢一些，同时要克服外负载做功，所以压力相应要大一些，泵的工作压力为中压状态，为3~5MPa，流量相应较小，为0.05~3L/min，动力滑台的速度相应较慢，时间一般在0.5~2min。

根据"先看图示位置，后看其他位置"的原则进行分析。

（1）在图 5-1-3 所示位置，所有电磁铁全部断电，三位五通电液换向阀 3 的液控阀处于中位。此时，泵供出的压力油，经单向阀 2 到达阀 3 的中位后经过单向节流阀流回油箱，限压式变量叶片泵只在很小流量下工作。而液压缸两腔油口封闭，所以液压缸处于原位停止状态。

（2）动作循环油路。

① 快进。按启动按钮，电磁换向阀 4 的电磁铁 1YA 通电，泵供给的压力油经过图 5-1-2 泵出口右边虚线所示控制油路，到达阀 4 左位；经过单向阀 I_1 作用在阀 3 的液控换向阀左控制腔，其右控制腔经过节流阀 L_2、阀 4 左位回油箱，所以液控换向阀换到左位。因此，泵 1 供给的压力油经单向阀 2、液控换向阀 3 的左位后分成两路：一路经行程阀 11，另一路经调速阀 8。由于阀 11 处于常态位，所以压力油首先经过行程阀 11 常态位进入液压缸无杆腔，缸向左运动。而液压缸的回油到阀 3 的左位后分成两路：一路打开单向阀 7，另一路打开外控外泄式液控顺序阀 6，因为此时是快速轻载工况，顺序阀 6 保持关闭，所以液压缸有杆腔的回油只能经单向阀 7、行程阀 11 进入液压缸无杆腔，形成液压缸差动连接，实现快进。

主油路如下。

进油路：变量泵 1→单向阀 2→液控换向阀 3 的左位→阀 11 下位→缸无杆腔。

回油路：缸有杆腔→液控换向阀 3 的左位→单向阀 7→阀 11 下位→缸无杆腔。

控制油路如下。

进油路：变量泵 1→阀 4 左位→单向阀 I_1→液控换向阀 3 的左位。

回油路：液控换向阀 3 的右位→节流阀 L_2→阀 4 左位→油箱。

② 一工进。液压缸快进，当行程挡块压下行程阀 11 时，阀 11 换位，切断差动油路，就转变成一工进。此时 1YA 仍然通电，泵供的液压油经单向阀 2、液控换向阀 3 的左位后，经过调速阀 8，分成两路：一路经过调速阀 9，一路经过电磁换向阀 10。因为阀 10 此时处于常态位，所以压力油经阀 8 后再经过阀 10，进入液压缸无杆腔，切断差动连接。此时系统的负载压力升高，当负载压力升高到液控顺序阀 6 的调定压力时，阀 6 打开，液压缸有杆腔的油液经换向阀 4 的左位、阀 6 和背压阀 5 回到油箱，实现快进到一工进的转换。其原理是快速到慢速的速度换接。

与快进相比，缸运动方向相同，速度变化。所以控制油路同快进，主油路有变化。主油路如下。

进油路：变量泵 1→单向阀 2→液控换向阀 3 的左位→调速 8→阀 10 右位→缸 16 无杆腔。

回油路：缸 16 有杆腔→液控换向阀 3 的左位→顺序阀 6→背压阀 5→油箱。

③ 二工进。缸一工进过程中，当行程挡块压下行程开关 15 后，使阀 10 的电磁铁 3YA 通电，电磁阀 10 切换到左位，泵供给的压力油经单向阀 2、液控换向阀 3 的左位后，首先经过调速阀 8，再通过调速阀 9 进入液压缸的无杆腔，液压缸有杆腔的油液经换向阀 4 的左位、阀 6 和背压阀 5 回到油箱，实现一工进到二工进的转换。

与一工进相比，缸运动方向不变，只是速度变得更慢，所以其原理是两种慢速的速度换接。故控制油路同一工进，也与快进相同。主油路也仅仅是进油路变化，其回油路同一工进。主油路如下。

进油路：变量泵 1→单向阀 2→液控换向阀 3 的左位→调速阀 8→阀 10 右位→缸 10 无杆腔。

回油路：缸 16 有杆腔→液控换向阀 3 的左位→顺序阀 6→背压阀 5→油箱。

④ 停留。滑台工作进给完毕，当行程挡块碰上死挡铁，滑台停止运动，目的是保证加工盲孔、阶梯孔和刮端面时，清根和不留下刀痕。滑台停止运动，相当于负载无穷大，泵的供油压力升高到最大值，压力继电器 12 动作，使时间继电器动作，控制停留的时间。泵的流量

减少到只补偿泵和系统的泄漏，泵处于保压卸荷的状态。滑台停留时保持二工进的状态，因此其油路同二工进。

⑤ 快退。时间继电器的延时到设定时间后，使2YA通电，1YA、3YA断电。2YA通电使阀4换到右位，控制油路上泵供给的压力油经换向阀4的右位、单向阀 I_2 到液控换向阀3的右控制腔，左控制腔控制油经单向阀 I_1、阀3的液控换向阀右位回到油箱。因此阀3的液控换向阀换到右位，缸实现退回。与前进相比，快退时缸的运动方向发生了变化，所以主油路和控制油路都发生变化。

快退时主油路如下。

进油路：变量泵1→单向阀2→液控换向阀3的右位→缸16有杆腔。

回油路：缸16无杆腔→单向阀13→液控换向阀3的右位→油箱。

快退时控制油路如下。

进油路：变量泵1→阀4右位→单向节流阀→液控换向阀3的右位。

回油路：液控换向阀3的左位→单向节流阀→阀4右位→油箱。

⑥ 原位停止。当滑台退回到原位时，行程挡块压下行程开关14，使所有电磁铁断电，所有换向阀回到常态位置，滑台停止运动，并被锁紧在起始位置上。主油路则由阀3中位封闭，不流动。控制油路的进油路由换向阀4的中位封闭，不流动。液控换向阀3的左、右控制腔的油液分别经过两边的节流阀、换向阀4的中位流回油箱，在两端弹簧的作用下回到中位。所以原位停止时控制油路的路线如下。

回油路：

液控换向阀3的左控制腔→阀4中位→油箱；

液控换向阀3的右控制腔→阀4中位→油箱。

根据以上分析，作出液压动力滑台液压系统的电磁铁和行程开关动作顺序表（表5-1-1）。

表5-1-1　电磁铁和行程开关动作顺序表

序号	动作	电磁铁			行程开关14	行程开关15
		1YA	2YA	3YA		
1	快进	+	−	−	−	−
2	一工进	+	−	−	−	−
3	二工进	+	−	+	−	+
4	停留	+	−	+	−	+
5	快退	−	+	−	−	−
6	原位停止	−	−	−	+	−

5. 步骤五：分析各子系统之间联系

液压滑台的液压系统只有一个子系统，所以前四个步骤已经完成了整个系统的分析。对于划分成多个子系统的液压系统，要先分析每个子系统的动作原理和油路后，还要分析每个子系统之间存在的逻辑关系。（这种情况请参考任务5.2）

6. 步骤六：归纳液压系统特点

（1）分析液压系统的基本回路。参照电磁铁动作顺序表、动作循环图，分析系统有哪些基本回路。根据表5-1-1和动作循环图可总结出动力滑台液压系统的基本回路如下：限压式变量叶片泵和调速阀组成的容积节流调速回路、差动连接的快速运动回路、快速-慢速的速度换接回路、串联调速阀的慢速-慢速的速度换接回路、换向回路、锁紧回路、卸荷回路。基本回路的前四个都是调速回路，因此组合机床液压系统，是一个以速度控制为主的系统。

（2）液压系统特点。由所给系统基本回路的特点，可总结该液压系统的特点如下。

① 系统采用限压式变量泵，能自动根据负载大小自动调节流量，泵出口无须并联溢流阀，无溢流损失，故效率比较高。采用进油容积节流调速回路，回油路上安装背压阀，所以速度稳定性、速度刚度好，而且能承受一定的负值负载。

② 采用单向阀、行程阀、调速阀实现速度换接，所以动作可靠，换接平稳，位置准确。

③ 采用串联调速阀的两种慢速的速度换接，且调速阀装在液压缸的进油路上，启动和换速的冲击比较小，刀具和工件不会发生碰撞，且有利于压力控制。

④ 采用差动连接式液压缸来实现快进和限压式变量叶片泵流量卸荷回路，能量利用经济合理，回路效率高，油液发热少。

⑤ 系统中采用死挡铁停留，提高了位置精度，适用于镗阶梯孔、锪孔、锪端面，使动力滑台使用范围增大。

⑥ 采用电液换向阀换向，换向平稳无冲击，综合了电磁换向阀可以实现自动控制，液控换向阀可以实现大流量控制的优点，使系统换向平稳、无冲击。

以上就是识读液压系统图的六个步骤。在工程实际中，没有液压系统说明书的情况非常多见，识读液压系统图的方法非常重要。

子任务实施　绘制液压动力滑台动作油路路线图

根据前面的分析，可以绘制出动力滑台动作油路路线图，如图 5-1-4～图 5-1-8 所示。在上述 6 个图中，由于仿真软件的限制，图中液压缸上方的黑色块表示行程阀 A2，进油和回油路线用红色带箭头的虚线表示油液的流动，可以根据箭头指示方向观察油路。

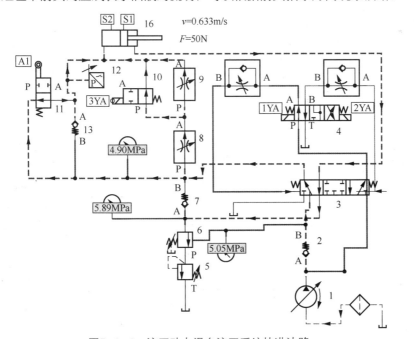

彩图 5-1-4

液压动力滑台单步动作（快进油路）

图5-1-4　液压动力滑台液压系统快进油路

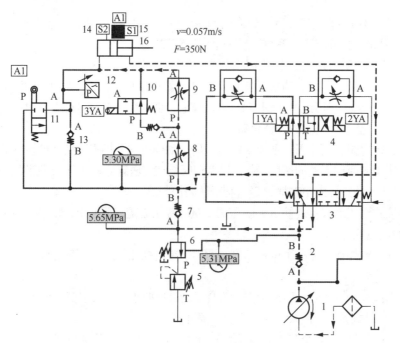

图5-1-5　液压动力滑台液压系统一工进油路

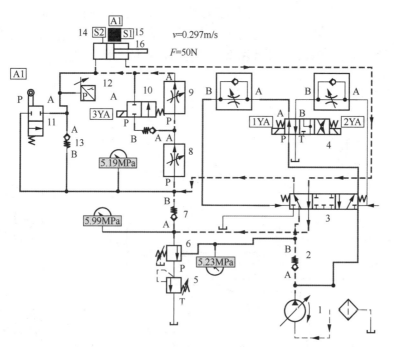

图5-1-6　液压动力滑台液压系统二工进油路

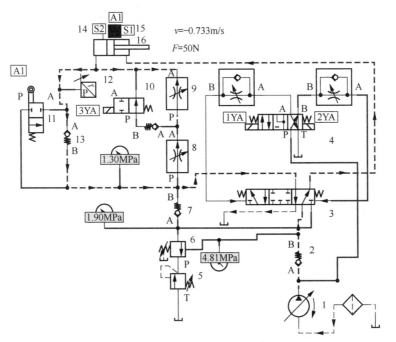

图5-1-7　液压动力滑台快退油路

彩图5-1-7

液压动力滑台单步
动作（停留油路和
快退油路）

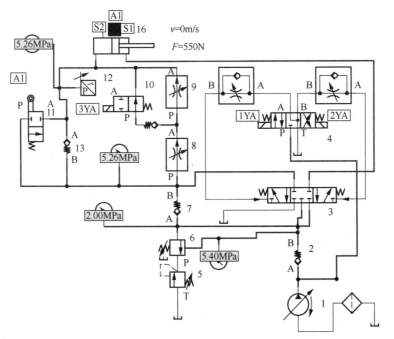

图5-1-8　液压动力滑台原位停止油路

彩图5-1-8

155

子任务 5.1.2　分析液压动力滑台系统控制原理

子任务分析

子任务 5.1.1 绘制了液压动力滑台每个动作主油路和控制油路的路线图，实现了滑台动作的动力传递。液压油是如何按照这些油路流动的？这实际是液压系统的控制问题，如果把液压比作滑台的"肌肉"，那控制就是滑台的"神经"。本任务来介绍液压系统的控制方式和原理。

相关知识

一、液压传动的控制方式

液压系统的动作需要精准的控制，常用的控制方式有三种：手动控制、电气控制和 PLC 控制。

1. 手动控制

手动控制就是操作人员通过手动或者踏板直接控制液压控制阀，液压能既是动力又是控制信号。液压能提供强大的驱动力，但是不能处理复杂的控制逻辑。系统的控制逻辑越复杂，液压系统也就越复杂。因此这种控制方式只适合控制逻辑简单的系统。

2. 电气控制

电气控制就是操作人员通过按钮、开关、继电器、接触器等电气元件，形成控制逻辑，操作液压控制阀。液压是动力，电气元件用于控制。与手动控制相比，电气控制能在一定程度上提高控制的复杂程度。但是电气控制的逻辑通过硬件电路实现，系统的控制逻辑越复杂，控制电路就越复杂，并且动作逻辑变化，硬件电路也必须随之改变，动作逻辑变化非常困难，不适合用于复杂程度较高的液压系统。

3. PLC 控制

现代液压系统的动作越来越复杂，采用电气控制，控制回路复杂，硬件接线任务较重，动作逻辑变化也不容易实现。所以现代的液压系统常用 PLC 控制方式。PLC 控制用软件实现控制逻辑，硬件电路中只需要接入控制电路的输入、输出元件，修改逻辑时无须改变硬件电路，易于实现自动化、智能化、实时监控等，所以在现代工业中应用非常广泛。

液压动力滑台控制逻辑较为简单，所以本任务中采用电气控制方式。

二、液压系统电气控制原理

液压传动和电气控制组成的系统一般称为电液压系统，由液压回路和电气控制回路组成。其中，液压回路是主回路（动力回路），实现能量传递；电气回路是控制回路，实现控制。液压回路图和电气回路图必须分开绘制，按规则，液压回路图放置于电气回路图的上侧或左侧，如图 5-1-9 所示。

注意，液压回路和电气回路图中同一元件的文字符号应一致，以便对照。

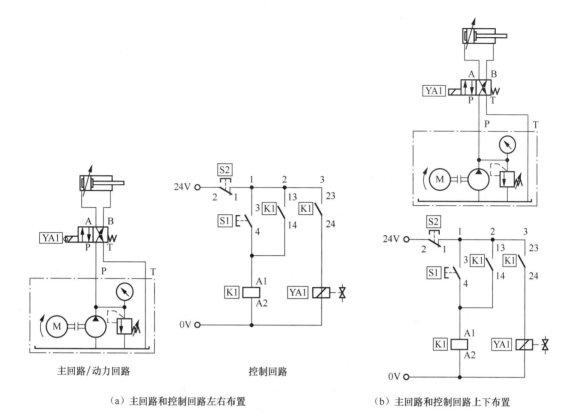

（a）主回路和控制回路左右布置　　　　　　（b）主回路和控制回路上下布置

图5-1-9　电液压系统的组成

以项目 4 任务 4.1 的液压尾座套筒调整后的回路（见图 4-1-30）为例，讲解液压系统的电气控制原理。

回路采用电磁阀，所以控制的原理就是电磁阀通电和断电的原理。按照如下三步来分析。

1. 析动作

析动作是指分析液压系统有几个执行元件、执行元件有几个动作及动作间逻辑关系。液压尾座套筒液压系统有一个执行元件，有三个动作：伸出、缩回和任意位置停止。这三个动作不能同时执行，存在互锁的逻辑关系。

如果动作多，则需要画出系统的动作图。如图 5-1-10 所示，位移步骤图能很清晰地表明缸的动作，其中，横坐标表示步骤，纵坐标表示位移，缸伸出用数字"1"表示，缸缩回用数字"0"表示。由此可知，图 5-1-10 中两缸的动作是：A 缸伸出，B 缸伸出，A 缸缩回，B 缸缩回。

2. 定条件

定条件是指确定液压系统每个动作的条件。

液压尾座套筒液压系统主阀采用三位四通双电控电磁换向阀，所以缸伸出的条件是 1Y1 通电、1Y2 断电，1Y1 通电的条件是按下启动按钮；缸缩回的条件是 1Y2 通电、1Y1 断电，条件是按下返回按钮；缸停止的条件是 1Y1 和 1Y2 都断电，断电的条件是按下停止按钮。

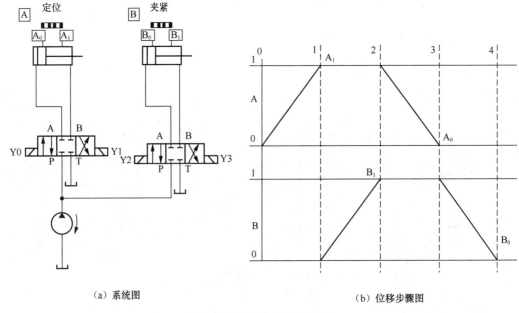

（a）系统图 （b）位移步骤图

图5-1-10　两缸的顺序动作

3. 做设计

（1）析条件间逻辑：尾座套筒伸出到位才能停止，所以缸必须能保持伸出的状态，对应缸伸出的条件1Y1通电有自锁逻辑，同理，为保证尾座套筒能缩回到位，对应缸缩回的条件1Y2通电也有自锁逻辑。但是，由于1Y1和1Y2是同一电磁阀的两个电磁铁，不能同时通电，所以两者间又有互锁逻辑。

（2）巧设计。设计的方法是按动作顺序，逐个设计；条件为输入，动作为输出；按逻辑加约束。

动作1：缸伸出。

在电气控制图中，缸伸出对应1Y1通电，所以1Y1是电气回路的执行电气元件；而1Y1通电的条件是按下启动按钮SB1，所以启动按钮SB1是1Y1通电的输入。因此缸伸出电气回路中，SB1是输入命令的电气元件，1Y1是输出动作的电气元件。

在设计电气回路时，可采用类比法，将缸类比成电动机，缸的伸出和缩回分别类比成电动机的正转和反转。缸伸出电气控制原理如图5-1-11所示。

如图5-1-11所示，按下启动按钮SB1，1Y1通电，则缸伸出；图5-1-11（b）中添加了自锁逻辑，即在SB1两端并联继电器K1的常开触点，实现按下启动按钮SB1，缸伸出，松开SB1后2号电路形成自锁逻辑，所以缸保持伸出状态。

动作2：缸缩回。

在电气控制图中，缸缩回对应1Y2通电，所以1Y2也是电气回路的执行电气元件；而1Y2通电的条件是按下缩回按钮SB3，所以缩回按钮SB3是1Y2通电的输入。因此缸缩回电气回路中，SB3是输入命令的电气元件，1Y2是输出动作的电气元件。缸缩回电气控制原理如图5-1-12所示。

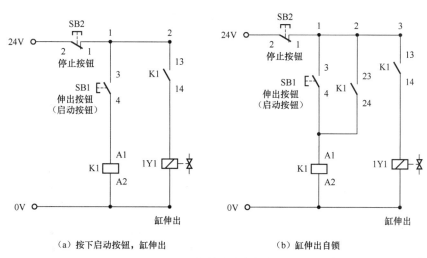

(a) 按下启动按钮，缸伸出　　　　　　　(b) 缸伸出自锁

图5-1-11　缸伸出电气控制原理

如图 5-1-12（a）所示，按下缩回按钮 SB3，1Y2 通电，则缸缩回；5 号电路也是实现 1Y2 通电的自锁逻辑。1Y1 和 1Y2 存在互锁逻辑，互锁的实现类比电动机正反转电路，可以电气互锁、机械互锁或者双重互锁。图5-1-12（b）采用电气互锁，即在 2 号电路上串联继电器 K2 的常闭触点，在 5 号电路上串联继电器 K1 的常闭触点，实现互锁逻辑。

动作 3：缸停止。

缸停止对应电气图中 1Y1 和 1Y2 都断电，条件是按下停止按钮，所以停止按钮 SB2 是 1Y1 和 1Y2 都断电的输入。因此，缸停止电气回路中，SB2 是输入命令的电气元件，1Y1 和 1Y2 是输出动作的电气元件。电气回路图同图 5-1-12（b）。

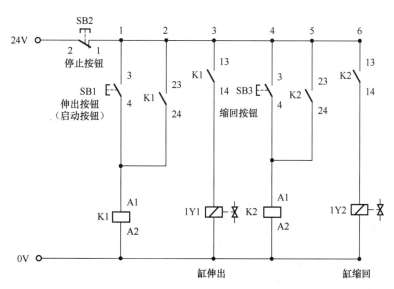

(a) 缸缩回电气控制（图中4～6号电路）

图5-1-12　缸缩回电气控制原理

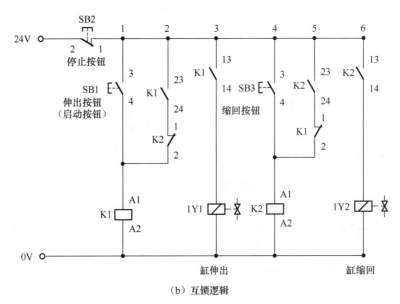

（b）互锁逻辑

图5-1-12 缸缩回电气控制原理（续）

在设计电气回路图时，要注意对电气图中的每个元件的功能进行分析，以确定电气图中哪些是输入元件，哪些件是输出元件，这将有利于对电气控制原理的理解和为 PLC 控制改造提供便利。图 5-1-12 中，SB1、SB2 和 SB3 是电气回路的输入元件，1Y1 和 1Y2 是控制电路向主回路发送动作命令的元件，属于输出元件，而继电器 K1 和 K2 的功能则是为 1Y1 或 1Y2 提供通电和断电的控制信号，不与主回路发生联系，属于中间控制元件。（解决问题 4）

三、液压动力滑台动作逻辑关系和条件

液压动力滑台有快进、一工进、二工进、停留、快退和原位停止 6 个动作，这 6 个动作构成其动作循环，所以这 6 个动作间的逻辑关系是顺序关系。根据液压系统原理图（见图 5-1-2）和动作顺序分析动作的条件。

（1）快进：通过液压缸差动连接实现，主换向阀 3 是双液控换向阀，主换向阀 3 处于左位，缸前进，其先导阀 4 须处于左位，即电磁铁 1YA 通电。因此，快进的条件是电磁铁 1YA 通电。

（2）一工进：缸方向不变，但速度变慢。一工进的原理是通过进油节流调速实现的，实质上是构成快速-慢速换接回路。主换向阀 3 必须保持在左位，所以电磁铁 1YA 保持通电；一工进必须切断差动油路，当缸前进压下行程阀 11 时，系统负载升高，单向阀 7 出口压力随着增加，但是其进口压力是缸有杆腔的压力，比较低，所以单向阀 7 反向截止，缸有杆腔排出的油液经顺序阀 6 和背压阀（溢流阀）5 回到油箱，切断差动油路，缸无杆腔的油液经调速阀 8 进入，实现速度从快进到一工进的切换。因此，一工进的条件是电磁铁 1YA 通电和行程阀 11 被压下。

（3）二工进：缸运动方向不变，但速度变得更慢，通过两调速阀串联的慢速-慢速的速度换接回路实现。缸前进到行程开关 15，即仿真图（见图 5-1-9）中 S1 位置，实现速度切换。油液经过调速阀 8 和 9 进入缸无杆腔，所以电磁铁 3YA 须通电。因此二工进的条件是电磁铁 1YA 通电、电磁铁 3YA 通电和行程开关 S1（15）被压下，且行程阀 11 保持压下状态。

（4）停留：滑台工作进给完毕，压下死挡铁，保持二工进状态，时间继电器开始定时，所以条件同二工进。

（5）快退：缸方向变化，主换向阀 3 必须换到右位，其先导阀 4 也须处于右位，即电磁铁 1YA 断电，2YA 通电。在停留时间到之后缸退回，其停留的时间由时间继电器控制。电磁铁 3YA 在缸前进时起作用，所以退回时不需要通电。因此缸快退的条件是电磁铁 1YA 断电、2YA 通电、3YA 断电，时间继电器计时时间到。行程阀 11 压下或松开对缸的快退没有影响。

（6）原位停止：缸回到原位，由行程开关 14，即仿真图中 S2 控制；缸停止，主换向阀 3 须回到中位。因此缸原位停止的条件是所有电磁铁均断电和压下行程开关 S2（14）。

动力滑台各动作条件见表 5-1-2。

表 5-1-2　动力滑台各动作条件

序号	动作循环	触发信号	动作条件					
			电磁铁			行程阀 11	行程开关 14	行程开关 15
			1YA	2YA	3YA			
1	快进	启动系统	+	−	−	−	−	−
2	一工进	压下行程阀 11	+	−	−	+	−	−
3	二工进	压下行程开关 15	+	−	+	+	−	+
4	停留	压下死挡铁	+	−	+	+	−	+
5	快退	时间继电器计时到	−	+	−	+/−	−	−
6	原位停止	压下行程开关 14	−	−	−	−	+	−

注："+"表示电磁铁通电，行程阀、行程开关被压下；"−"表示电磁铁断电，行程阀、行程开关复位。

表 5-1-2 中，电磁铁 1YA、2YA 和 3YA 的通电都要求有自锁逻辑，1YA 和 2YA 还要求有互锁逻辑，行程开关 14 和 15 不要求自锁逻辑。

子任务实施　设计液压动力滑台液压系统的电气控制回路

根据液压系统电气控制原理，结合液压动力滑台动作条件和逻辑，设计出其电气控制回路，如图 5-1-13 所示。

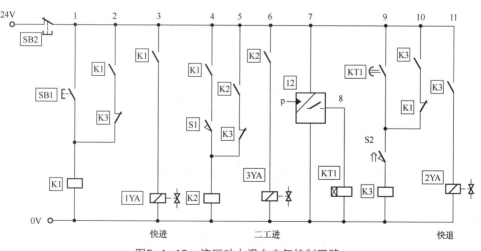

图 5-1-13　液压动力滑台电气控制回路

快进：按下启动按钮 SB1，继电器 K1 通电，则 1YA 通电（图 5-1-13 中 3 号电路），实现快进。2 号电路实现 1YA 通电自锁逻辑。

一工进：用行程阀触发，所以在电气图中没有控制。

二工进：缸前进压下行程开关 S1（15），继电器 K2 通电，则 3YA 通电（图 5-1-13 中 6 号电路），实现二工进。5 号电路实现 1YA 通电自锁逻辑。

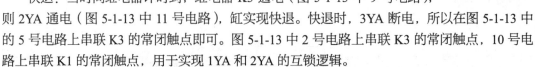

停留：缸前进压下死挡铁，压力继电器 12 发信号（图 5-1-13 中 7 号电路），触发时间继电器 KT1（图 5-1-13 中 8 号电路），KT1 开始计时，缸停留。

快退：当时间继电器计时到，继电器 K3 通电（图 5-1-13 中 9 号电路），则 2YA 通电（图 5-1-13 中 11 号电路），缸实现快退。快退时，3YA 断电，所以在图 5-1-13 中的 5 号电路上串联 K3 的常闭触点即可。图 5-1-13 中 2 号电路上串联 K3 的常闭触点，10 号电路上串联 K1 的常闭触点，用于实现 1YA 和 2YA 的互锁逻辑。

原位停止：当缸退回压下行程开关 S2（14）时，在图 5-1-13 中 9 号电路上串联 S2 常闭触点，则切断继电器 K2，2YA 就断电。注意图 5-1-13 中 S2 的状态，S2 是常闭触点，但是在仿真软件里每个电气元件是以其工作中的初始状态来表示的。因为在液压系统中，S2 放置在缸行程的起点位置，所以仿真软件以其工作状态表示，在图中就变成了常开状态。特征是在行程开关符号上有个箭头，用于表示这个开关处于工作状态。

任务总结

本任务以液压动力滑台液压系统图为例，讲解了液压系统图的识读方法和液压系统的电气控制原理，为学习者和工程技术人员提供了一种有效的识图方法，同时也树立了现代液压系统从功能上必须增加控制回路的理念，为液压技术在自动化系统中的应用打下基础。

••• 任务 5.2　识读液压剪板机液压系统图 •••

任务描述

任务 5.1 以典型液压系统为例介绍了液压系统图的识读方法，但是液压剪板机控制系统采用 PLC 控制，现在由你继续为车间新进维修人员培训现代液压系统的识读方法和控制原理。

1. 液压剪板机的液压系统实现哪些动作？
2. 油液怎样流动才能实现压紧和剪切板料？
3. 与液压动力滑台相比，液压剪板机的顺序功能图有什么不同？

读者可尝试按以下过程解决上面的几个问题。

子任务 5.2.1　分析液压剪板机液压系统动作油路

子任务分析

分析液压剪板机动作的主油路和控制油路

液压系统每个动作的实现都是通过特定油路提供动力的，可以说油路就是液压系统动作的动力。系统控制逻辑的结果也是产生一定的油路，油路就是动作。因此本任务对液压剪板机动作的分析也是从油路分析开始的，理清动作及动作间逻辑关系，进而设计出相应的控制回路，实现对整个系统的运动控制。

相关知识

一、液压剪板机

剪板机主要用于剪裁各种尺寸金属板材的直线边缘，在轧钢、汽车、飞机、船舶、拖拉机、桥梁等各个领域有广泛应用。剪板机是利用运动的上刀片和固定的下刀片，采用合理的刀片间隙，对各种厚度的金属板材施加剪切力，使板料按所需要的尺寸断裂分离的一种机器。剪板机种类较多，按其刀架运动方式不同分为直线式和摆动式。直线式剪板机结构比较简单（状如闸门，故又称闸式剪板机），制造方便，刀片截面为矩形，四个边均可做刀刃，故较耐用。

液压剪板机由液压力驱动板料压紧和剪切，本任务主要讲解液压闸式剪板机的液压系统原理图识读。

二、液压剪板机系统动作油路

图 5-2-1 所示为某企业斜刃闸式剪板机液压系统图。剪板机的上刀片倾斜，与下刀片成一定角度，剪切力比平刃剪板机小，故电动机功率及整机质量等大大减小，实际应用较多，剪板机厂家多生产此类剪板机。

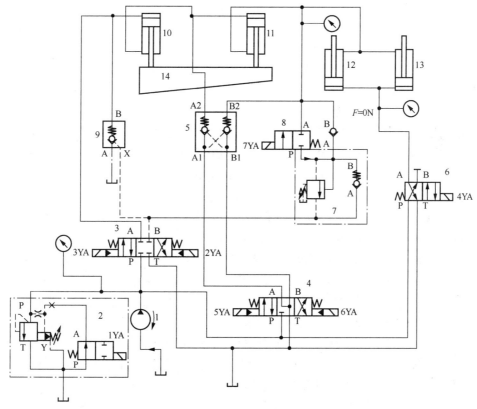

图5-2-1　斜刃闸式剪板机液压系统图

1—液压泵；2—电磁溢流阀；3、4—三位四通双电控电磁换向阀；5—液压锁；6—二位四通单电控电磁换向阀；7—单向顺序阀；8—二位二通单电控电磁换向阀；9—液控单向阀；10—副剪切缸；11—主剪切缸；12、13—压紧缸；14—上刀片

1. 主机系统

按照任务 5.1 的识图方法，先了解液压剪板机的主机系统。液压剪板机主机结构示意图如图 5-2-2 所示，其主要由送料机构、压紧块、剪切刀具、料架和行程开关等组成。

液压剪板机的主要动作包括送料、压紧板料、剪切板料、退刀和松开板料。

液压剪板机主要工作过程：送料动作由机械传动装置来驱动，其他动作由液压传动装置驱动。初始状态时，压紧

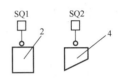
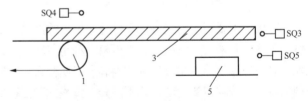

图5-2-2　剪板机主机结构示意图
1—送料机构；2—压紧块；3—板料；4—剪切刀具；5—料架

块和剪切刀具都在最上端位置，压紧块压下行程开关 SQ1，剪切刀具压紧行程开关 SQ2；启动液压系统，并将系统压力升高到设定的工作压力，同时压紧块和剪切刀具保持在初始位置；启动送料机构送料，送料达到预设定长度时，板料压下行程开关 SQ3，停止送料；同时 SQ3 发出信号，压紧缸驱动压紧块下行，压紧板料；当压紧块下行压下夹紧行程开关 SQ4 时，压紧块停止下行；剪切刀具由剪切缸驱动下行，剪切板料，被剪切下的板料落入料架；当板料下落压下行程开关 SQ5 时，剪切刀具和压紧块上升到初始位置，完成一个自动工作循环。系统自动重复上述过程，当完成预定数量的板料剪切后，系统停止。（解决问题 1）

2. 液压剪板机动作油路分析

图 5-2-1 所示液压系统图中，阀 3 的功能是实现剪切缸的伸出（下行）和缩回（上升），阀 4 的功能是实现剪切刀具角度的调整，阀 6 和阀 8 的功能是实现压紧缸的伸出（下行）和缩回（上升），阀 7 的功能是形成压紧缸和剪切缸回油路的背压，防止压紧缸和剪切缸的突然前冲。根据执行元件的数目将系统分为压紧和剪切两个子系统。压紧缸 12 和 13 为两个单活塞杆式液压缸，两缸并联，以实现同步运动；剪切缸 10 和 11 为两个单活塞杆式液压缸，这两缸串联，以实现同步运动。

（1）压紧板料。压紧子系统的功能是压紧板料，由压紧缸 12 和 13 伸出实现。根据系统图，油液进入缸 12 和 13 无杆腔，有杆腔回油即可实现压紧缸伸出。压紧缸无杆腔经过阀 6 与液压泵相连，阀 6 须处于右位，缸 12 和 13 才能伸出。缸 12 和 13 有杆腔回油箱有两条路线：第一条线是经过阀 8、阀 7 和阀 3 与液压泵相连，但是油液不能倒流入液压泵，所以到达泵后又经过阀 6 进入两压紧缸无杆腔，形成差动连接；第二条线是经过阀 5 和阀 4 与油箱相连。假如阀 4 处于右位，则泵出口的油液经过阀 4 和阀 5 进入的是两压紧缸的无杆腔；如果阀 4 处于左位，则泵出口压力将液压锁 B_1-B_2 通道反向打开，两压紧缸无杆腔油液经阀 5 和阀 4 回到油箱，但是会造成剪切缸 11 伸出，工作中不允许在压紧板料前剪切缸下行，所以阀 4 只能处于中位。那么缸 12 和 13 的回油只能经过第一条路线，即经过阀 8、阀 7 和阀 3 回到油箱。阀 3 处于左位时，两剪切缸将下行，剪切缸 11 排出的油液会进入两压紧缸的无杆腔，即使油液进入两压紧缸的无杆腔，也可能造成压紧缸无法动作，所以阀 3 不能处于左位，须处在右位。由以上分析可知，压紧动作的油路如下。

进油路：泵 1 出口的油液经过阀 6 进入压紧缸 12 和 13 的无杆腔。

回油路：压紧缸 12 和 13 有杆腔油液经阀 8、阀 7、阀 3 右位、阀 6 进入压紧缸 12 和 13 的无杆腔。

当阀 3 处于右位时，两压紧缸的进油路和回油路实现差动连接，同时两剪切缸保持在上行

的初始位置，完全符合安全要求。

（2）剪切板料。剪切子系统的功能是剪切板料，由剪切缸 10 和 11 伸出实现。根据系统图，油液进入副剪切缸 10 的无杆腔，主剪切缸 11 有杆腔回油即可实现剪切缸伸出剪切板料。副剪切缸 10 的无杆腔通过阀 3 与泵相连，阀 3 须处于左位；主剪切缸 11 有杆腔只能通过阀 8、阀 7 和阀 3 回到油箱，并且在剪切时板料不能松开。由以上分析可知，剪切动作的油路如下。

进油路：泵 1 出口的油液经过阀 3 左位进入副剪切缸 10 的无杆腔。

回油路：主剪切缸 11 有杆腔油液经阀 8、阀 7、阀 3 左位回到油箱。

（3）退刀和松开板料。与剪切动作相反，阀 3 处于右位，两剪切缸上行，即可实现退刀。所以退刀动作的油路如下。

进油路：泵 1 出口的油液经过阀 3 右位、阀 7、阀 8 中的单向阀进入主剪切缸 11 的有杆腔。

回油路：副剪切缸 10 无杆腔油液经阀 3 右位回到油箱。

与压紧板料相同，压紧缸上行松开板料时，剪切缸也不能下行，此时阀 3 也必须处于右位。所以松开板料的油路如下。

进油路：泵 1 出口的油液经过阀 3 右位、阀 7、阀 8 进入压紧缸 12 和 13 的有杆腔。

回油路：压紧缸 12 和 13 无杆腔油液经阀 6 回到油箱。（解决问题 2）

如果在剪切中需要调整刀具的剪切角度，则可以通过阀 4 来实现。阀 4 处于左位时，主剪切缸 11 伸出，剪切角度减小；阀 4 处于右位时，主剪切缸 11 缩回，剪切角度增大。

子任务实施　绘制液压剪板机动作油路路线图

根据前面分析，可以绘制出剪板机动作油路路线图，如图 5-2-3～图 5-2-5 所示。可根据图中油路箭头的指示方向分析油路。

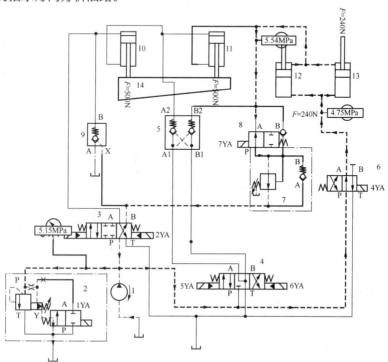

图5-2-3　压紧板料油路

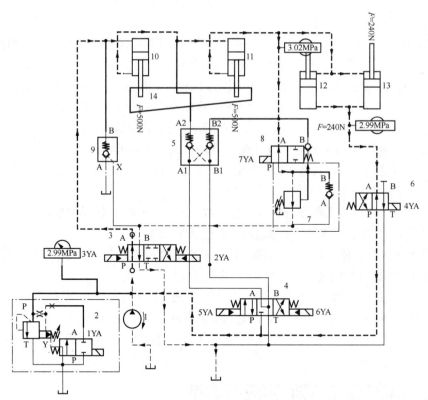

图5-2-4　剪切板料油路

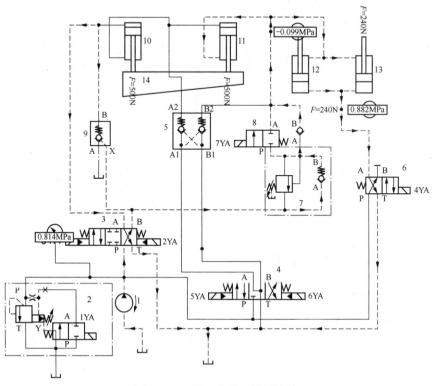

图5-2-5　退刀和松开板料油路

子任务 5.2.2 分析液压剪板机系统控制原理

子任务分析

子任务 5.2.1 中已经绘制完成了液压剪板机每个动作油路的路线图，实现了剪板机动作的动力传递。本子任务用 PLC 控制实现剪板机的每个动作。

相关知识

一、液压剪板机动作逻辑关系和条件分析

下面根据液压剪板机动作油路分析每个动作的条件和逻辑关系。

1. 压紧板料的条件和逻辑关系

压紧板料时进油经过阀 6，回油经过阀 8、阀 7 和阀 3，结合这几个阀的特点可知压紧板料时，阀 3 须处在右位，阀 6 须处在右位，阀 8 须处在左位，所以阀 3 的电磁铁 2YA 必须通电，阀 6 的电磁铁 4YA 必须通电，阀 8 的电磁铁 7YA 必须通电。同时为使系统升高到工作压力，泵出口并联电磁溢流阀 2 的电磁铁 1YA 必须通电。所以压紧缸下行压紧板料的条件是电磁铁 1YA、2YA、4YA、7YA 通电，其余的电磁铁断电。

2. 剪切板料的条件和逻辑关系

剪切板料时进油经过阀 3，回油经过阀 8、阀 7 和阀 3，结合这几个阀的特点可知，剪切板料时，阀 3 须在左位，阀 8 须在左位，所以阀 3 的电磁铁 3YA 必须通电，阀 8 的电磁铁 7YA 必须通电。同理，阀 2 的电磁铁 1YA 也必须通电。所以剪切缸伸出（下行）剪切板料的条件是电磁铁 1YA、3YA、4YA、7YA 通电，其余电磁铁断电。

由于阀 2、阀 6 和阀 8 都是单电控电磁阀，阀 3 是双电控电磁换向阀，因此压紧板料和剪切板料动作都要求电磁铁 1YA、4YA 和 7YA 有自锁逻辑，2YA 和 3YA 电磁铁有互锁逻辑。

3. 退刀和松开板料的条件和逻辑关系

（1）退刀时进油经过阀 3 右位、阀 7 和阀 8，回油经过阀 3 右位，可知退刀时，电磁铁 2YA 必须通电，电磁铁 7YA 断电。同压紧和剪切板料，阀 2 的电磁铁 1YA 保持通电状态。所以退刀的条件是电磁铁 1YA 和 2YA 通电，其余电磁铁断电。

（2）松开板料时进油经过阀 3 右位、阀 7、阀 8，回油经过阀 6，可知松开板料时，电磁铁 2YA 须通电，阀 6 须处在左位，则电磁铁 4YA 须断电。所以松开板料的条件是电磁铁 1YA 和 2YA 通电，其余电磁铁断电。液压剪板机各动作的条件见表 5-2-1。

表 5-2-1 液压剪板机各动作的条件

序号	动作	触发信号	动作条件						
			电磁铁						
			1YA	2YA	3YA	4YA	5YA	6YA	7YA
1	送料	启动系统	−	−	−	−	−	−	−
2	压紧板料	送料到位压下 SQ3	+	+	−	+	−	−	+
3	剪切板料	压紧到位压下 SQ4	+	−	+	+	−	−	+
4	退刀	落料到位压下 SQ5	+	+					

序号	动作	触发信号	动作条件						
			电磁铁						
			1YA	2YA	3YA	4YA	5YA	6YA	7YA
5	松开板料	落料到位压下 SQ5	+	+	−	−	−	−	−
6	刀具退回到位	压下 SQ2	−	−	−	−	−	−	−
7	压紧缸退回到位	压下 SQ1	−	−	−	−	−	−	−

二、液压系统PLC控制原理

任务 5.1 中，液压动力滑台采用电气控制方式，在本任务中，采用 PLC 实现其控制。

电气控制用硬件电路实现控制逻辑，PLC 控制用软件实现控制功能，所以其硬件电路相对比较简单，逻辑变化灵活多样，在现代的工业控制中应用非常广泛。

同电气控制相比，PLC 控制的液压系统中，液压回路仍是主回路，PLC 回路是其控制回路。主回路和控制回路在图纸中的位置布置同电气控制的液压系统。

不管采用电气控制还是 PLC 控制，目的都是实现某种功能。在控制回路中，都必须包括启动系统、停止系统的元件，以及各种控制信号的触发元件，还有控制回路运算结果向主回路发送的元件，这些元件构成 PLC 控制回路的电气部分，属于 PLC 控制回路的硬件部分。控制要实现的逻辑关系通过 PLC 软件编写控制程序实现。

控制方式改变，但是液压动力滑台主回路并没发生变化，所以任务 5.1 分析的液压动力滑台的动作条件、逻辑关系、动作顺序不发生变化。

1. 输入/输出（I/O）地址分配

根据 PLC 控制的原理，PLC 控制的第一步是输入/输出地址分配（简称 I/O 地址分配）。目的是建立硬件电路中电气元件与 PLC 系统内信号地址的一一对应关系。通过电气原理图分析，确定 PLC 控制回路的 I/O 信号。

在图 5-2-6 中，按钮 SB2 为停止按钮，为控制回路输入停止动作的命令，SB1 为启动按钮，为控制回路输入启动系统的命令，行程开关 S1 为控制回路输入从一工进到二工进切换的命令，压力继电器 12 为控制回路输入从二工进到死挡铁停留的命令，S1 为控制回路输入原位停止的命令，所以按钮 SB1 和 SB2、行程开关 S1 和 S2、压力继电器 12 从功能上都是控制回路的输入元件。图 5-2-6 中，电磁铁 1YA 通电，滑台实现快进；2YA 通电，滑台退回；3YA 通电，滑台实现工进。1YA、2YA 和 3YA 将控制回路的逻辑结果输出到主回路，所以这三个电磁铁从功能上都是控制回路的输出元件。其他的电气元件，如 K1、K2、K3、KT1 的通电则是实现 1YA、3YA 和 2YA 通电，这几个继电器不向主回路输出结果，只起到中间控制作用。所以，从功能上是控制回路的中间控制元件。不需要为这些中间控制功能的元件分配 I/O 地址，只需要为控制回路的输入和输出元件分配 I/O 地址。

液压动力滑台 PLC 控制的 I/O 地址分配表见表 5-2-2。

2. PLC 的 I/O 接线图（外部接线图）

分配好 I/O 地址后，还需要绘制出 PLC 的 I/O 接线图（外部接线图）。I/O 接线图确定之前设置的 PLC I/O 地址与其 I/O 信号物理地址一一对应。液压动力滑台 PLC 控制的 I/O 接线图如图 5-2-7 所示。

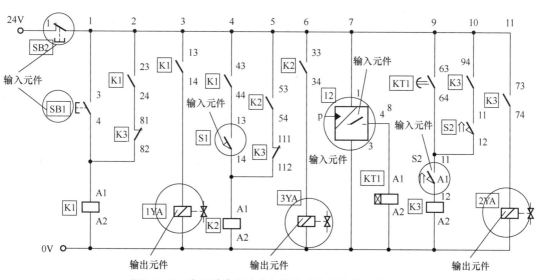

图5-2-6 液压动力滑台电气图中电气元件的功能分析

表 5-2-2 液压动力滑台 I/O 地址分配表

序号	类型	名称	功能描述	地址
1	输入	SB1	启动按钮	I1.1
2		SB2	停止按钮	I1.2
3		S1（15）	行程开关，一工进到二工进切换	I1.3
4		S2（14）	行程开关，原位停止	I1.4
5		12	死挡铁停留	I1.5
6	输出	1YA	滑台前进	Q1.1
7		2YA	滑台后退	Q1.2
8		3YA	滑台工进	Q1.3

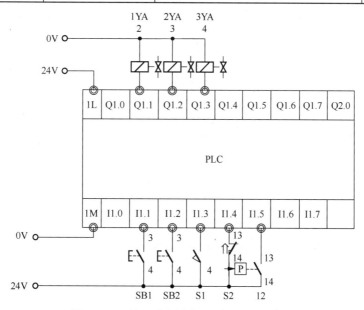

图5-2-7 液压动力滑台PLC控制的I/O接线

169

3. 控制功能图

PLC 程序设计之前，应先设计出 PLC 控制的顺序功能图。顺序功能图有助于编写、检查和调试程序。根据液压动作顺序和 I/O 地址，液压动力滑台的 PLC 控制顺序功能图如图 5-2-8 所示。

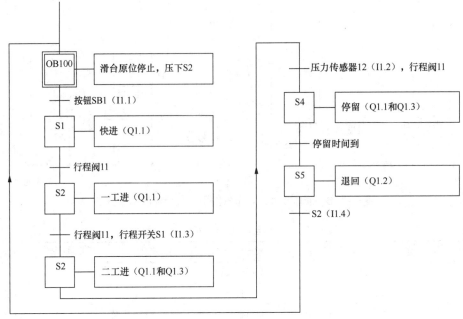

图5-2-8　液压动力滑台的PLC控制顺序功能图

4. 梯形图

本书应用西门子 300PLC，采用通俗易懂的梯形图语言编写控制程序。梯形图如图 5-2-9 所示。

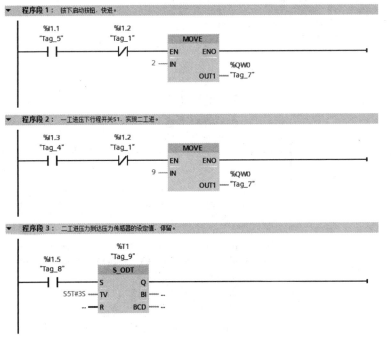

图5-2-9　液压动力滑台梯形图

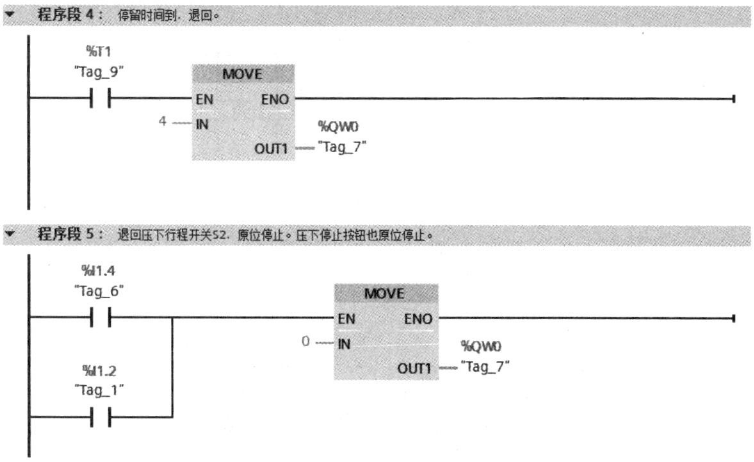

程序段 4 : 停留时间到，退回。

```
        %T1
      "Tag_9"              MOVE
    ───┤ ├───          ┌──EN    ENO──┐
                    4 ──┤IN          │
                        │      %QW0  │
                        │  OUT1──"Tag_7"
```

程序段 5 : 退回压下行程开关S2。原位停止。压下停止按钮也原位停止。

```
        %I1.4
      "Tag_6"              MOVE
    ───┤ ├───┬──        ┌──EN    ENO──┐
             │       0 ──┤IN          │
        %I1.2│            │      %QW0  │
      "Tag_1"│            │  OUT1──"Tag_7"
    ───┤ ├───┘
```

图5-2-9　液压动力滑台梯形图（续）

子任务实施　设计液压剪板机的 PLC 控制回路

根据前文可知，液压剪板机的 PLC 控制回路包括 I/O 地址分配表、I/O 接线图、控制顺序功能图、梯形图。

1. I/O 地址分配表

如果没有电气原理图，则需要从元件的功能上分析其对应的信号类型。剪板机液压系统中，压下行程开关 SQ1，实现压紧缸原位停止；压下行程开关 SQ2，实现剪切缸原位停止；压下 SQ3，触发压紧缸下行；压下行程开关 SQ4，触发剪切缸下行；压下行程开关 SQ5，触发退刀和松开板料的动作。所以这 5 个行程开关从功能上都是 PLC 控制回路的输入元件，对应的信号属于PLC 的输入信号。7 个电磁铁是 PLC 控制回路的输出元件，对应的信号属于 PLC 的输出信号。液压剪板机的 I/O 地址分配表见表 5-2-3。

表5-2-3　液压剪板机的 I/O 地址分配表

序号	类型	名称	功能描述	地址
1	输入	SQ1	压紧缸上限位	I1.1
2		SQ2	刀具上限位	I1.2
3		SQ3	送料到位	I1.3
4		SQ4	压紧到位	I1.4
5		SQ5	落料到位	I1.5
6	输出	1YA	系统加压	Q1.1
7		2YA	剪切缸上行	Q1.2
8		3YA	剪切缸下行	Q1.3
9		4YA	压紧缸下行	Q1.4
10		5YA	剪切角减小	Q1.5
11		6YA	剪切角增大	Q1.6
12		7YA	压紧缸下行	Q1.7

2. I/O 接线图

I/O 地址分配完成，就可以根据 I/O 地址分配表，作出 I/O 接线图，如图 5-2-10 所示。

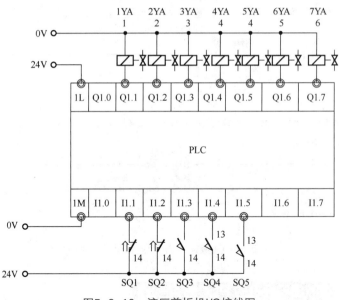

图5-2-10　液压剪板机I/O接线图

3. 顺序功能图

液压剪板机 PLC 控制的顺序功能图如图 5-2-11 所示。

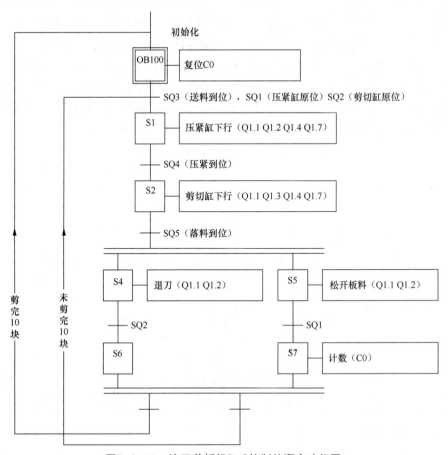

图5-2-11　液压剪板机PLC控制的顺序功能图

与液压动力滑台的控制功能图不同，液压剪板机退刀和松开板料同时进行，因此顺序功能图中 S4、S6 步与 S5、S7 步构成并行动作序列。其中，第 S6 步为虚步，没有动作，目的是等待第 S7 步计数动作完成。当剪板机没有剪完预定数量的板料时，剪板机再次自动送料，再次执行一个动作循环，直到完成预定数量板料的剪切，系统自动停止。（解决问题 3）

4. PLC 控制梯形图

液压剪板机的 PLC 控制梯形图如图 5-2-12 所示。

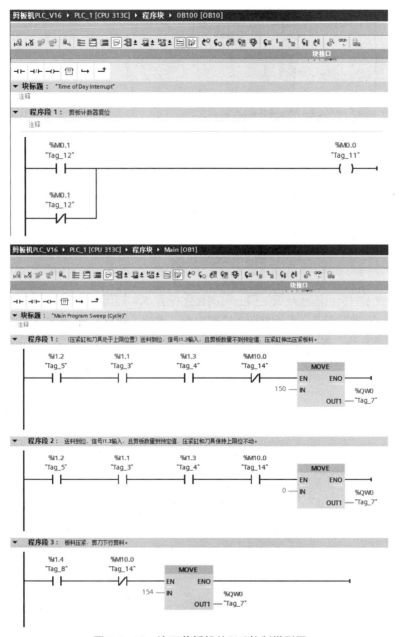

图5-2-12　液压剪板机的PLC控制梯形图

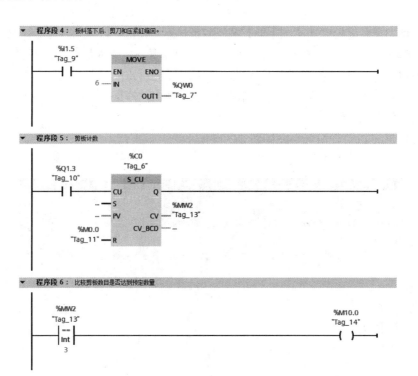

图5-2-12 液压剪板机梯形图（续）

任务总结

本任务以液压剪板机液压系统为例，再次强化任务 5.1 提出的识读系统图方法。同时以液压动力滑台的运动控制和液压剪板机运动控制为例，讲解了液压系统 PLC 控制的原理及 PLC 控制回路的设计方法。本任务将液压技术与自动化技术有机结合，使学习者再次明确控制部分是现代液压系统必不可少的组成部分，也为学习者提供了一种液压系统 PLC 控制回路的设计方法。

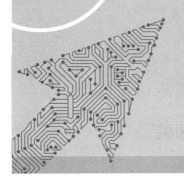

••• 项目导入 •••

项目简介

　　本项目以自动化生产线的安装调试为例，介绍了气压传动的基本知识，对气压传动能源装置的功能、组件及真空系统的元件、应用等内容进行了讲解。

项目目标

　　1．能描述气压传动的工作原理；

　　2．能分析气压传动系统的组成及各部分的功用；

　　3．能描述气压传动能源装置的组成和工作原理；

　　4．能选用合适的空气压缩机；

　　5．能正确选用、安装气动辅助元件；

　　6．培养敬业、精业的工匠精神；

　　7．培养学生学思践悟、知行合一的学习方法。

学习路线

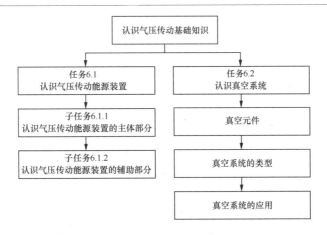

学思融合：创新发展

　　阅读本书提供的拓展资料或搜索"恒立液压"等中国企业的创新发展历程，思考以下问题：

1. 恒立液压创新液压缸的目的是什么？
2. 你认为怎样才能做到创新？
3. 对于本课程的学习，你打算在哪些方面进行创新？

••• 任务 6.1　认识气压传动能源装置 •••

任务描述

假如你是设备维修人员，现车间的某自动化生产线需要安装调试，需要你确定整个车间的气源安装方案。

在接到任务后，请根据任务描述，分析以下问题：

1. 气压传动能源装置的作用是什么？
2. 自动化生产线对气源有什么要求？
3. 气压传动能源装置由哪些部分组成？

子任务 6.1.1　认识气压传动能源装置的主体部分

子任务分析　气压传动能源装置主体部分的功能

气压传动技术是以压缩空气作为介质，以气体压力能实现能量传递或信号传递与控制的一种传动技术，是流体传动与控制的重要组成技术之一，也是实现工业自动化和机电一体化的重要途径。由产生、处理和储存压缩空气的设备组成的系统称为气压传动能源装置（简称气源装置）。气压传动能源装置为气动系统提供满足一定要求的压缩空气，一般由气压发生装置、压缩空气净化处理装置和传输管道系统组成。其中，气压发生装置为气压传动能源装置的主体部分，一般为压缩机。（解决问题 1）

相关知识

一、气压传动对压缩空气的质量要求

在气压传动中，气压传动能源装置将原动机（如电动机）供给的机械能转变为气体的压力能，为各类气动设备提供能够满足气动系统良好运行条件的压缩空气动力源。首先，我们来认识一下气压传动系统对压缩空气的质量要求。

1. 空气主要物理性质

（1）空气的湿度。空气的湿度对系统的工作稳定性和使用寿命都有影响。理论上把完全不含水蒸气的空气称为干空气。而自然界中空气是混合气体，除了主要成分氮气和氧气外，还有一定量的水蒸气，这种含有水蒸气的空气称为湿空气。

湿空气中含有水蒸气，在一定的温度和压力下，湿空气会在系统的局部管道和气动元件中凝结出水滴，使管道和气动元件出现锈蚀，甚至导致整个系统工作失灵，严重影响气动元件的使用寿命。同时，空气中含水量的多少极大地影响着气动系统运转的稳定性，因此，必须采取有效措施，减少压缩空气中的水分，尽量减少水分进入系统。

（2）空气的密度。单位体积内空气的质量称为空气的密度，用 ρ 表示，单位是 kg/m^3。空气的密度与压力和温度有关。压力增加，空气密度增大；温度升高，空气密度减小。

（3）空气的黏性。空气在流动过程中，空气质点之间产生内摩擦力的性质称为空气的黏性。黏性的大小用黏度表示。与液体相比，空气的黏度小很多。气体压力对黏度的影响很小，可忽略。气体温度对黏度的影响显著：温度升高，黏度增大；温度降低，黏度减小。空气黏度随温度变化的规律与液体随温度变化的规律相反，这是因为温度升高后空气分子运动加剧，使原来间距较大的分子相互碰撞的机会增多。

（4）空气的可压缩性和膨胀性。体积随压力增大而减小的性质称为可压缩性。与之相对，体积随温度升高而增大的性质，称为膨胀性。空气的可压缩性和膨胀性远大于固体与液体的可压缩性和膨胀性。因此，在研究气压传动时，应予以考虑。

2. 气动系统对空气的质量要求

很显然，气动系统是流体传动系统的一种，因此气动系统首先要求压缩空气具有一定的压力和足够的流量，用以承受相应的负载和产生相应的运动。

压缩空气的压力和流量满足要求的同时，气动系统还要求压缩空气中不能带有水分。此外，压缩空气中还含有不少污染物，如灰尘、铁屑和积垢等固体颗粒杂质，这些杂质的存在可能会造成气动管道堵塞、控制元件失灵等故障。因此气动系统对压缩空气的质量要求：一是要有一定的压力和足够的流量；二是要具有一定的清洁度和干燥度。（解决问题 2）

由此可见，与液压系统中的液压泵类似，气压传动能源装置将原动机（如电动机）供给的机械能转换为气体的压力能，为各类气动设备提供能够满足气动系统良好运行条件的压缩空气动力源。与液压泵不同的是，要想保证气动系统中有源源不断的满足系统工作要求的能源供给，需要对空气进行压缩、净化和输送，这就构成了气压传动能源装置的组成部分——气压发生装置、压缩空气净化处理装置。（解决问题 3）

二、气压发生装置

气压传动能源装置的主体部分是气压发生装置，一般为空气压缩机，简称空压机，其功能是将原动机输入的机械能转换成气体的压力能。

1. 分类

空气压缩机的种类很多，可按工作原理、输出压力高低、输出流量大小、结构形式、性能参数等进行分类。

按照工作原理的不同，空气压缩机可分为容积式空气压缩机和速度式空气压缩机。在气压传动中，一般多采用容积式空气压缩机。容积式空气压缩机是指通过运动部件的位移压缩气体的体积，使单位体积内气体分子的密度增加以提高静压力的压缩机。

按工作腔和运动部件形状的不同，容积式空气压缩机可分为往复式和回转式两大类。前者的运动部件进行往复运动，后者的运动部件做单方向回转运动。往复式空气压缩机的压缩元件是一个活塞，在气缸内做往复运动，以此来改变压缩腔内部容积。

2. 往复式空气压缩机的工作原理

在图 6-1-1 中，曲柄 8 做回转运动，通过连杆 7、活塞杆 4，带动气缸活塞 3 做直线往复运动。

当活塞 3 向右运动时，气缸内容积增大而形成局部真空，吸气阀 9 打开，空气在大气压 p_a 作用下由吸气阀进入气缸腔内，此过程称为吸气过程；当活塞 3 向左运动时，吸气阀 9 关闭，随着活塞的左移，缸内空气受到压缩而使压力升高，在缸内压力高于排气管内压力 p 时，排气阀1即被打开，压缩空气进入排气管内，此过程为排气过程。图 6-1-1 中仅表示了一个活塞一个气缸的空气压缩机，大多数空气压缩机是多气缸多活塞的组合。

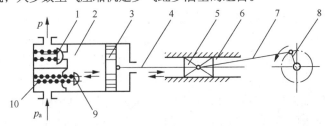

图6-1-1　活塞式空气压缩机工作原理

1—排气阀；2—气缸；3—活塞；4—活塞杆；5—十字头滑块；6—滑道；7—连杆；8—曲柄；9—吸气阀；10—弹簧

子任务实施　选择及保养空气压缩机

1．空气压缩机的选用

选择空气压缩机时，通常首先按空气压缩机的特性要求，选择空气压缩机的类型，再根据气动系统所需要的工作压力和流量两个参数，确定空气压缩机的输出压力 p_c 和输出流量 Q_c，最终选取空气压缩机的型号。

（1）输出压力的选择。气动系统运行过程中，存在供气系统管路的沿程阻力损失及局部损失，为了保证减压阀的稳压性能所必需的最低输入压力，以及气动元件工作时的压降损失，选择空气压缩机的输出压力 p_c 时，应考虑这些压力损失，即

$$p_c = p + \sum \Delta p \qquad (6\text{-}1\text{-}1)$$

式中：p 为气动系统的工作压力，指的是系统中各个气动执行元件的最高工作压力，单位为 MPa；$\sum \Delta p$ 为气动系统总的压力损失，一般取系统最高工作压力的 20% 左右。

目前，气动系统的最大工作压力一般为 0.5～0.8MPa，因此多选用额定排气压力为 0.7～1MPa 的低压空气压缩机，特殊需要时，也可选用中压（1～10MPa）或高压（大于 10～100MPa）的空气压缩机。

（2）输出流量的选择。空气压缩机供气量即输出流量 Q_c 的大小主要由气动系统中各设备所需的耗气量、未来扩充设备所需要的耗气量及修正系数 k（如避免空气压缩机在全负荷下不停地运转，气动元件和管接头的漏损及各种气动设备是否同时连续使用等）决定，其表达式为

$$Q_c = kQ \qquad (6\text{-}1\text{-}2)$$

式中：k 为修正系数，一般取 1.3～1.5；Q 为气动系统的最大耗气量，单位为 m^3/min。

根据以上计算并结合实际使用情况，可以从产品样本上选取适当规格和型号的空气压缩机。

2．空气压缩机的保养

（1）空气压缩机的安装位置。空气压缩机的安装地点必须清洁，应无粉尘、通风好、湿度小、温度低，且要留有维护保养的空间，所以一般要安装在专用机房内。

（2）噪声。因为空气压缩机运转时会产生较大的噪声，所以必须考虑噪声的消减，如设置隔声罩、消声器，或选择噪声较小的空气压缩机等。一般而言，螺杆式空气压缩机的噪声较小。

（3）润滑。使用专用润滑油并定期更换，启动前应检查润滑油位，并用手拉动传动带使机轴转动几圈，以保证启动时的润滑。启动前和停车后都应及时排出空气压缩机气罐中的水分。

子任务分析

选择了合适的空气压缩机，就可以产生具有一定压力和流量的压缩空气了。但是这样的压缩空气还不能直接进入气动系统中，因为由空气压缩机产生的压缩空气温度高达 170℃，且含有大量的水分、汽化的润滑油和粉尘等杂质。因此，从空气压缩机输出的压缩空气在到达各用气设备之前，必须降低温度，去除压缩空气中的大量水分、油分及粉尘杂质，得到适合的压缩空气质量，以避免它们对气动系统的正常工作造成危害。此外，气源的压力一般都高于气动系统要求的压力，所以还要再经过减压阀调节压力后，才能供给气动装置使用。这些任务都需要交给能源装置的辅助部分——压缩空气净化处理装置来完成。

相关知识

一、压缩空气净化处理装置

1. 后冷却器

空气压缩机输出的压缩空气温度高达 120～180℃，在此温度下，空气中的水分完全呈气态。后冷却器的作用是将空气压缩机出口的高温压缩空气冷却到 40℃，并使其中的水蒸气和油雾冷凝成水滴和油滴，以便将其清除。

后冷却器一般安装在空气压缩机的出口管道上，常见的结构形式有蛇管式、列管式、散热片式、管套式。

图 6-1-2 所示为后冷却器的结构形式（蛇管式和列管式）和图形符号。蛇管式采用压缩空气在管内流动、冷却水在管外流动的冷却方式，结构简单，因而应用广泛。

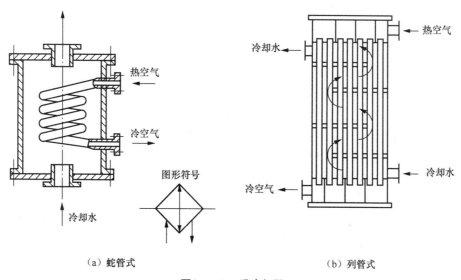

（a）蛇管式　　　　　　　　　　　（b）列管式

图6-1-2　后冷却器

后冷却器有水冷和风冷两种方式。风冷式后冷却器是靠风扇产生冷空气，吹向带散热片的热空气管道，经风冷后，压缩空气的出口温度大约比环境温度高 15℃。水冷式后冷却器是通过强迫冷却水沿压缩空气流动方向的反方向流动来进行冷却的，压缩空气的出口温度大约比环境温度高10℃。为提高降温效果，安装使用时要特别注意冷却水与压缩空气的流动方向。

2. 油水分离器

油水分离器安装在后冷却器出口，作用是分离并排出压缩空气中凝聚的油分、水分、灰尘等杂质，使压缩空气得到初步净化。油水分离器的结构形式有环形回转式、撞击折回式、离心旋转式、水浴式及以上形式的组合等。

图6-1-3所示为撞击折回并回转式油水分离器的结构和图形符号。其工作原理是：当压缩空气由入口进入油水分离器壳体后，气流受到隔板阻挡而被撞击折回向下（见图6-1-3中箭头所示流向），一部分水和油留在隔板上，之后气流上升并产生环形回转。这样，凝聚在压缩空气中的密度较大的油滴和水滴受惯性力作用而分离析出，沉降于壳体底部，并由放水阀定期排出。

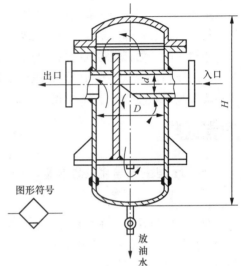

图6-1-3　撞击折回并回转式油水分离器

3. 储气罐

（1）作用。储气罐是气压传动能源装置中不可缺少的组成部分，作用如下。

① 消除由于空气压缩机断续排气而对系统引起的压力波动，保证输出气流的连续性和平稳性。

② 作为压缩空气瞬间消耗需要的储存补充之用。

③ 储存一定量的压缩空气，以备发生故障或临时需要时应急使用。

④ 降低空气压缩机的启动、停止频率，相当于增大了空气压缩机的功率。

⑤ 利用储气罐的表面积散热，使压缩空气中的一部分水蒸气凝结为水，进一步分离压缩空气中的油、水等杂质。

（2）结构。储气罐的尺寸大小由空气压缩机的输出功率来决定。储气罐的容积越大，空气压缩机运行时间间隔就越长。储气罐一般为圆筒状焊接结构，有立式和卧式两种，以立式居多。其结构及图形符号如图6-1-4所示。

（3）注意事项。使用储气罐应注意以下事项。

① 储气罐属于压力容器，应遵守压力容器的有关规定，必须有产品耐压合格证书。

② 储气罐上必须安装如下元件。

安全阀：当储气罐内的压力超过允许限度时，可将压缩空气排出。

压力表：显示储气罐内的压力。

压力开关：用储气罐内的压力来控制电动机。它可被调节到一个最高压力，达到这个压力就停止运行电动机；它也可被调节到一个最低压力，储气罐内压力降到这个压力值时，就重新启动电动机。

单向阀：一般安装在储气罐进气口，让压缩空气从压缩机进入储气罐，当压缩机关闭时，阻止压缩空气反方向流动。

排水阀：设置在系统最低处，用于排掉凝结在储气罐内所有的水。

4. 主管道过滤器

主管道过滤器安装在主管路中，用于除去压缩空气中的油污、水分和杂质等，从而提高干燥器的工作效率，降低气动元件的故障率。主管道过滤器如图 6-1-5 所示，压缩空气从入口进入，需经过迂回途径才离开滤芯。通过滤芯分离出来的油、水和粉尘等流入主管道过滤器下部，由排水阀（自动或手动）排出。

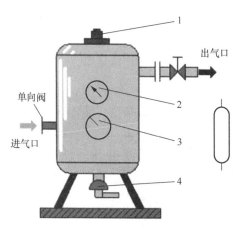

图6-1-4 储气罐的结构及图形符号

1—安全阀；2—压力表；3—检修盖；4—排水阀

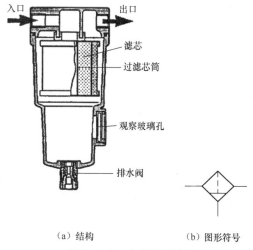

（a）结构　　　　（b）图形符号

图6-1-5 主管道过滤器

5．干燥器

经过后冷却器、油水分离器、储气罐和主管路过滤器后得到初步净化的压缩空气，已满足一般气压传动的需要。但压缩空气中仍含一定量的油、水及少量的粉尘，这会对气动元件的正常工作产生不利影响，需要进一步排除。干燥器就是用来进一步排出水蒸气的元件。

常见的干燥器有冷冻式干燥器和吸附式干燥器。此外，还有隔膜式干燥器、吸收式干燥器等。

冷冻式干燥器是利用制冷设备使空气冷却到一定的露点温度，析出空气中超过饱和水蒸气部分的多余水分，从而达到所需的干燥度。此法适于处理低压大流量，并对干燥度要求不高的压缩空气。

吸附式干燥器是利用具有吸附性能的吸附剂（如硅胶、铝胶等）来吸附压缩空气中含有的水分，使其干燥。吸附法除水效果最好，应用也最普遍。图 6-1-6 所示为吸附式干燥器。其外壳呈筒形，其中分层设置栅板、吸附剂、过滤网等。湿空气从进气管 1 进入

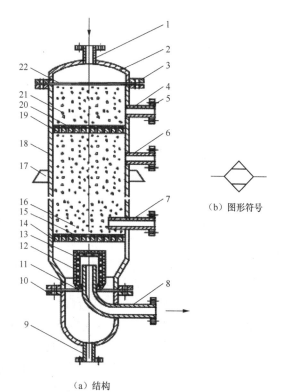

（a）结构

（b）图形符号

图6-1-6 吸附式干燥器

1—湿空气进气管；2—顶盖；3、5、10—法兰；4、6—再生空气排气管；7—再生空气进气管；8—干燥空气输出管；9—排水管；11、22—密封垫；12、15、20—铜丝过滤网；13—毛毡；14—下栅板；16、21—吸附剂层；17—支撑板；18—筒体；19—上栅板

干燥器，通过上部吸附剂层 21、过滤网 20、上栅板 19 和下部吸附剂层 16 后，其中的水分被吸附剂吸收而变得很干燥。再经过铜丝过滤网 15、下栅板 14 和铜丝过滤网 12，干燥、洁净的压缩空气便从输出管 8 排出。

二、气动三联件

除了以上装置，我们还需要专门介绍一个特殊的组件——气动三联件，它是气动设备的保护器件，可为气动系统提供干燥、稳定且具有润滑功能的压缩空气源。

1. 气动三联件的组成

气动三联件是空气过滤器、减压阀、油雾器这三个元件的组合。

（1）空气过滤器。空气过滤器的作用是进一步滤除压缩空气中的杂质，是气动系统不可缺少的辅助元件。图 6-1-7 所示为普通空气过滤器的结构和图形符号。其工作原理是：压缩空气从进气口进入后，被引入旋风叶子，旋风叶子上有许多呈一定角度的缺口，迫使空气沿切线方向产生强烈的旋转。这样，夹杂在空气中较大的水滴、油滴和灰尘等，便依靠自身的惯性与存水杯 3 的内壁碰撞，从空气中分离出来并沉到杯底，而微粒灰尘和雾状水汽则由滤芯 2 滤除。为防止气体旋转将存水杯中积存的污水卷起，在滤芯下部设有挡水板 4。此外，存水杯中的污水应通过手动排水阀 5 及时排放。在某些人工排水不方便的场合，可采用自动排水式空气过滤器。

这种空气过滤器只能滤除固体和液体杂质，使用时应尽可能装在能使空

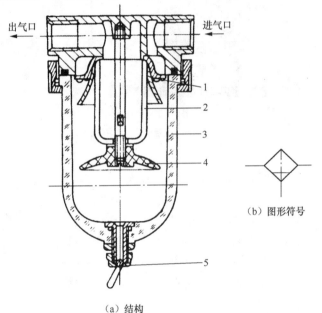

（a）结构

图 6-1-7 空气过滤器

1—旋风叶子；2—滤芯；3—存水杯；4—挡水板；5—排水阀

气中的水分变成液态的部位或防止液体进入的部位。因此，空气过滤器通常垂直安装在气动设备的入口处，进、出气口不得接反，使用中要注意定期清洗和更换滤芯。

（2）减压阀。减压阀的作用是将较高的输入压力调到规定的输出压力，并能保持输出压力稳定，不受空气流量变化及气源压力波动的影响。所有的气动系统都有一个最适合的工作压力，而在各种气动系统中，都会出现或多或少的压力波动。气压传动与液压传动不同，一个气源系统输出的压缩空气通常供多台气动装置使用。气源系统输出的空气压力都高于每台装置所需的压力，且压力波动较大。如果压力过高，将造成能量损失，并增加损耗；若压力过低，则会使输出力不足，造成不良效果。例如，空气压缩机的开启与关闭所产生的压力波动均会对系统的功能产生不良影响。因此，每台气动装置的供气压力都需要用减压阀减压，并保持稳定。对于低压控制系统（如气动测量），除用减压阀减压外，还需用精密减压阀以获得更稳定的供气压力。减压阀的详细工作原理请参阅项目 8 任务 8.2。

（3）油雾器。油雾器是一种特殊的注油装置，将润滑油进行雾化并注入空气流中，随压缩

空气流到需要润滑的部位，达到润滑的目的。目前，气动控制系统中的控制阀、气缸和气动马达主要是靠带有油雾的压缩空气来实现润滑的，其优点是方便、干净、润滑质量高。但是，过度润滑可能会导致负面效果，例如，驱动器、执行器、过滤器、消声器和其他气动元件出现堵塞和粘连现象。

气动三联件中普通型油雾器也称为全量式油雾器，把雾化后的油雾全部随压缩空气输出，油雾粒径约为 $2×10^{-11}$m，可分为固定节流式普通型油雾器和自动可变节流式普通型油雾器。图 6-1-8 所示为固定节流式普通型油雾器。

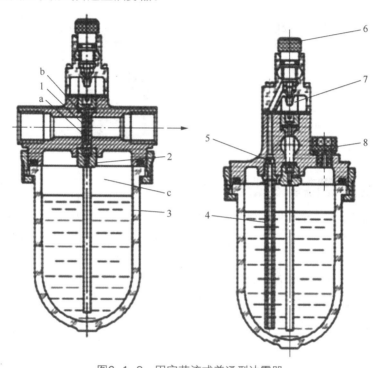

图6-1-8　固定节流式普通型油雾器

1—立杆；2—截止阀；3—储油杯；4—吸油管；5—单向阀；6—油量调节针阀；7—视油器；8—油塞；
a、b—小孔；c—上腔

压缩空气从输入口进入油雾器后，绝大部分经主管道输出，一小部分气流进入立杆 1 上正对气流方向的小孔 a，经截止阀 2 进入油杯上腔中，使油面受压。而立杆上背对气流方向的孔 b，由于其周围气流的高速流动，其压力低于气流压力。这样，油面气压与孔 b 压力间存在差值，润滑油在此压力差作用下，经吸油管 4、单向阀 5 和油量调节针阀 6 滴落到透明的视油器 7 上，并顺着油路被主管道中的高速气流从孔 b 引射出来，雾化后随空气一同输出。

这种油雾器能实现不停气加油，只要拧松油塞 8，右边上腔 c 便接通大气，同时，输入进来的压缩空气将截止阀 2 的阀芯压在其阀座上，切断压缩空气进入上腔 c 的通道。又因为吸油管 4 中单向阀 5 的作用，压缩空气也不会从吸油管倒灌到储油杯中，所以就可以在不停气的状态下向油塞口加油，加油完毕，拧上油塞。需要注意的是，油雾器在使用中一定要垂直安装。

2. 气动三联件的安装

气动三联件的连接顺序为空气过滤器→减压阀→油雾器，顺序不能颠倒。图 6-1-9 所示为气动三联件的外观、安装顺序和图形符号。

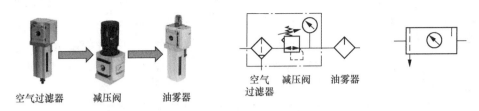

（a）外观 　　　　　　　　　　（b）详细图形符号 　　　　　（c）简化符号

图6-1-9　气动三联件的外观安装顺序和图形符号

气动三联件可根据需要进行灵活组合。如果无须进行额外的润滑，则只需要空气过滤器和减压阀，称为气动二联件，如图6-1-10所示。不管怎么组合，气动三联件中的减压阀是必不可少的元件。

（a）外观 　　　　（b）图形符号

图6-1-10　气动二联件

子任务实施　确定气源安装方案

气源装置除了空气压缩机外，还必须设置空气过滤器、后冷却器、油水分离器、储气罐等净化处理装置，同时在压缩空气进入系统回路前，还需要安装气动三联件，对气源质量进行进一步优化。

图6-1-11所示为气动系统能源装置净化常见流程，也称压缩空气站净化流程。原动机（一般是电动机）带动空气压缩机1旋转，经吸气口将大气中的空气吸入，压缩后输出压缩空气。压缩机输出的空气进入后冷却器2，将压缩空气的温度由140~170℃降至40~50℃，使空气中的油气和水气凝结成油滴和水滴，然后进入油水分离器3中，使大部分油、水和杂质从气体中分离出来，将得到初步净化的气体送入储气罐4中（一般称此过程为一次净化）。对于使用要求不高的气动系统，即可从储气罐4直接供气。对于仪表和用气质量要求高的工业用气，则必须进行二次和多次净化处理。即将经过一次净化处理的压缩空气再送入干燥器5进一步除去气体中的残留水分和油污。在净化系统中干燥器Ⅰ和干燥器Ⅱ交替使用，其中闲置的一个利用加热器8吹入的热空气进行再生，以备替换使用。四通阀9用于转换两个干燥器的工作状态，空气过滤器6的作用是进一步清除压缩空气中的杂质和油气。经过处理的气体进入储气罐7，可供给气动设备和仪表使用。

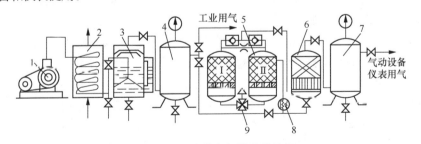

图6-1-11　压缩空气站净化流程

1—空气压缩机；2—后冷却器；3—油水分离器；4、7—储气罐；5—干燥器；6—空气过滤器；8—加热器；9—四通阀

本任务以气动系统能源装置的安装为主线，对气动系统的工作介质——压缩空气的要求，能源装置的构成及工作原理进行了分析，梳理出能源装置的安装方案。

　　根据各组件的功能可总结出，能源装置包括主体部分和辅助部分两部分。其中主体部分主要是空气压缩机，而辅助部分，可以按照各装置的功能进行分类，具体如下。

　　（1）除水装置（后冷却器、干燥器等）——去除压缩空气中含有的大量水分；

　　（2）过滤装置（油水分离器、空气过滤器等）——去除压缩空气中的油分及粉尘杂质等；

　　（3）调压装置（减压阀等）——调节系统所需压力；

　　（4）润滑装置（油雾器等）——润滑气动元件，降低磨损，提高元件寿命。

••• 任务 6.2　认识真空系统 •••

任务描述

　　公司自动化生产线上，欲将某取放单元由气爪抓取工件改造为吸盘吸取工件。取放单元是一个两轴操作设备，它由两个高精度气缸组成。气缸末端安装有吸盘，工件被真空吸盘吸起进行取放作业。请你选择合适的真空系统，实现该控制要求。

　　在接到任务后，请根据任务描述，分析以下问题：

　　1. 真空发生装置有哪几种？

　　2. 真空系统是如何进行工作的？

　　3. 真空系统分为哪几种类型？

　　4. 真空系统可以应用在哪些行业？

　　读者可尝试按照以下过程解决上面的问题。

相关知识

一、真空元件

　　在工业生产中，往往需要对 LED 屏、玻璃等敏感部件进行柔和、安全的搬运，此时通常会使用真空系统。真空系统的真空是依靠真空发生装置产生的。真空发生装置主要有真空泵和真空发生器两种。（解决问题 1）

　　1. 真空泵

　　真空泵指的是利用机械、物理、化学或物理化学的方法对容器进行抽气而获得真空的器件或设备。

　　常见的真空泵可以分为干式螺杆真空泵、水环式真空泵、往复式真空泵、滑阀式真空泵、旋片式真空泵、罗茨式真空泵和扩散式真空泵等。

　　（1）干式螺杆真空泵。如图 6-2-1 所示，干式螺杆真空泵内装有一对平行的螺旋状的转子 1 和 2，其中一个转子的旋转方向为右旋，另一个为左旋。两个转子在泵体 9 内通过一对齿轮 3

保持同步反向旋转。转子与转子之间、转子与泵体之间没有摩擦且保持一定的间隙，两个转子与泵体之间形成了密封腔4，密封腔的个数等于转子的螺旋圈数。两个转子在按图6-2-1所示方向旋转时，与吸气口5相连的密封腔的空间逐渐变大，气体被吸入并被传送到排气侧，排气侧的密封腔6空间在旋转过程中逐渐变小，气体被压缩到排气口7。长时间运转时需向泵体及端盖的夹套8内通入适量的冷却水以对泵进行冷却。因压缩热主要在排气侧产生，所以为了充分冷却转子，在多数工况下可以将适量的空气或其他合适的气体通过掺气口10导入泵腔内。

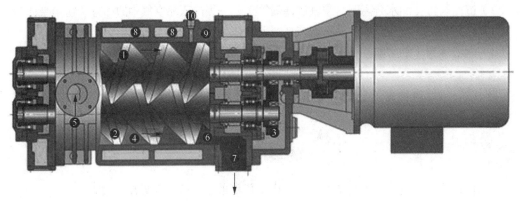

图6-2-1　LG系列干式螺杆真空泵

1、2—转子；3—齿轮；4、6—密封腔；5—吸气口；7—排气口；8—夹套；9—泵体；10—掺气口

干式螺杆真空泵的特点如下。

① 对被抽系统无污染，可获得洁净真空。

② 泵腔内无油，溶剂非常容易被回收或者排入焚烧炉内焚烧。

③ 结构紧凑，占地面积小。

④ 单泵即可达到40～5Pa的极限压力，工作范围较宽。

⑤ 因工作过程中无废油、废水的排放，所以对环境无污染。

⑥ 对冷却水的要求较低，对于泵的冷却，普通的循环水即可满足要求，且冷却水用量较小。

⑦ 根据系统工况配用合适的罗茨式真空泵组成干式真空泵机组，可大大提高低压区的抽气速率并减小功耗。

⑧ 干式螺杆真空泵的级间无需通道，可直接将气体从吸气侧推送至排气侧，在抽除可凝性气体及粉尘等时不易堵塞且泵腔清洗非常方便：启动泵后直接从泵口充入惰性气体或合适的清洗剂即可将泵清洗干净。

⑨ 干式螺杆真空泵可抽取易燃、易爆、有毒等气体。

（2）水环式真空泵。如图6-2-2所示，水环式真空泵（简称水环泵）是由叶轮、泵体、吸气孔、排气孔、水在泵体内壁形成的水环、吸气口、排气口、辅助排气阀等组成的。叶轮被偏心地安装在泵体中，在泵体中装有适量的水作为工作液。当叶轮按顺时针方向旋转时，水被叶轮抛向四周，由于离心力的作用，水形成了一个与泵腔形状相似的、几乎等厚度的封闭圆环。水环的下部内表面恰好与叶轮轮毂相切，水环的上部内表面刚好与叶片顶端接触（实际上叶片在水环内有一定的插入深度）。此时叶轮轮毂与水环之间形成一个月牙形空间，而这一空间又被叶轮分成和叶片数目相等的若干个小腔。如果以叶轮的下部 0°为起点，那么叶轮在前半周（前180°）旋转时小腔的容积由小变大，且与端面上的吸气口相通，此时气体被吸入，当吸气终了时小腔则与吸气口隔绝；当叶轮继续旋转至后半周（后180°）时，小腔由大变小，气体被压缩；当小腔与排气口相通时，气体便被排出泵外。

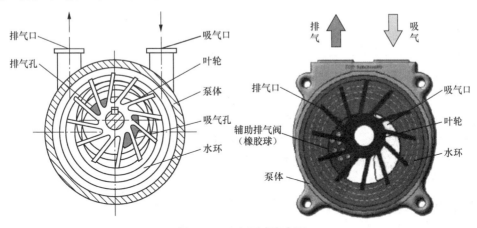

图6-2-2 水环式真空泵

水环式真空泵优点如下。

① 结构简单，制造精度要求不高，容易加工。

② 结构紧凑，泵的转速较高，一般可与电动机直连，无需减速装置。故用小的结构尺寸，就可以获得大的排气量，占地面积也小。

③ 压缩气体基本上是等温的，即压缩气体过程温度变化很小。

④ 由于泵腔内没有金属摩擦表面，因此无须对泵内进行润滑，而且磨损很小。转动件和固定件之间的密封可直接由水封来完成。

⑤ 吸气均匀，工作平稳可靠，操作简单，维修方便。

水环式真空泵缺点如下。

① 效率低，一般在 30%左右，较好的可达 50%。

② 真空度低，这不仅是因为受到结构上的限制，更重要的是受工作液饱和蒸气压的限制。用水作工作液，极限压强只能达到 2 000～4 000Pa；用油作工作液，可达 130Pa。

水环式真空泵中气体压缩是等温的，故可以抽除易燃、易爆的气体。由于没有排气阀及摩擦表面，因此可以抽除带尘埃的气体、可凝性气体和气水混合物。有了这些突出的特点，尽管它效率低，仍然得到了广泛的应用。

（3）往复式真空泵。往复式真空泵（简称往复泵）又名活塞式真空泵，属于低真空获得设备。往复式真空泵的结构和工作原理示意图如图 6-2-3 所示。

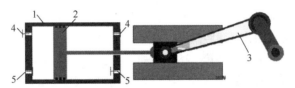

图6-2-3 往复式真空泵的结构和工作原理示意图

1—气缸；2—活塞；3—曲柄连杆机构；4—排气阀；5—吸气阀

往复式真空泵的主要部件有气缸 1 及在其中做往复直线运动的活塞 2，活塞的驱动是依靠曲柄连杆机构 3（包括十字头）来完成的。除上述主要部件外还有排气阀 4 和吸气阀 5 等重要部件，以及机座、曲轴箱、动密封和静密封等辅助部件。

往复式真空泵运转时，在电动机的驱动下，通过曲柄连杆机构的作用，气缸内的活塞做往复运动。当活塞在气缸内从左端向右端运动时，由于气缸的左腔体积不断增大，气缸内气体的密度减小，而形成抽气过程，此时被抽容器中的气体经过吸气阀进入泵体左腔。当活塞达到最右位置时，气缸左腔内就完全充满了气体。接着活塞从右端向左端运动，此时吸气阀关闭。气缸内的气体随着活塞从右向左运动而逐渐被压缩，当气缸内气体的压力达到或稍大于大气压时，排气阀被打开，将气体排到大气中，完成一个工作循环。当活塞再由左向右运动时，又重复前一循环，如此反复下去，被抽容器内最终达到某一稳定的平衡压力。

与旋片式真空泵相比，往复式真空泵能被制成大抽速的泵；与水环式真空泵相比，往复式真空泵效率稍高。往复式真空泵的主要缺点是结构复杂、体积较大、运转时振动较大等，在很多场合可由水环式真空泵所取代。

（4）滑阀式真空泵。图 6-2-4 所示为滑阀式真空泵工作原理示意图。

与泵腔同心的驱动轴带动偏心轮旋转，偏心轮带动滑阀环运动，使滑阀杆在导轨上下滑动和左右摆动。滑阀将泵腔分成 A、B 两个部分。当驱动轴按图 6-2-4 所示方向转动时，A 腔容积增加，压力降低，气体经进气口、滑阀杆（A 腔一侧开口）进入 A 腔，此时处于吸气过程。滑阀继续顺时针向左上位置运转，A 腔容积达到最大时，进气口与 A 腔隔绝，吸气过程结束。与此同时，B 腔容积处于不断减小、压缩气体的过程。当 B 腔气体压力达到排气压力时，推开油封的排气阀，开始排气。当滑阀处于正上方的位置时，排气结束（A 腔容积也处于最大），新一轮的循环过程开始。

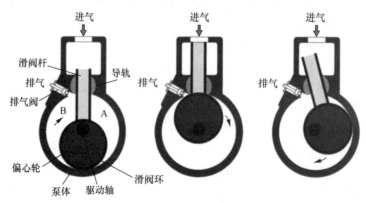

图6-2-4 滑阀式真空泵工作原理

滑阀式真空泵优点如下。

① 经过优化设计配重，振动小，噪声小。

② 轴承密封室单独供油，与泵腔隔开，避免了杂质进入轴承、密封过早损坏。

③ 根据用户要求，可附带副油箱，达到冷却真空油、分离杂质的目的。

④ 除老式 H-150 型滑阀式真空泵外，其他型号的滑阀式真空泵电动机均置于泵的上方，结构紧凑，占地面积小。

（5）旋片式真空泵。旋片式真空泵（简称旋片泵）是一种油封式机械真空泵。其工作压强范围

为 $101325 \sim 1.33 \times 10^{-2}$Pa，属于低真空泵。它可以单独使用，也可以作为其他高真空或超高真空泵的前级泵。它已广泛地应用于冶金、机械、军工、电子、化工、轻工、石油及医药等生产和科研部门。图6-2-5所示为旋片式真空泵的工作原理示意图。

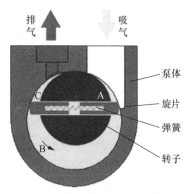

图6-2-5　旋片式真空泵的工作原理示意图

旋片式真空泵主要由泵体、转子、旋片、端盖、弹簧等组成。在旋片式真空泵的腔内偏心地安装一个转子，转子外圆与泵腔内表面相切（二者有很小的间隙），转子槽内装有带弹簧的两个旋片。旋转时，靠离心力和弹簧的弹力使旋片顶端与泵腔的内壁保持接触，转子旋转带动旋片沿泵腔内壁滑动。

两个旋片把转子、泵腔和两个端盖所围成的月牙形空间分隔成 A、B、C 三部分，如图 6-2-5 所示。当转子按箭头方向旋转时，与吸气口相通的空间 A 的容积是逐渐增大的，正处于吸气过程。而与排气口相通的空间 C 的容积是逐渐缩小的，正处于排气过程。居中的空间 B 的容积也是逐渐减小的，正处于压缩过程。由于空间 A 的容积逐渐增大（即膨胀），气体压强降低，泵的入口处外部气体压强大于空间 A 内的压强，因此将气体吸入。当空间 A 与吸气口隔绝时，即转至空间 B 的位置，气体开始被压缩，容积逐渐缩小，最后与排气口相通。当被压缩气体压强超过排气压强时，排气阀被压缩气体推开，气体穿过油箱内的油层排至大气中。由泵的连续运转，达到连续抽气的目的。如果排出的气体通过气道而转入另一级（低真空级），由低真空级抽走，再经低真空级压缩后排至大气中，即组成了双级泵。这时总的压缩比由两级来负担，因而提高了极限真空度。

（6）罗茨式真空泵。罗茨式真空泵在冶金、石油化工、造纸、食品、电子工业部门有着广泛的应用。罗茨式真空泵的结构如图 6-2-6 所示。

在泵腔内，有两个"8"字形的转子（即图 6-2-6 中的风叶）相互垂直地安装在一对平行轴上，由传动比为 1 的一对齿轮带动做彼此反向的同步旋转运动。在转子之间、转子与泵体内壁之间保持有一定的间隙，可以实现高转速运行。

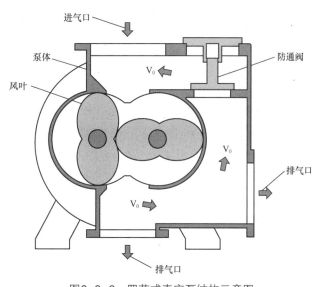

图6-2-6　罗茨式真空泵结构示意图

罗茨式真空泵的工作原理与罗茨式鼓风机相似。由于转子的不断旋转，被抽气体从进气口吸入到转子与泵体之间的空间 V_0 内，再经排气口排出。V_0 空间是全封闭状态，所以，吸入泵腔内的气体没有压缩和膨胀。但当转子顶部转过排气口边缘，V_0 空间与排气侧相通时，由于排气侧气体压强较高，则有一部分气体返冲到空间 V_0 中去，使气体压强突然增高。当转子继续转动时，气体排出泵外。

罗茨式真空泵的特点如下。

① 在较宽的压强范围内有较大的抽速。

② 启动快，能立即工作。

③ 对被抽气体中含有的灰尘和水蒸气不敏感。

④ 转子不必润滑，泵腔内无油。

⑤ 振动小，转子动平衡条件较好，没有排气阀。

⑥ 驱动功率小，机械摩擦损失小。

⑦ 结构紧凑，占地面积小。

⑧ 运转维护费用低。

（7）扩散式真空泵。扩散式真空泵是获得高真空应用最广泛、最主要的工具之一，通常指油扩散式真空泵。扩散式真空泵是一种次级泵，它需要机械泵作为前级泵。

扩散式真空泵是利用从伞形喷嘴喷出的高速工作介质蒸气射流，携带扩散到蒸气射流里的被抽气体，从而实现抽真空的一种真空泵。

扩散式真空泵的工作原理是：由电加热器（电炉）将装在泵腔（油锅）内的液态工作介质加热，使其变成蒸气；蒸气通过安装在泵腔里的泵芯喷嘴高速喷出，形成低密度、高速度的蒸气射流；被抽气体通过扩散进入蒸气射流中，被下一级蒸气射流带走，最后由前级泵排出，而工作蒸气到达水冷的泵壁，冷凝成为液态沿着泵壁流回油锅，在油锅里重新被加热变成油蒸气。这样周而复始地工作，形成了扩散式真空泵的正常抽气过程。

扩散式真空泵的主要优点：结构简单、无运动件、噪声很小、使用方便、维护容易、在高真空段有较大抽速、单位抽速所需制造成本较低等，因此，其应用面很广。

扩散式真空泵的主要缺点：返油率高、能耗高、热效率低。提高热效率、降低能耗、降低返油率是扩散式真空泵需要解决而至今尚未完全解决的主要问题。

2. 真空发生器

真空发生器就是利用正压气源产生负压的一种新型、高效、清洁、经济、小型的真空元器件，这使得在有压缩空气的地方，或在一个气动系统中同时需要正负压的地方获得负压变得十分容易和方便。真空发生器广泛应用在工业自动化中，如机械、电子、包装、印刷、塑料及机器人等领域。

真空发生器的工作原理是利用喷管高速喷射压缩空气，在喷管出口形成射流，产生卷吸流动。在卷吸作用下，喷管出口周围的空气不断地被抽吸走，使吸附腔内的压力降至大气压以下，形成一定真空度。图 6-2-7 所示为真空发生器实物图。

真空发生器主要有两种工作原理。

（1）文丘里管原理。如图 6-2-8 所示，文丘里管原理：把气流由粗变细，以加快气体流速，使气体在文丘里管出口的后侧形成一个真空区。当真空区靠近工件时会对工件产生一定的吸附作用。

图6-2-7 真空发生器实物

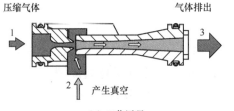

（a）工作原理

（b）图形符号

图6-2-8 文丘里管

利用该原理制成的真空发生器应用广泛，造价相对低廉，真空度最高可达 90% 以上。真空发生器绝大多数采用此原理。

（2）伯努利原理。伯努利原理（见图 6-2-9）可简单地概括为在水流或气流里，如果速度小，压强就大，如果速度大，压强就小。此元件其实可以看作是真空发生器和吸盘的结合体。

利用该原理制成的真空发生器（见图 6-2-10）可尽量少地与工件产生接触，适用于温和的工件抓取和低噪声的场景，但只能垂直吸取，吸取保持力小。（解决问题 2）

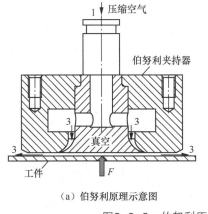

（a）伯努利原理示意图

（b）图形符号

图6-2-9 伯努利原理

图6-2-10 应用伯努利原理的
真空发生器（OGGB）

二、真空系统的类型

在"真空元件"的相关内容中，我们提到了"低真空""高真空"等名词，那么对于真空系统而言，可以分为哪些类型呢？

按压力等级不同，真空分为低真空、中真空、高真空及超高真空。其中通常认为压力在 10^{-7}Pa 以下的真空为超高真空。

1. 低真空（$10^5 \sim 1$Pa）

低真空与从系统中去除大量气体有关。腔室中有许多气体分子，它们根据热力学定律以黏性流体的方式相互作用。这些气体被称为"黏性流体"。因此，低真空泵是大多数机械工程师熟悉的那种流体流动泵。往复式真空泵、旋片式真空泵等均可产生低真空。

2. 中真空（$1 \sim 10^{-2}$Pa）

许多抽真空过程发生在百万分之一大气压（约 10^{-1}Pa）的压力下。腔室首先被抽真空到高真空，然后用一些过程气体回填。在这些压力下，分子之间的相互作用仍然很显著，但气体的流动特性会被破坏，气体与腔室壁的碰撞也开始影响气体的行为。除了流经系统的气体之外，还会从腔室壁上分离出微量污染物气体。很少有泵针对过程压力操作进行了优化，通常需要将低真空泵和高真空泵（串联）结合使用才能获得所需的条件。

3. 高真空（$10^{-3} \sim 10^{-7}$Pa）

高真空状态由分子-室壁碰撞支配，分子-分子碰撞之间的平均自由路径远大于腔室的尺寸。残余气体像弹珠一样在盒子里摇晃，需要一种完全不同的泵。泵必须像维纳斯捕蝇器一样等待气体分子进入它的"喉咙"，而不是直接从系统中吸出气体。因此，高真空泵是"统计捕获"泵。高真空泵不能抽大气压气体，不能排到大气中。相反，它们是二级泵，需要通过低真空泵进行

"支持"或定期"再生"。

4. 超高真空（<10^{-7}Pa）

高真空中的主要物质通常是水，超高真空几乎是 100% 干燥的，而氢气是最常见的残留气体。氢气轻且可移动，很难泵送，需要专门的超高真空泵，以减少腔壁的气体负载，这一点至关重要。（解决问题3）

三、真空系统的应用

真空系统作为实现自动化的一种手段，已在电子、半导体元件组装、汽车组装、自动搬运机械、轻工机械、医疗机械、印刷机械、塑料制品机械、包装机械、锻压机械、机器人等许多方面得到广泛的应用。（解决问题4）

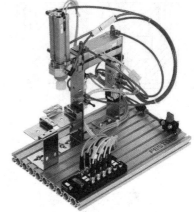

图 6-2-11 所示为 Festo MecLab®抓取工作站。该站由带有简单轴承导轨的气缸和两个轴组成。该工作站使用真空发生器和吸盘组成真空系统，实现对工件的抓取作业。工件由气爪抓取。该系统可用于在工作站之间运输工件，或将一个工件的两半连接在一起。

该站系统组成如图 6-2-12 所示。

图 6-2-13 所示为抓取系统气路。该工作站真空发生器应用伯努利原理，当气源供气时，二位二通开关阀控制气路通断。当抓取工件时，吸盘接触工件表面，开关阀打开，压缩空气经由真空发生器排向大气，真空发生器内压力降低，工件在大气压力作用下被吸盘吸起，完成抓取作业；当放置工件时，开关阀关闭，真空发生器停止工作，空气经由真空发生器进入吸盘腔，工件上、下表面压力相同，即可完成放置作业。

图6-2-11　Festo MecLab®
抓取工作站

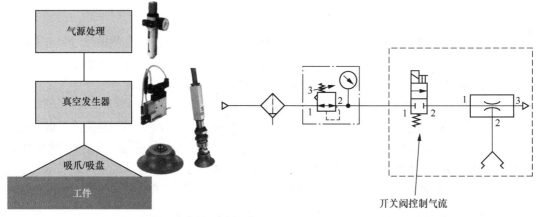

图6-2-12　Festo MecLab®抓取工作站系统组成　　　图6-2-13　抓取系统气路

任务实施　选择合适的真空系统

本任务中，需要使用真空吸盘吸取工件，自动线设备上一般有很多正压气动元件，用正压产生负压的真空系统会更加经济高效，故可考虑选用真空发生器产生真空。为防止碎屑进入真空发生器，可在真空吸盘后直接安装真空过滤器。同时，为判断工件是否被抓牢，可在真空系统中安装压力开关进行识别。选择的真空系统气路图如图6-2-14所示。

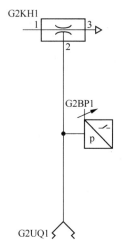

图6-2-14 选择的真空系统气路图

该系统工作原理：当带有真空过滤器的真空吸盘 G2UQ1 接触到工件表面时，真空发生器 G2KH1 工作产生负压，工件在大气压的作用下被吸起。压力开关 G2BP1 检测吸盘气管内的压力大小，来判断是否夹紧工件。

任务总结

本任务以改造自动化生产线为引，来解答选择合适的真空系统的问题，从而对真空系统元件工作原理进行分析。通过对真空元件类型、结构、工作原理、功能和应用的分析，引导读者选择合适的真空系统。在这个过程中，采用问题引导、虚实结合、理实一体的讲解方法，让读者明白，面对纷繁复杂的问题，最有效的办法就是深入分析，看透本质，抓住主干。同时明白学思践悟、知行合一的学习方法才是正确而有效的方法。

07 ▷ 项目7 ◁
认识气压传动的执行元件

••• 项目导入 •••

项目简介

　　本项目以自动线安装作业中气缸的选用为例，对常用气缸的分类和工作原理进行讲解；通过工业生产中的实际案例，使气缸的选用方法变得简单明了，为学习者认识和选用气压传动的执行元件提供一种有效途径。

项目目标

1. 能对常用气缸进行分类；
2. 能理解并阐述常用气缸的工作原理和组成；
3. 能选用合适的气缸；
4. 养成安全、文明、规范的职业行为；
5. 培养敬业、精业的工匠精神；
6. 培养合作共赢的团队精神。

学习路线

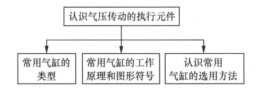

学思融合：安全第一　遵守规范

　　阅读本书提供的拓展资料或搜索生产中的事故案例，并思考以下问题：

1. 仔细回忆你在实训操作过程中是否有违规行为？
2. 观察实训场地中的设备，是否存在安全隐患？
3. 找出实训设备上的安全标识？

●●● **项目描述** ●●●

公司自动线上，需要一台气动推料装置将工件从料仓推送至传送带上，然后回到初始位置等待下一个工作循环。料仓与传送带距离较远，且要求对气缸输出力及运动速度进行严格的控制。请你选择合适的气缸作为推料装置的执行元件。

在接到任务后，请根据任务描述，分析以下问题：

1．常用的气缸有哪些类型？

2．气缸的结构是什么样的？

3．气缸是怎么工作的？

4．如何选择合适的气缸？

读者可尝试按照以下过程解决上面的问题。

●●● **相关知识** ●●●

一、常用气缸的类型

在气动自动化系统中，气动执行元件是一种将压缩空气的能量转换为机械能，实现直线运动、摆动或回转运动的传动装置。气动执行元件有三大类：产生直线往复运动的气缸、在一定角度范围内摆动的摆动马达及产生连续转动的气动马达。气缸是气动自动化系统中使用较为广泛的一种执行元件，用于输出直线运动和位移。根据使用条件不同，其结构、形状有多种，分类方法也很多。常用的分类方法如下。

1．**按结构分类**

气缸按结构不同可分为活塞式气缸、薄膜式气缸和柱塞式气缸。

2．**按尺寸分类**

气缸按尺寸不同分为微型气缸（缸径为 2.5 ~ 6mm）、小型气缸（缸径为 8 ~ 25mm）、中型气缸（缸径为 32 ~ 320mm）、大型气缸（缸径大于 320mm）。

3．**按压缩空气对活塞作用力的方向分类**

气缸按压缩空气对活塞作用力的方向不同可分为单作用气缸和双作用气缸两种。

4．**按功能分类**

气缸按功能不同可分为普通气缸、冲击气缸、气-液阻尼气缸、缓冲气缸、伸缩气缸和摆动气缸等。

5．**按安装形式分类**

气缸按安装形式不同可分为固定式气缸、轴销式气缸和回转式气缸。（解决问题 1）

二、常用气缸的工作原理和图形符号

1．**普通气缸**

普通气缸主要指活塞式单作用气缸和双作用气缸，用于无特殊使用要求的场合，如一般的驱动，定位、夹紧装置的驱动等。普通气缸的种类及结构形式与液压缸的基本相同。目前最常选用的是标准气缸，其结构和参数都已系列化、标准化、通用化。

（1）双作用气缸。双作用气缸活塞的往复运动均由压缩空气来推动。

如图 7-1-1 所示，单活塞杆式双作用气缸被活塞分成两个腔室：有杆腔和无杆腔。其工作原理是：从无杆腔端的进气口输入压缩空气时，若作用在活塞上的力克服了运动摩擦力及负载等各种反作用力，则气压力推动活塞前进，而有杆腔内的空气经其出气口排入大气，使活塞杆伸出。同理，当有杆腔端进气口输入压缩空气，其气压力克服无杆腔的反作用力及摩擦力时，活塞杆退回至初始位置。通过无杆腔和有杆腔交替进气和排气，活塞杆伸出和退回，气缸实现往复直线运动。两腔的有效工作面积不同，因此在供气压力和流量相同的情况下，活塞往复运动输出的力和速度都不相等。

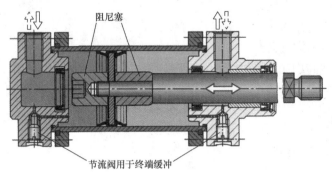

图7-1-1　单活塞杆式双作用气缸

输出力和速度的计算与同类型的液压缸完全相同。

双作用气缸又分为终端带缓冲式和终端不带缓冲式。终端带缓冲式气缸的活塞杆尾部带有阻尼塞，当气缸活塞杆运行至终端位置时，阻尼塞封闭进气口或出气口的通道，气缸腔内剩余的一小部分气体经单向节流阀处的小通道缓慢排出，起到缓冲作用。双作用气缸的图形符号如图 7-1-2 所示。

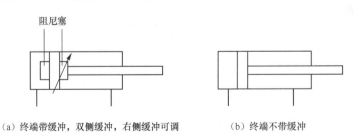

（a）终端带缓冲，双侧缓冲，右侧缓冲可调　　　　　　（b）终端不带缓冲

图7-1-2　双作用气缸的图形符号

活塞式气缸也有两个活塞杆的结构和无活塞杆的结构。

（2）单作用气缸。单作用气缸是指气缸仅有一个方向的运动由压缩空气推动，而反方向运动要靠外力如弹簧力、膜片张力和自重力等，常用于小型气缸。

单作用气缸在其一端装有使活塞杆复位的弹簧，另一端的缸盖上开有气口。因为用弹簧和膜片等复位，在此起背压作用，压缩空气的能量不能全部用于做有用功，有一部分能量需要用来克服弹簧或膜片的弹力，所以活塞杆推力减小。

弹簧或膜片的安装又会占有一定的空间，故活塞的有效行程缩短。单作用气缸只有一个进气口，只是在发生动作的方向上需要用压缩空气，故可节约一半压缩空气。一般多用于行程短、对输出力和运动速度要求不高的场合（如用在夹紧、退料、阻挡、压入、举起和进给等操作上）。

如图 7-1-3 所示，单作用气缸主要由活塞杆、活塞、弹簧、气缸套、密封圈等组成。图 7-1-3

中，弹簧装在有杆腔内，气缸活塞杆初始位置为退回的位置，这种气缸称为预缩型单作用气缸；弹簧装在无杆腔内，气缸活塞杆初始位置为伸出位置的，称为预伸型单作用气缸。

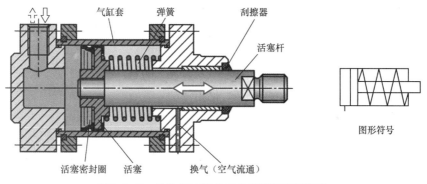

图7-1-3　单作用气缸的工作原理和图形符号

2. 气-液阻尼气缸

普通气缸工作时，由于气体具有可压缩性，当外部载荷变化较大时，会产生"爬行"或"自走"现象，使气缸的工作不稳定。为了使活塞运动平稳，普遍采用了气-液阻尼气缸。

气-液阻尼气缸是由气缸和液压缸组合而成的，它以压缩空气为能源，利用油液的不可压缩性和控制流量来获得活塞的平稳运动和调节活塞的运动速度。与普通气缸相比，它传动平稳，停位精确，噪声小；与液压缸相比，它不需要液压源，油的污染小，经济性好。由于气-液阻尼气缸同时具有气动和液压的优点，因而得到了越来越广泛的应用。

图 7-1-4 所示为串联式气-液阻尼气缸的工作原理。它将液压缸和气缸串联成一个整体，两个活塞固定在一根活塞杆上。若压缩空气自 A 口进入气缸左侧，气缸克服外载荷并推动活塞向右运动，此时液压缸右腔排油，止回阀关闭，油液只能经节流阀缓慢流入液压缸左腔，对整个活塞的运动起阻尼作用。调节节流阀的通道面积，就能达到调节活塞运动速度的目的。反之，当压缩空气从气缸 B 口进入时，液压缸左腔排油，此时止回阀开启，无阻尼作用，活塞快速向左运动。

这种气-液阻尼气缸的结构，一般是将双活塞杆腔作为液压缸，因为这样可使液压缸两腔的排油量相等。此时，一般只需用油杯就可补充因液压缸泄漏而减少的油量。

3. 薄膜式气缸

薄膜式气缸是一种利用压缩空气通过膜片的变形来推动活塞杆做直线运动的气缸。它由缸体、膜片、膜盘和活塞杆等主要零件组成，分为单作用式和双作用式两种，如图 7-1-5 所示。

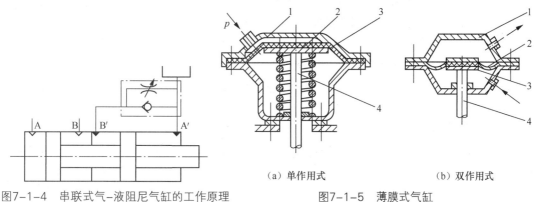

（a）单作用式　　　　　（b）双作用式

图7-1-4　串联式气-液阻尼气缸的工作原理　　　图7-1-5　薄膜式气缸

1—缸体；2—膜片；3—膜盘；4—活塞杆

薄膜式气缸的膜片可以做成盘形膜片和平膜片两种形式。膜片材料为夹织物橡胶、钢片或磷青铜片。常用的是厚度为 5～6mm 的夹织物橡胶，金属膜片只用于行程较小的薄膜式气缸中。

单作用薄膜式气缸的工作原理：当压缩空气从缸盖上的气口进入无杆腔时，推动膜片，膜盘压缩弹簧使活塞杆向下运动；当压缩空气由无杆腔从气口向外排出时，弹簧释放能量推动膜片、膜盘及活塞杆向上运动。

双作用薄膜式气缸的工作原理：当压缩空气从缸盖上的气口进入无杆腔，同时有杆腔向外排气时，压缩空气推动膜片、膜盘，使活塞杆向下运动；当压缩空气从缸体上的气口进入有杆腔，同时无杆腔向外排气时，压缩空气推动膜片、膜盘，使活塞杆向上运动。

薄膜式气缸具有结构紧凑、质量轻、维修方便、密封性能好、制造成本低等优点，但是因膜片的变形量有限，故其行程短（一般不超过 40～50mm），且气缸活塞上的输出力随着行程加大而减小。它广泛应用于小行程，如化工生产过程的调节器上。

4. 冲击气缸

冲击气缸是把压缩空气的能量转换为活塞高速运动能量的一种气缸。活塞的最大速度可达每秒十几米，利用此动能去做功，可完成型材下料、打印、铆接、弯曲、冲孔、镦粗、破碎、模锻等多种作业。

与普通气缸比较，冲击气缸的结构特点是增加了一个具有一定容积的蓄能腔和喷嘴。它的工作原理如图 7-1-6 所示。冲击气缸由缸体、中盖、活塞和活塞杆等主要零件组成。中盖与缸体固结在一起，它和活塞把气缸容积分隔成三部分，即蓄能腔、活塞腔和活塞杆腔，中盖中心开有一喷嘴口。当压缩空气刚进入蓄能腔时，其压力只能通过喷嘴口的小面积作用在活塞上，还不能克服活塞杆腔的排气压力所产生的向上的推力以及活塞和缸体间的摩擦阻力，喷嘴处于关闭状态。蓄能腔中充气压力逐渐升高，当压力升高到作用在喷嘴口面积上的总推力能克服活塞杆腔的排气压力与摩擦力的总和时，活塞向下移动，喷嘴口开启，积聚在蓄能腔中的压缩空气通过喷嘴口突然作用在活

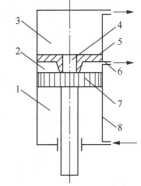

图7-1-6 冲击气缸的工作原理
1—活塞杆腔；2—活塞腔；3—蓄能腔；
4—喷嘴口；5—中盖；6—泄气口；
7—活塞；8—缸体

塞的全部面积上，喷嘴口处的气流速度可达声速。喷入活塞腔的高速气流进一步膨胀，给予活塞很大的向下的推力，而此时活塞杆腔内压力很低，于是活塞在很大的压力差作用下迅速加速，加速度可达 1 000m/s² 以上。在很短的时间（0.25～1.25s）内，活塞以极高的速度（平均冲击速度可高达 8m/s）向下冲击，从而获得很大的动能。

泄气口的作用是在活塞开始冲击之前，使活塞腔的压力能接近于大气压。当活塞开始冲击后最好能关闭，以免造成泄漏。较理想的是采用低压排气阀（类似于止回阀），它的作用是在低压时排气，即与大气相通；而在高压时关闭。但这种阀需专门设计。通常，冲击气缸的泄气口处也可设置小型针阀（相当于节流阀）。泄气口的另一个作用是在必要时可作为控制信号孔使用。

5. 伸缩气缸

伸缩气缸由两个或多个活塞缸套装而成，前一级活塞缸的活塞杆内孔是后一级活塞缸的缸筒，伸出时可获得很长的工作行程，缩回时可保持很小的结构尺寸。伸缩气缸的外伸动作是逐级进行的。首先是最大直径的缸筒以最低的油液压力开始外伸，当到达行程终点后，稍小直径的缸筒开始外伸，直径最小的末级缸筒最后伸出。随着工作级数变大，外伸缸筒直径越来越小，

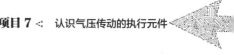

工作速度越来越快。图 7-1-7 所示为伸缩气缸的结构示意图。

6. 回转气缸

回转气缸的工作原理如图 7-1-8 所示。它由导气头体、缸体、活塞杆、活塞、密封装置、缸盖及导气头芯、轴承等组成。这种气缸的缸体可连同缸盖及导气头芯被携带回转，活塞及活塞杆只能做往复直线运动，导气头体外接管路，固定不动。

回转气缸主要用于机床夹具和线材卷曲等装置。

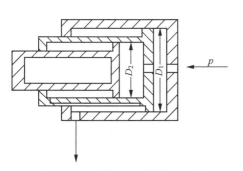

图7-1-7 伸缩气缸的结构示意图

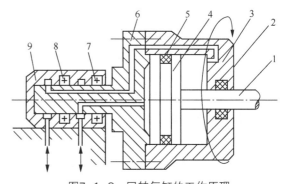

图7-1-8 回转气缸的工作原理

1—活塞杆；2、5—密封装置；3—缸体；4—活塞；
6—缸盖及导气头芯；7、8—轴承；9—导气头体

7. 摆动气缸（摆动气马达）

摆动气缸是将压缩空气的压力能转换成气缸输出轴的有限回转机械能的一种气缸。它多用于安装位置受到限制或转动角度小于360°的回转部件，如夹具的回转、阀门的开启、转塔车床转塔刀架的转位及自动线上物料的转位等。

图 7-1-9 所示为单叶片摆动气缸的工作原理。定子与缸体固定在一起，叶片和转子（输出轴）连接在一起。当左腔进气时，转子顺时针转动；反之，转子逆时针转动。这种气缸的耗气量一般都较大，其输出转矩和角速度与摆动液压缸相同，故不再重复。

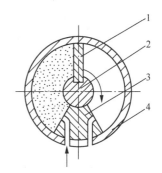

图7-1-9 单叶片摆动气缸的工作原理

1—叶片；2—转子；3—定子；4—缸体

8. 磁性开关气缸

图 7-1-10 所示为磁性开关气缸的工作原理。磁性开关气缸的活塞上装有一个永久磁环，在其缸筒外侧上装有磁性开关。其余和普通气缸并无两样。气缸可以是各种型号的气缸，但缸筒必须是导磁性弱、隔磁性强的材料，如铝合金、不锈钢、黄铜等。当随气缸移动的磁环靠近磁性开关时，舌簧开关的两根簧片被磁化而触点闭合，产生电信号；当磁环离开磁性开关后，簧片失去磁性，触点断开。这样可以检测到气缸的活塞位置而控制相应的电磁阀动作。以前，气缸

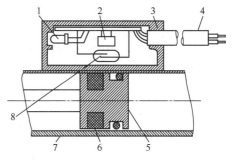

图7-1-10 磁性开关气缸的工作原理

1—动作指示灯；2—保护电路；3—开关外壳；4—导线；
5—活塞；6—永久磁环；7—缸筒；8—舌簧开关

行程位置的检测是靠在活塞杆上设置行程挡块触动机械行程阀来发送信号的，从而给设计、安

装、制造带来不便，而用磁性开关气缸则使用方便，结构紧凑，开关反应时间短，故得到了广泛应用。（解决问题 2 和问题 3）

三、认识常用气缸的选用方法

气缸的选型是一项复杂的工作，选用气缸时，应考虑气缸的结构形式、安装方式、输出力、活塞行程、运动速度等参数，在满足工作机构要求的前提下，应尽可能选择现有气缸产品，以缩短设计周期并降低成本。（解决问题 4）

●●● 项目实施 选用合适的气缸 ●●●

根据工作任务对机构运动的要求，推料装置需要将工件从仓库推送至传送带上，并缩回至初始位置。由于该推料装置实现的功能较为简单，因此选用普通气缸即可满足控制要求。又考虑到要方便对推料气缸伸出、缩回控制，且推料气缸行程较长，对输出力及运动速度都有要求，故可选用双作用气缸。选用的气缸实物及图形符号如图 7-1-11 所示。

图7-1-11 选用的气缸

●●● 项目总结 ●●●

本任务主要解决选用气缸的问题，从对常用气缸的分类入手，认识气缸的工作原理和结构组成，并且对如何选用气缸做出参考性建议。气缸是整个气压传动系统的执行元件，在气压传动系统中有着举足轻重的作用。认识气缸的分类、了解工作原理为学习气压传动系统奠定了理论基础，在后面的学习中将会运用这些理论基础，解决更加复杂的问题。在学习的过程中，采用问题引导、虚实结合、理实一体的讲解方法，让读者明白，面对复杂的问题，最有效的办法就是深入分析，看透本质，抓住主干，同时明白学思践悟、知行合一的学习方法才是正确而有效的。

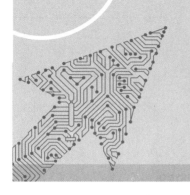

项目8

搭建气压传动常用回路

08

••• **项目导入** •••

项目简介

本项目以解决自动线气压传动系统控制过程中面临的几种典型问题为例,对气动系统方向控制、压力控制、速度控制的关键元件工作原理进行阐述。通过认识并搭建典型的常用回路,将理论知识具体化,帮助学习者对气压传动常用回路进行深入的理解。

项目目标

1. 能描述气压方向控制元件的工作原理;
2. 能搭建气压换向回路并分析其工作过程;
3. 能描述气压压力控制元件的工作原理;
4. 能搭建气压压力回路并分析其工作过程;
5. 能描述气压速度控制元件的工作原理;
6. 能搭建气压速度回路并分析其工作过程;
7. 养成安全、文明、规范的职业行为;
8. 培养敬业、精业的工匠精神;
9. 培养学生学思践悟、知行合一的学习方法。

学习路线

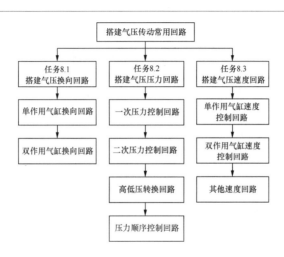

学思融合：文化自信

阅读本书提供的拓展资料，并思考以下问题：

1. 中国古代有哪些充满智慧的创造发明？
2. 有哪些令你印象深刻的中国自主研发成果？

••• 任务 8.1　搭建气压换向回路 •••

任务描述

假如你是某企业设备维修人员，车间某气动推料装置升级改造为推料后自动返回。但调试中发现，气缸伸出后无法实现自动返回的功能，请你分析原因并对气动回路进行调整。

在接到任务后，请根据任务描述，分析以下问题：

1. 该推料装置气动回路的功能是什么？
2. 该推料装置气动回路的核心元件是什么？
3. 这种功能的回路都有哪些类型？
4. 对该回路调整要遵循什么规范？

读者可尝试按照以下过程解决上面的问题。

子任务 8.1.1　读任务回路图

子任务分析

下面进行回路功能和核心元件分析。

1. 了解推料装置的动作要求

接到任务后，首先向车间技术人员了解推料装置的动作要求。

（1）按下启动按钮，推料装置将工件推送至传送带。

（2）推料装置的气缸伸出到终端位置时可自动返回。

经了解，明确该回路的功能是对推料装置气缸运动方向的控制，同时还要求自动返回。从功能上属于方向回路，核心元件是换向阀。（解决问题 1 和问题 2）

2. 分析推料装置回路图

分析车间技术人员设计的气动推料装置回路图，如图 8-1-1 所示。1V1 是二位五通双气控换向阀，

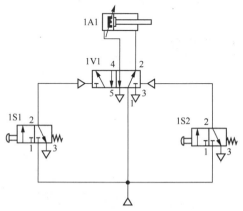

图8-1-1　气动推料装置回路图

功能是实现缸 1A1 的换向，从而实现推料装置运动方向的控制；但是阀 1S2 是二位三通手动换向阀，不能实现气缸自动返回的控制要求。

所以该回路的问题就是换向阀的选用不满足要求。由于技术人员对换向阀的原理和符号不清楚，影响了换向阀的选用。

相关知识

在气压传动系统中，用来控制压缩空气流动方向的控制元件统称方向控制元件，也称方向控制阀，后文统一称作方向阀。方向阀根据功能分为换向阀和单向阀两类。换向阀是气压传动系统核心元件之一，所以本任务就从换向阀开始讲解气压传动控制元件。

一、气压换向阀

气压换向阀通过控制压缩空气的流动方向和气路的通断，实现执行元件启动、停止及运动方向的控制。其作用是改变气体通道，使气体流动方向发生变化，从而改变气动执行元件的运动方向。气压换向阀种类繁多，分类方法和大部分的结构、原理与同类型液压换向阀相同，图形符号识读可参考液压换向阀部分。

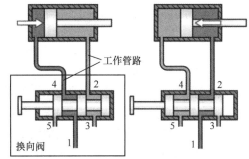

1. 气压换向阀的原理

图 8-1-2 所示为换向阀工作原理示意图。图中方框内为换向阀。该换向阀共有两个工作位置，五个气压端口，故又称之为二位五通换向阀。端口 1 为进气端口，压缩空气经由该端口进入换向阀；端口 2 和端口 4 为工作端口，连接气动执行元件，如气缸等；端口 3 和端口 5 为排气端口，压缩空气经由该端口排向大气。

图8-1-2　换向阀工作原理示意图

图 8-1-3 所示为该换向阀阀芯处于不同工作位置时，端口的连通状态。

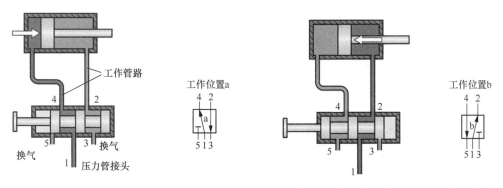

（a）阀芯在工作位置a（右位）时的示意图及其图形符号　　（b）阀芯在工作位置b（左位）时的示意图及其图形符号

图8-1-3　换向阀阀芯的不同工作位置

当换向阀阀芯处于图 8-1-3（a）所示的工作位置时，端口 1 和端口 4 接通，端口 2 和端口 3 接通，端口 5 被封闭。压缩空气由端口 1 流向端口 4，驱动气缸伸出。气缸有杆腔内的气体由换向阀端口 2 流向端口 3 排向大气。

当换向阀处于图 8-1-3（b）所示的工作位置时，端口 1 和端口 2 接通，端口 4 和端口 5 接通，端口 3 被封闭。压缩空气由端口 1 流向端口 2，驱动气缸缩回。气缸无杆腔内的气体由换向阀端口 4 流向端口 5 然后排向大气。

该换向阀一共有 a、b 两个工作位置，在原理图中应把两个工作位置全部表示出来。该换向阀原理图形符号如图 8-1-4 所示。需要指出的是，该原理图形符号未表示阀的换向驱动方式，阀的驱动方式将在后续部分介绍。

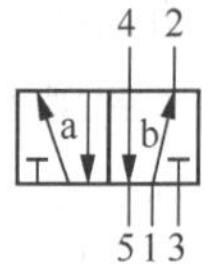

图8-1-4　换向阀原理图形符号

对于换向阀的原理图形符号及端口编号的含义，如图 8-1-5 所示。

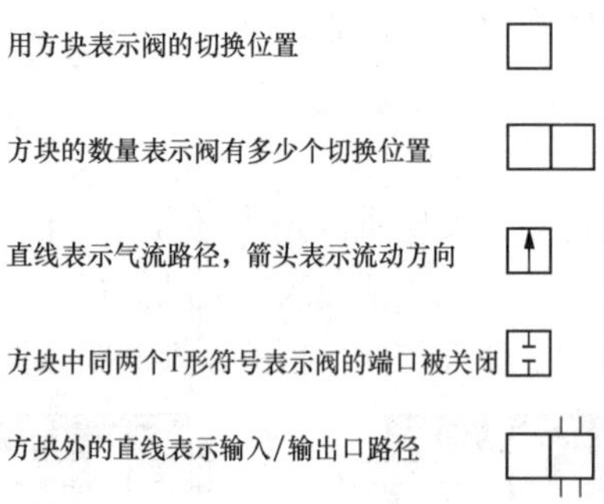

用方块表示阀的切换位置

方块的数量表示阀有多少个切换位置

直线表示气流路径，箭头表示流动方向

方块中同两个T形符号表示阀的端口被关闭

方块外的直线表示输入/输出口路径

工作端口	ISO 5599-3	端口或连接
	1	进气端口
	2，4	工作端口
	3，5	排气端口

控制端口	ISO 5599-3	端口或连接
	10	有气压信号时，使端口1和端口2不接通
	12	有气压信号时，使端口1和端口2接通
	14	有气压信号时，使端口1和端口4接通

图8-1-5　换向阀的图形符号及端口编号的含义

2. 换向阀的操纵方式

换向阀的换位需要通过外部力量驱动阀芯移位实现。气动换向阀按驱动方式分为人力控制换向阀、气压机动控制换向阀、气压控制换向阀和气压电磁控制换向阀等。

（1）人力控制换向阀。人力控制换向阀（见图 8-1-6）是利用人提供的力，如按压、踩踏等行为，施加在换向阀上，使换向阀阀芯换位，从而实现气路换向或通断的。

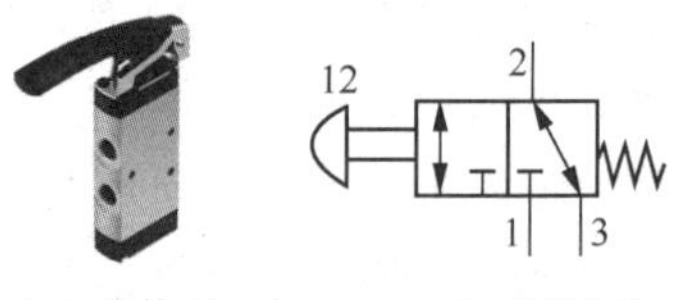

（2）气压机动控制换向阀。气压机动控制换向阀利用机械部件运动而产生的压力，施加在换向阀上，使换向阀阀芯换位，从而实现气路换向或通断。

图 8-1-7 所示为气压机动控制换向阀。同液压机动换向阀，气压机动控制换向阀也是利用气缸终端位置运动到换向阀的位置时，压下滚轮，触发机械杠杆，阀芯移动，从而实现阀的换位的。

（a）实物图　　（b）图形符号

图8-1-6　人力控制换向阀

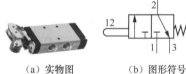

（a）实物图　　（b）图形符号

图8-1-7　气压机动控制换向阀

（3）气压控制换向阀。气压控制换向阀是利用压缩空气的压力推动阀芯移动，使换向阀换位，从而实现气路换向或通断的。气压控制换向阀常被简称为气控换向阀。气控换向阀适用于易燃、易爆、潮湿、灰尘多的场合，操作时安全可靠。

图 8-1-8 所示为双气控换向阀。双气控换向阀中，左右两侧驱动均为气压驱动。当左侧驱动有气压信号，右侧无信号时，阀切换到图 8-1-8（b）所示的左位，端口 1 和端口 4 接通。当右侧驱动有气压信号，左侧无信号时，阀切换到右位，端口 1 和端口 2 接通。当左右两侧驱动同时有信号时，换向阀不换位，工作位置取决于上一次的工作位置。图 8-1-8（a）中 14 表示阀处于图形符号左位时，端口 1 和端口 4 接通，12 表示阀处于图形符号右位时，端口 1 和端口 2 接通。

（4）气压电磁控制换向阀。同液压电磁换向阀，气压电磁控制换向阀也是利用电磁力的作用推动阀芯换位，从而改变气流方向的。按动作方式，它可分为直动式电磁换向阀和先导式电磁换向阀两大类。

① 直动式电磁换向阀。这种阀可利用电磁力直接推动阀芯换位。根据操纵电磁铁的数目不同，直动式电磁换向阀可分为单电控和双电控两种。

图 8-1-9 所示为单电控直动式电磁换向阀图形符号。电磁线圈未通电时，端口 1 和端口 2 断开；电磁线圈通电时，电磁力推动阀芯换位，使端口 1 和端口 2 接通。

（a）实物图

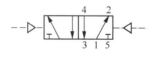

（b）图形符号

图8-1-8　双气控换向阀

图8-1-9　单电控直动式电磁换向阀图形符号

这种换向阀阀芯的移动靠电磁吸力，复位靠弹簧弹力，换向冲击较大，故一般制成小型阀。若将阀中的回位弹簧改成电磁铁，就成为双电磁铁直动式电磁换向阀。

如图 8-1-10 所示，电磁铁 1M1 通电、1M2 断电时，阀工作在左位，端口 1 和端口 4 接通，驱动执行元件动作。当电磁铁 1M1 断电时，阀芯不动，仍为端口 1 和端口 4 接通，即阀具有记忆功能，能保持断电前的状态。电磁铁 1M1 断电后，直到电磁铁 1M2 通电时，阀的输出状态进行切换。使用时，两电磁铁不能同时通电。

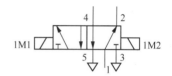

图8-1-10　双电控直动式电磁换向阀图形符号

直动式电磁换向阀的特点是结构紧凑，换向频率高，但用于交流电磁铁时，若阀芯卡死就易烧坏线圈，并且阀芯的行程受电磁铁吸合行程的控制。由于用电磁铁直接推动阀芯移动，当阀通径较大时，所需的电磁铁体积和电力消耗都必然加大，为克服此弱点可采用先导式结构。

② 先导式电磁换向阀。先导式电磁换向阀由先导阀和主阀组成。其中，主阀是气控换向阀，直动式电磁阀作为先导阀，利用它输出的先导气体压力来操纵气控主阀的换位。

图 8-1-11 所示为先导式二位五通双电控电磁换向阀的工作原理。当电磁先导阀 B 的线圈通电时，主阀 A 的 K_1 腔进气，K_2 腔排气，使主阀阀芯向右移动，处于图形符号的左位。此时端口 1 与端口 4 相通、端口 2 与端口 3 相通。当电磁先导阀 C 的线圈通电时，主阀 A 的 K_2 腔进气，K_1 腔排气，使主阀阀芯向左移动。此时端口 1 与端口 2 相通、端口 4 与端口 5 相通。

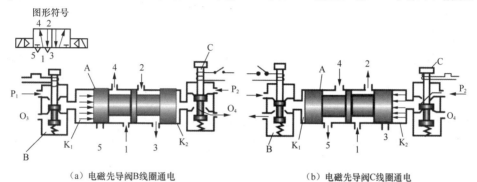

（a）电磁先导阀B线圈通电　　　　　　（b）电磁先导阀C线圈通电

图8-1-11　先导式二位五通双电控电磁换向阀的工作原理

同理，图 8-1-11 所示的先导式二位五通双电控电磁换向阀也具有记忆功能，在应用中要注意两侧的电磁铁也不能同时通电。先导式电磁换向阀的主阀也可以分为二位阀、三位阀等。

先导阀的气源从主阀引入，称作内先导式，如图 8-1-12 所示；从主阀外部引入，就称作外先导式，如图 8-1-13 所示。工作压力需大于 $3×10^5$Pa 时，一般采用内先导式电磁换向阀；小于 $3×10^5$Pa 时，一般采用外先导式电磁换向阀。

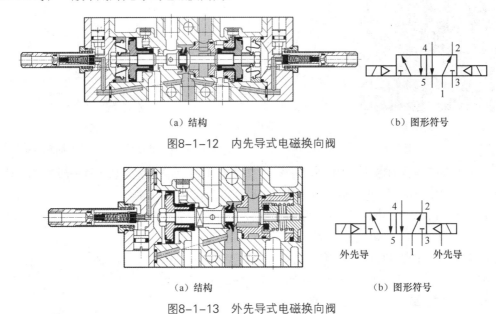

（a）结构 　　　　　　　　　　　　　　（b）图形符号

图8-1-12　内先导式电磁换向阀

（a）结构 　　　　　　　　　　　　　　（b）图形符号

图8-1-13　外先导式电磁换向阀

有的电磁换向阀带有手动控制装置，其图形符号如图 8-1-14 所示。有的电磁换向阀采用弹簧复位，如图 8-1-14（a）所示；有的电磁换向阀采用压缩空气复位的方式，如图 8-1-14（b）所示。

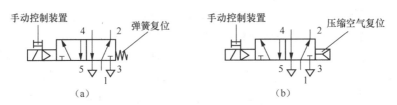

（a）　　　　　　　　　　　　　　　　（b）

图8-1-14　带手动控制装置的电磁换向阀

二、气压单向阀

气压单向阀即单向型方向控制阀，其又可以分为单向阀、或门型梭阀、与门型梭阀和快速排气阀。

1. 单向阀

单向阀是控制气体在一个方向上流动，而在相反方向上不能流动的阀，功能和图形符号与液压单向阀相同，结构与液压单向阀相似。结构和图形符号如图 8-1-15 所示。

图 8-1-15（c）所示的单向阀的弹簧很软，气流通过该阀正向流动时，弹簧的阻力很小；图 8-1-15（d）所示的单向阀的弹簧起到加载的作用，即气流通过该阀正向流动时，当其进口 1

的压力大于其出口 2 的压力和弹簧预压缩力时，才允许气流通过。

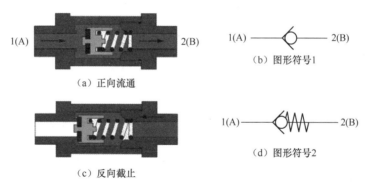

（a）正向流通　　　　　　　　（b）图形符号1

（c）反向截止　　　　　　　　（d）图形符号2

图8-1-15　单向阀结构和图形符号

与液压单向阀不同的是，气动系统的工作压力较低，多采用平面弹性结构进行密封。

2. 或门型梭阀

或门型梭阀简称梭阀，有两个进气端口 1，一个输出端口 2。或门型梭阀相当于共用一个阀芯而无弹簧的两个单向阀的组合，其作用相当于逻辑元件中的"或门"，当需要气动系统中的两个端口 1 均与端口 2 相通，而不允许端口 1 相通时，就要采用或门型梭阀。在气动系统中应用较广。

图 8-1-16 所示为或门型梭阀的工作原理和图形符号。当左侧端口 1 进气时，推动阀芯右移，使右侧端口 1 关闭，左侧端口 1 与输出端口 2 连通，压缩空气从端口 2 输出；当右侧端口 1 进气时，推动阀芯左移，使左侧端口 1 关闭，右侧端口 1 与输出端口 2 连通，端口 2 仍有压缩空气输出。当两个端口 1 都有压缩空气输入时，按压力加入的先后顺序和压力的大小而定，若压力不同，则高压口的通路打开，低压口的通路关闭，端口 2 输出高压；若压力相同，则先加入的气压推动阀芯移动封住对方的阀口，先加入的气体从端口 2 输出。

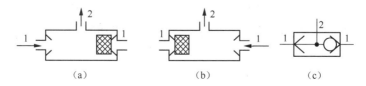

（a）　　　　　　　　（b）　　　　　　　　（c）

图8-1-16　或门型梭阀的工作原理和图形符号

梭阀的特点：只要两个端口 1 有一个端口进气，端口 2 就有输出，呈现逻辑或的关系。

3. 与门型梭阀

与门型梭阀又称双压阀，也有两个进气端口 1，一个输出端口 2，也相当于共用一个阀芯而无弹簧的两个单向阀的组合，其作用相当于逻辑元件中的"与门"。

图 8-1-17 所示为与门型梭阀的工作原理和图形符号。当左侧端口 1 进气、右侧端口 1 通大气时，阀芯右移，左侧端口 1 和输出端口 2 间的通路关闭，端口 2 没输出，如图 8-1-17（a）所示；同理，当右侧端口 1 进气、左侧端口 1 通大气时，阀芯左移，右侧端口 1 和输出端口 2 间的通路关闭，端口 2 也没输出，如图 8-1-17（b）所示；当两侧端口 1 都有输入［见图 8-1-17（c）］，且压力不等时，气压高的一侧将阀芯推至气压低的一侧，封闭气压高的进气端口与输出端口之间的通道，从而使气压低一侧的进气端口与输出端口连通，输出端口 2 才有输出；当两侧端口 1

都有输入，且压力相等时，哪个端口的输入气体输出取决于上一个通气状态，需要具体情况具体分析。图 8-1-16（d）所示为与门型梭阀的图形符号。

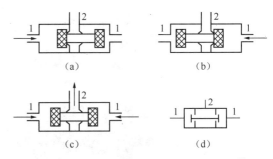

与门型梭阀的特点：只有两个输入端口 1 都有输入时，输出端口 2 才有输出，呈现出逻辑与的关系。

图8-1-17　与门型梭阀的工作原理和图形符号

4. 快速排气阀

快速排气阀又称快排阀，是为使气缸快速排气，加快气缸运动速度而设置的，一般安装在换向阀和气缸之间，使气缸的排气不需要通过换向阀而快速完成，从而加快了气缸往复运动的速度。

图 8-1-18 所示为快速排气阀的工作原理和图形符号。端口 1 为进气口，端口 2 为输出口，端口 3 为快排口。当端口 1 进气时，推动阀芯左移，打开端口 1 与端口 2 的通路，关闭快排口 3，输出口 2 有气体输出；当端口 2 进气，端口 1 通大气时，如图 8-1-18（a）所示，气体推动阀芯右移复位，关闭端口 1，端口 2 气体经快排口 3 快速排出。

快速排气阀的图形符号与梭阀非常相似，区别就在于快速排气阀图形符号上多了一个通大气的快排口 3，且快排口 3 和输出口 2 之间多了一条控制气路，图 8-1-18（b）中用虚线表示。

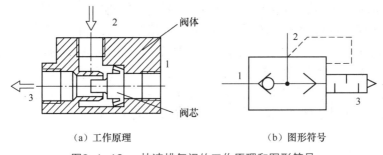

（a）工作原理　　　　　　　　（b）图形符号

图8-1-18　快速排气阀的工作原理和图形符号

三、阀岛

阀岛是新一代气电一体化控制元器件，是由多个换向阀构成的控制元器件，它集成了信号输入/输出及信号的控制，犹如一个控制岛屿。图 8-1-19 所示为阀岛实物。

阀岛已从最初带多针接口的阀岛发展为带现场总线的阀岛，继而出现可编程阀岛及模块式阀岛。阀岛技术和现场总线技术相结合，不仅确保了换向阀布线容易，而且大大地简化了复杂系统的调试、性能的检测和诊断及维护工作。借助现场总线高水平一体化的信息系统，使两者的优势得到充分发挥，具有广泛的应用前景。

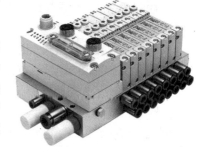

图8-1-19　阀岛实物图

1. 阀岛的分类

阀岛有带多针接口的阀岛、带现场总线的阀岛、模块式阀岛、可编程阀岛等。

（1）带多针接口的阀岛。可编程控制器的输出控制信号、输入信号均通过一根带多针插头的多股电缆与阀岛相连，而由传感器输出的信号则通过电缆连接到阀岛的电信号输入口上。因此，可编程控制器与电控阀、传感器输入信号之间的接口简化为只有一个多针插头和一根多股电缆。与传统方式实现的控制系统相比，采用带多针接口的阀岛后，系统不再需要接线盒。同时，所有电信号的处理、保护功能（如极性保护、光电隔离、防水等）都已在阀岛上实现。图 8-1-20 所示为带多针接口的阀岛示意图。

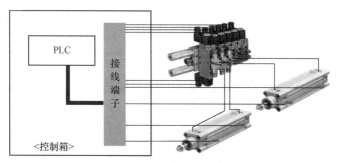

图8-1-20　带多针接口的阀岛示意图

（2）带现场总线的阀岛。现场总线的实质是通过电信号传输方式，并以一定的数据格式实现控制系统中信号的双向传输。两个采用现场总线进行信息交换的对象之间只需一根两股或四股的电缆连接。特点是以一对电缆之间的电位差方式传输信号。

在由带现场总线的阀岛组成的系统中，每个阀岛都带有一个总线输入口和总线输出口。当系统中有多个带现场总线的阀岛或其他带现场总线的设备时，可以由近至远串联连接。现提供的带现场总线的阀岛装备了目前市场上所有开放式数据格式约定及主要可编程控制器厂家自定的数据格式约定。这样，带现场总线的阀岛就能与各种型号的可编程控制器直接连接，或者通过总线转换器进行阀接连接。

图 8-1-21 所示为 Festo 的"02型"阀岛示意图，可根据多种现场总线通信协议的规定，选择不同的 PLC 作为控制器。

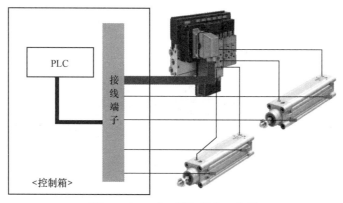

图8-1-21　"02型"阀岛示意图

带现场总线的阀岛的出现标志着气电一体化技术的发展进入一个新的阶段，为气动自动化系统的网络化、模块化提供了有效的技术手段，因此近年来发展迅速。

（3）模块式阀岛。模块式阀岛在设计中引入了模块化的设计思想，这类阀岛的基本结构如下。

① 控制模块位于阀岛中央。控制模块有三种基本方式：多针接口型、现场总线型和可编程型。

② 各种尺寸、功能的电磁阀位于阀岛右侧，每 2 个或 1 个阀装在带有统一气路、电路接口的阀座上。阀座的次序可以自由确定，其个数也可以增减。

③ 各种电信号的输入/输出模块位于阀岛左侧，提供完整的电信号输入/输出模块产品。

（4）可编程阀岛。鉴于模块式生产成为目前发展趋势，又因单个模块及许多简单的自动装置往往只有 10 个以下的执行机构，于是出现了一种集电控阀、可编程控制器及现场总线为一体的可编程阀岛，即将可编程控制器集成在阀岛上。

图 8-1-22 为 Festo 的 CPX 型阀岛示意图。该阀岛支持多种现场总线协议，可进行程序处理，同时也是模块化设计思想的完美体现。

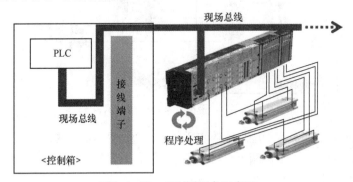

图8-1-22　CPX型阀岛示意图

模块式设备是将整台设备分为几个基本的功能模块，每一基本模块与前、后模块间按一定的规律有机地结合。模块化设备的优点是可以根据加工对象的特点，选用相应的基本模块组成整机。这不仅缩短了设备制造周期，而且可以实现一种模块多次使用，节省了设备投资。可编程阀岛在这类设备中广泛应用，每一个基本模块装用一套可编程阀岛。这样，使用时可以离线同时对多台模块进行可编程控制器用户程序的设计和调试。这不仅缩短了整机调试时间，而且当设备出现故障时，可以通过调试找出有故障的模块，使停机维修时间最短。

2．阀岛发展史

阀岛可看作是由多个阀片组合而成的，其设计目的一开始也是为了简化整机上电磁阀的组装。阀岛的发展如图 8-1-23 所示。

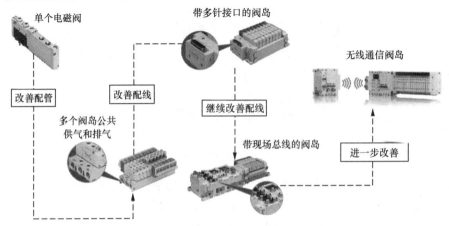

图8-1-23　阀岛的发展

为简化整机上电磁阀的安装调试，阀岛生产商通过加配底板，对阀岛进行公共进气、公共排气的集中配管，从而减少配管的安装。但是，阀岛的电路部分接线依旧复杂，为解决此问题，阀岛厂商通过建立公共端，对配线进行了改善，从而减少了电路部分的接线难度。此时的阀岛为带多针接口的阀岛。使用多针接口型阀岛使设备的接口大为简化，但用户还必须根据设计要求自行将可编程控制器的输入/输出口与来自阀岛的电缆进行连接，而且该电缆随着控制回路的复杂化而加粗，随着阀岛与可编程控制器间的距离增大而加长。为克服这一缺点，出现了新一代阀岛——带现场总线的阀岛。随着技术的进步，为更进一步简化设备与阀岛之间的接线，同时增加阀岛的便携性，出现了不需要通信线的无线通信阀岛。这种阀岛只需要将主站和从站分别连接电源，即可实现主站和从站的无线通信。

3. 阀岛的应用

由于阀岛组件的模块化、连接方式的可选择性及作为总线节点具有自我检测和维护的功能，阀岛在工业自动化领域被广泛应用，另外也涉足工程控制和食品行业等方面。

阀岛在汽车行业应用也十分广泛，如大众、宝马、路虎、长城等国内外汽车企业都应用了大量的阀岛。

图 8-1-24 所示为阀岛控制机器人气动抓手的作业场景。应用阀岛，可极大减少机器人气路接线，同时方便控制，极大提高了机器人的工作效率。

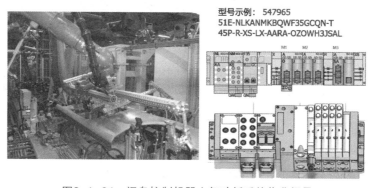

图8-1-24　阀岛控制机器人气动抓手的作业场景

图 8-1-25 所示为阀岛在打包传输行业的应用。该阀岛采用模块化结构，用于小型、中型和大型设备；同时具备多个压力分区，适合需要高流量的作业场景。

图8-1-25　阀岛在打包传输行业的应用

子任务实施　选择正确的方向阀

本任务选用二位五通双气控换向阀作为主控阀，合理。因为该推料装置使用的是双作用气缸，对于双作用气缸的控制，至少需要四通阀，而该装置为气动装置，故选用二位五通双气控换向阀作为主控阀可满足控制要求。

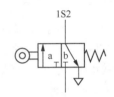

图8-1-26　应选用的换向阀的图形符号

但该装置的气缸要实现自动返回，选用的 1S2 为手动换向阀，需要人为提供换向力，无法满足气缸自动返回的需要。该装置气缸返回信号应由气缸终端位置提供行程信号，该信号属于机械信号，故要实现该要求，需选用机械控制换向阀。考虑到该阀只需提供主控阀的换向信号即可，故可选用二位三通机械控制阀，来实现气缸的自动返回控制。应选用的换向阀的图形符号如图 8-1-26 所示。

对于换向阀的选型是个较为复杂的问题，首先要保证安全、可靠、适用和经济，然后根据所需流量、驱动形式、配管形式及口径等多个因素进行综合考虑选择。一般方法是根据控制要求，查阅某品牌的选型手册来选择型号。

子任务 8.1.2　改进任务回路图

子任务分析

选用了图 8-1-26 所示的换向阀之后，如何搭建符合功能要求的气动回路呢？

为完成特定功能，由一些气压元件与气压辅助元件按照一定关系构成的气路结构叫作气动回路。因此，在实际应用中搭建气动回路，第一步应分析回路功能，确定主要功能动作，第二步根据主功能选用核心元件，第三步再根据主功能要求选用其他气压元件。

本任务中，主功能是推料装置的动作，所以回路的主功能就是驱动推料装置的气缸的伸出和缩回，即缸的换向功能。同时要求推料装置在气缸伸出到终端位置时自动返回，也就是要求气缸的换向由行程信号控制。所以本任务的回路功能就是换向。

相关知识

方向控制回路是控制气动系统中气流的接通、切断或变向，实现执行元件的启动、停止和换向的回路，可分为单作用气缸换向回路和双作用气缸换向回路。（解决问题 3）

一、单作用气缸换向回路

图 8-1-27 所示为单作用气缸换向回路。

在图 8-1-27（a）中，当电磁铁通电时，压缩空气进入气缸的无杆腔，在压缩空气的作用下，气缸伸出；电磁铁断电时，气缸靠弹簧作用复位。该回路比较简单，但对由气缸驱动的部件有较高的要求，以便气缸活塞能可靠退回。

与图 8-1-27（a）中回路不同的是，图 8-1-27（b）中的三位四通电磁换向阀在两边电磁铁都断电后自动回到中位，能使气缸停留在行程中的任何位置上，但定位精度不高，且定位时间不长。需要注意的是，两边的电磁铁不能同时通电。

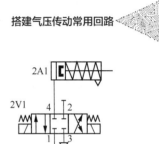
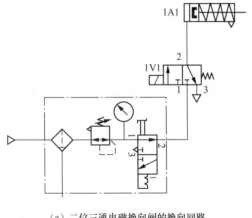
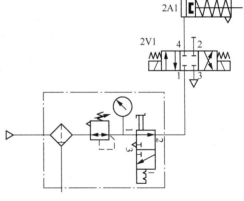

（a）二位三通电磁换向阀的换向回路　　　　　　（b）三位四通电磁换向阀的换向回路

图8-1-27　单作用气缸换向回路

二、双作用气缸换向回路

图 8-1-28 所示为手动阀控制的双作用气缸换向回路。图 8-1-28（a）中为二位五通单气控换向阀控制的换向回路，按下手动阀 1S1，阀 1V1 控制气路接通，缸伸出；控制气路切断后，阀 1V1 复位，缸缩回。图 8-1-28（b）中用两个二位三通单气控换向阀控制气缸换向，按下手动阀 1S2，二位三通单气控换向阀 1V2 换到右位、1V3 换到左位，缸伸出；松开阀 1S2，阀 1V2 和 1V3 复位，缸缩回。图 8-1-28（c）为二位五通双气控换向阀控制的换向回路，按下手动阀 1S3，阀 1V4 换到左位，缸伸出，按下手动阀 1S4，阀 1V4 换到右位，缸缩回。

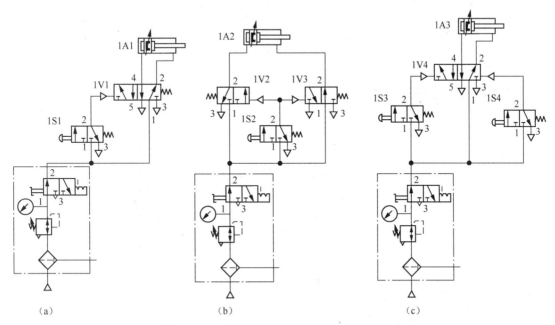

（a）　　　　　　　　　　（b）　　　　　　　　　　（c）

图8-1-28　手动阀控制的双作用气缸换向回路

图 8-1-29 所示为电磁阀控制的双作用气缸换向回路。图 8-1-29（a）所示为采用单电控电磁阀的换向回路，电磁铁 1YA 通电，阀 1V1 换到左位，缸伸出；1YA 断电，阀 1V1 复位，缸缩

回。图 8-1-29（b）所示为采用双电控电磁阀的换向回路，2YA 通电，阀 1V2 换到左位，缸伸出；2YA 断电、3YA 通电，阀 1V2 换到右位，缸缩回。要注意阀 1V2 没有常态位，具有记忆功能，且两边的电磁阀不能同时通电。图 8-1-29（c）、（d）所示均为采用三位五通双电控电磁阀的换向回路，其原理同图 8-1-29（b）所示回路，区别是当两边电磁铁都断电时，阀 1V3 和 1V4 回到中位，缸停止，两边的电磁铁也不能同时通电。但要注意三位阀的中位机能，阀 1V3 处于中位时，缸浮动，阀 1V4 处于中位时，缸锁紧。

手动阀控制的双作用气缸换向回路

电磁阀控制的双作用气缸换向回路

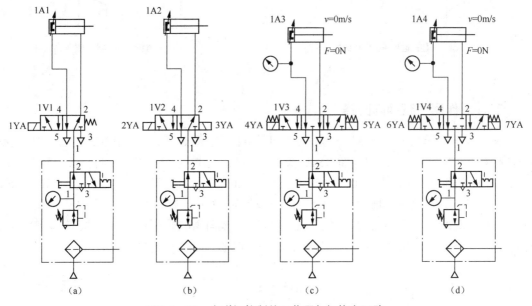

图8-1-29　电磁阀控制的双作用气缸换向回路

子任务实施　搭建正确回路图

综合上述相关知识，本任务中推料装置改进后的气动回路如图 8-1-30 所示。

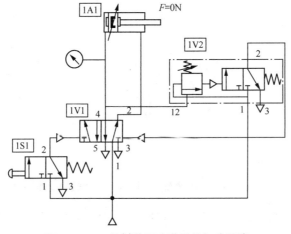

图8-1-30　推料装置改进后的气动回路

子任务 8.1.3　气路调整

子任务分析

前面搭建的推料装置气动回路, 经过仿真, 功能符合要求。接下来要搭建实际的气动回路。主要工作是气动回路元件——机械行程换向阀的更换。你必须熟知安全规范, 并能按照操作规范, 拆下原来的手动换向阀, 再重新安装选择的机械行程换向阀。在确保安装可靠的前提下, 进行气动系统的综合调试。

相关知识　安全操作规范

（1）按规定穿戴好劳保用品。

（2）调整气路前, 必须将气缸缩回, 不允许活塞杆裸露在外。

（3）调整气路前, 将气缸缩回后, 必须确保气源开关处于关闭状态, 禁止带压操作。

（4）安装气压管道时, 必须使气管垂直插入接口, 禁止倾斜插入接口; 拆卸管道时, 必须一只手将锁紧装置向下按压, 同时另一只手轻轻垂直向上拔起气管, 禁止暴力拆卸管道。

（5）气管应剪切平整、光滑, 无较大倾角, 无毛刺。

（6）气压元件、管道等安装后, 在打开气源开关之前, 必须检查各元件的安装是否牢固可靠, 以防止在接通气源的瞬间, 元件或者管道掉落或脱开。

（7）在气缸运动的行程上不允许摆放任何工具、工件及其他物品。

（8）在气缸运动过程中, 不允许用任何物品触碰气缸活塞杆。

（9）系统长时间停止运行时, 应将减压阀压力调整为零。

（10）禁止在气源启动后, 气缸在未加任何控制信号的情况下突然伸出。（解决问题 4）

子任务实施　换向阀更换

第一步: 将气缸缩回。

第二步: 关闭气源, 将回路剩余压缩空气排出。

第三步: 按照操作规范拆下手动换向阀的连接管道。

第四步: 按照操作规范拆下手动换向阀, 并按规定摆放到指定位置。

第五步: 按照操作规范安装新的换向阀, 然后连接管道, 检查阀和管道的安装及连接是否牢固可靠。

第六步: 接通气路, 检查是否漏气。

第七步: 启动控制回路, 观察气缸的动作是否正确。

第八步: 使气缸缩回, 关闭气源。

第九步: 将所使用的各种工具、夹具、辅具及场地按照 6S 管理要求进行整理。

任务总结

本任务以自动推料装置气动回路的调整为例, 通过分析回路功能, 气压方向阀的类型、结构、原理、功能和应用，分析了气动换向回路的搭建方法，并对推料装置的回路进行调整。在这个过程中，采用问题引导、虚实结合、理实一体的讲解方法，让学习者明白学思践悟、知行合一的学习方法才是正确而有效的。然后指导学习者按照规范操作，完成换向阀的更换。在这个过程中，强调职业规范和职业道德，使学习者养成良好的职业素养。

••• 任务 8.2　搭建气压压力回路 •••

任务描述

在任务 8.1 中，你改进的推料装置气路，又遇到一个问题，即因生产线功能升级，推料装置将工件推出后，还需达到指定压力方可返回，请你改进气路。

在接到任务后，请根据任务描述，分析以下问题：

1．该推料装置气动回路实现压力调节的核心元件是什么？

2．压力控制元件的原理是什么？符号如何识读？

3．实现这些功能的气动回路有哪些类型？

4．如何对该推料装置气动回路进行调整？

读者可尝试按照以下过程解决上面的问题。

子任务 8.2.1　读任务回路图

子任务分析

接到任务后，首先向车间工人了解推料装置的新的工作要求：推料装置气动回路除要能够实现任务 8.1 的工作要求外，还需具备两种新的功能，即气动回路的压力可被检测和气缸的返回需经过压力控制元件的控制。

基于以上工作要求分析，明确该回路的功能是在任务 8.1 的基础上，增加压力控制功能，推料装置的动作由系统的压力进行调节和控制，由任务 8.1 可将这些控制元件命名为压力控制元件，简称压力阀。因此，实现新增加功能的核心元件是压力阀。（解决问题 1）

对于压力回路而言，控制回路压力大小，需要使用压力阀。压力阀起到调压、稳压的作用。气动系统中，压力大小及稳定情况很大程度上决定了气压系统的运行稳定性与可靠性。本任务介绍几种压力阀的工作原理及几种典型的压力回路。

相关知识

一、气压压力控制阀的功能和类型

所有的气动回路或储气罐，为了安全起见，当压力超过允许压力值时，需要实现自动向外排气，这种压力控制阀叫安全阀。

气动系统不同于液压系统，一般每一个液压系统都自带液压源，而在气动系统中，一般由

空气压缩机先将空气压缩，储存在储气罐内，然后经管路输送给各个气动装置使用。而储气罐的空气压力往往比各台设备实际所需要的压力高些，同时其压力波动值也较大，因此需要用减压阀（又称调压阀）将其压力减低并稳定在每台装置所需的值。

有些气动回路需要依靠回路中压力的变化控制两个执行元件的顺序动作，所用的这种阀就是顺序阀。气动压力控制阀主要包括减压阀、安全阀和顺序阀三类。

二、气压溢流阀

当储气罐或回路中压力超过某调定值时，要用安全阀向外放气，安全阀在系统中起过载保护作用。气压溢流阀主要用于系统保护，所以一般称为安全阀。

安全阀的工作原理如图 8-2-1 所示，P 口为进口，O 口为出口，O 口通大气。当系统中气体作用在阀芯上的力小于弹簧的弹力时，阀处于关闭状态；当系统压力升高，气体作用在阀芯上的作用力大于弹簧的弹力时，阀芯上移，P 口和 O 口连通，即阀开启溢流，最终阀芯在 P 口气体压力和弹簧弹力产生的调定压力作用下平衡，阀口开度一定，其进口压力不再升高并为该阀的调定值；当系统压力降至低于调定值时，阀口又重新关闭，并保持密封。安全阀的开启压力可通过调整弹簧的预压缩量来调节。图 8-2-1（c）为安全阀的图形符号。

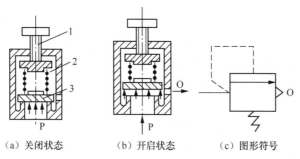

（a）关闭状态　　　（b）开启状态　　　（c）图形符号

图8-2-1　安全阀的工作原理

1—旋钮；2—弹簧；3—阀芯

对于安全阀来说，要求当系统中的工作气压刚超过阀的调定压力时，阀门便迅速打开，并以额定流量排放，而一旦系统中的压力稍低于调定压力时，便能立即关闭阀门。因此，在保证安全阀具有良好的流量特性前提下，应尽量使阀的关闭压力 p_s 接近于阀的开启压力 p_k，而全开压力 p_q 接近于开启压力，有 $p_s < p_k < p_q$。

三、气压减压阀

减压阀是气动系统中必不可少的一种调压元件。其主要作用就是调压和减压，把来自气源的较高输入压力减至设备或分支系统所需的较低的输出压力，可调节并保持输出压力值的稳定，使输出压力不受系统流量、负载和压力值波动的影响。

减压阀的调压方式有直动式和先导式两种，直动式减压阀是借助改变弹簧弹力来直接调整压力的，而先导式减压阀则用预先调整好的气压代替直动式调压弹簧来进行调压。一般先导式减压阀的流量特性比直动式减压阀好。

图 8-2-2 所示为 QTY 型直动式减压阀的结构及图形符号。

当阀处于工作状态时，调节旋钮 1，调压弹簧 2、3 及膜片 5 使阀芯 8 下移，进气阀口被打开，气流从左端输入，经进气阀口 10 节流减压后从右端输出。输出气流的一部分，由阻尼孔 7 进入膜片气室 6，在膜片 5 的下面产生一个向上的推力，这个推力总是企图把阀口开度关小，使其输出压力下降。当作用在膜片上的推力与弹簧弹力互相平衡后，使减压阀保持一定值的输出压力。

当输入压力发生波动时，如输入压力瞬时升高，输出压力也随之升高，作用在膜片上的气体推力也相应增大，破坏了原有的力平衡，使膜片 5 向上移动。此时，有少量气体经溢流孔、排气孔排出。在膜片上移的同时，因回位弹簧的作用，使阀芯 8 也向上移动，进气口开度减小，节流作用增大，使输

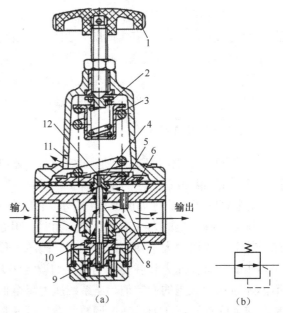

图8-2-2　QTY型直动式减压阀结构

1—旋钮；2、3—调压弹簧；4—溢流孔；5—膜片；
6—膜片气室；7—阻尼孔；8—阀芯；9—回位弹簧；
10—进气阀口；11—排气孔；12—弹簧座

出压力下降，直至达到新的平衡，并基本稳定至预先调定的压力值。若输入压力瞬时下降，输出压力相应下降，膜片下移，进气阀口开度增大，节流作用减小，输出压力又基本回升至原值。调节旋钮 1，使调压弹簧 2、3 恢复自由状态，输出压力降至零，阀芯 8 在回位弹簧 9 的作用下，关闭进气阀口 10。此时，减压阀便处于截止状态，无气流输出。

QTY 型直动式减压阀的调压范围为 0.05～0.63MPa，气体通过减压阀内通道的流速在 15～25m/s。

安装减压阀时，要按气流的方向和减压阀上所标示的箭头方向，依照分水滤气器、减压阀、油雾器的安装顺序进行安装。压力应由低向高调至规定的值。减压阀不工作时应及时把旋钮松开，以免膜片变形。

四、气压顺序阀

气压顺序阀是依靠气压系统中压力的变化来控制气动回路中各执行元件按顺序动作的压力阀。

气压顺序阀的工作原理与液压顺序阀基本相同，气压顺序阀符号如图 8-2-3 所示，可看作由一个限压阀和一个二位三通单气控换向阀串联而成。

当气压顺序阀 12 端口压力低于设定值时，限压阀管道关闭，二位三通单气控换向阀保持在右位，压缩空气无法从端口 1 经由端口 2 流向下一级元件。

当气压顺序阀 12 端口压力上升至设定值时，限压阀

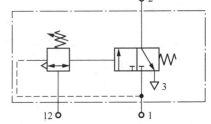

图8-2-3　气压顺序阀图形符号

管道接通，二位三通单气控换向阀切换至左位，压缩空气从端口 1 经由端口 2 流向下一级元件。

调节压力顺序阀的旋钮，可改变顺序阀的开启压力，以便在不同的开启压力下，控制执行元件的顺序动作。（解决问题 2）

五、气压压力传感器

压力传感器是对在工业生产中起关键作用的压力信号进行采集并转化为电信号的设备。压力传感器工作过程如图 8-2-4 所示。

压力传感器根据结构的不同，通常分为机械式和电子式两种。

1. 机械式

机械式压力传感器的原理比较简单，是纯机械形变带动开关动作。

具体对于机械式压力传感器而言，让机械形变的是压力。当压力增加时，作用在不同的传感压力元器件上产生形变，并通过栏杆弹簧等机械结构，最终启动最上端的微动开关，使信号输出。

2. 电子式

电子式压力传感器的原理比较复杂，它由一个微小膜片和一个扩散到它上面的压阻式应变计组成。其工作原理如图 8-2-5 所示。当施加压力时，微小的膜片弯曲，感应应变改变电阻值。其中，应变计由 4 个电阻以惠斯通电桥的形式连接，其输出电压与施加的压力成正比。因此，如果施加压力，膜片就会弯曲，产生比例电信号。

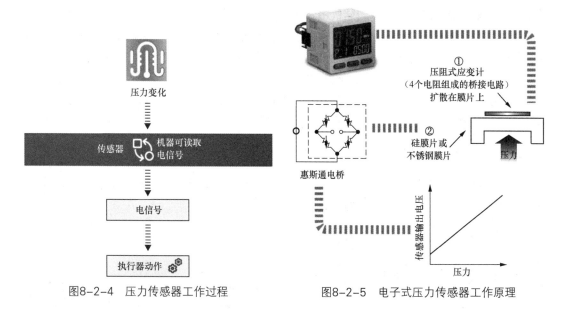

图8-2-4 压力传感器工作过程   图8-2-5 电子式压力传感器工作原理

子任务实施 选择合适的气压压力控制阀

根据推料装置气动回路新的控制要求，气缸的返回需经过压力控制元件的控制。分析推料装置工作过程，气缸伸出到终端位置，并且压力到达指定值之后自动返回。这就要求推料装置需要依靠气压系统中压力的变化来控制气动回路中执行元件即气缸按顺序进行动作。又考虑到任务 8.1 设计的推料装置为纯气动控制装置，所以可以选择气压顺序阀。选择图 8-2-3 所示的压力顺序阀。

子任务 8.2.2　改进任务回路图

子任务分析

选用了合适的压力控制阀——气压顺序阀之后，理论上已经可以实现新的控制要求，但是如何搭建符合功能要求的气压回路呢？本任务要实现对压力的控制，所以要搭建的就是压力控制回路。根据推料装置气动回路压力控制要求，本任务搭建的回路是压力顺序控制回路。

相关知识

压力控制回路就是对系统压力进行调节和控制的回路。压力控制回路可以使气压回路中的压力保持在一定范围内，或使回路得到高、低不同压力，或依靠气压系统中压力的变化来控制气动回路中各执行元件按顺序进行动作。因此，常用的压力控制回路有一次压力控制回路、二次压力控制回路、高低压转换回路和压力顺序控制回路。（解决问题 3）

一、一次压力控制回路

一次压力控制回路主要用来控制小型压缩空气站中储气罐内的压力，使其不超过储气罐所设定的压力。这是气源的第一次压力控制，如图 8-2-6 所示。

常用外控溢流阀或用电接点压力表来控制空气压缩机的转停，使储气罐内压力保持在规定范围内。当采用溢流阀控制时，若储气罐内压力超过规定值，则溢流阀开启，空气压缩机输出的压缩空气由溢流阀排入大气，使储气罐内压力保持在规定范围内。当采用电接点压力表控制时，若储气罐内压力超过规定值，则电接点压力表使控制系统断开空气压缩机的电路，用压缩机的停止来保证储气罐内压力在规定的范围内。

采用溢流阀，结构简单，工作可靠，但气量浪费大；采用电接点压力表对电动机及控制要求较高，常用于对小型空气压缩机的控制。

二、二次压力控制回路

二次压力控制回路的作用主要是对气动系统的气源压力进行控制，如图 8-2-7 所示，其是气缸、气动马达系统气源常用的压力控制回路。

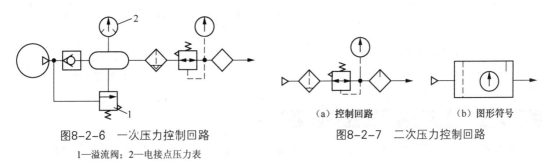

图8-2-6　一次压力控制回路
1—溢流阀；2—电接点压力表

（a）控制回路　　（b）图形符号
图8-2-7　二次压力控制回路

输出压力的大小由溢流式减压阀调整。在此回路中，空气过滤器、减压阀、油雾器常组合使用，构成气动三联件，保证气动系统使用的气体压力为一稳定值。但要注意，供给逻辑元件的压缩空气不要加入润滑油。

三、高低压转换回路

在实际应用中，有些气动控制系统需要有高、低压力的选择。图 8-2-8（a）所示为由减压阀控制的高低压转换回路，该回路由两个减压阀分别调出 p_1、p_2 两种不同的压力，气动系统就能得到所需要的高压和低压输出，该回路适用于负载差别较大的场合。图 8-2-8（b）中是利用两个减压阀和一个换向阀构成的高低压力 p_1 和 p_2 的自动换向回路，可同时输出高压和低压。

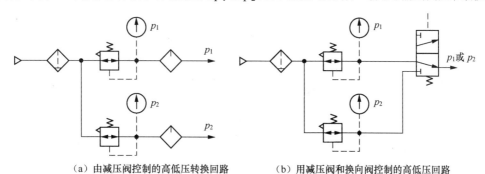

（a）由减压阀控制的高低压转换回路　　　（b）用减压阀和换向阀控制的高低压回路

图8-2-8　高低压转换回路

四、压力顺序控制回路

压力顺序控制回路是依靠气动系统中压力的变化来控制气动回路中各执行元件按顺序动作的。图 8-2-9 所示为压力顺序控制回路，该回路使用压力顺序阀 1V2 实现压力顺序控制。回路工作过程为：按下启动按钮 1S1，阀 1V1 左位，气缸 1A1 伸出；伸出到位触发行程阀 1S2，此时阀 1S2 端口 1 没有气体输入，故阀 1V1 不换向；气缸 1A1 伸出后，阀 1V2 端口 1、2 进气，当达到工作压力 $4×10^5$Pa 时，阀 1V2 端口 1 和 2 接通，端口 2 气流流向 1S2 端口 1，阀 1V2 右位，气缸快速缩回。

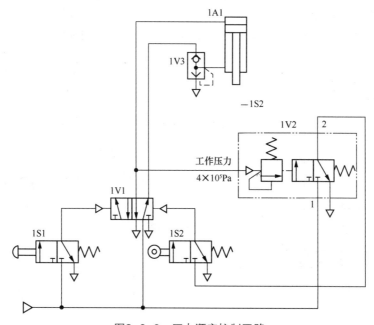

图8-2-9　压力顺序控制回路

221

子任务实施　搭建符合功能要求的回路图

综上所述，本任务中改进后的推料装置气动回路如图 8-2-10 所示。

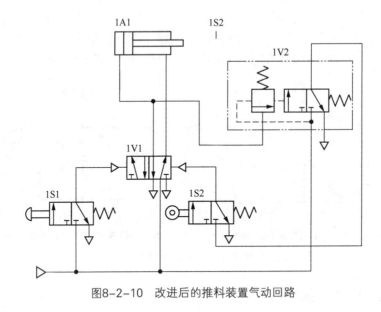

图8-2-10　改进后的推料装置气动回路

子任务 8.2.3　气路调整

子任务分析

改进后的推料装置气动回路，经过仿真，功能符合要求。接下来要在自动线上搭建实际的气动回路。主要工作是气动回路元件——压力顺序阀的安装。你必须熟知安全规范，并能按照操作规范，拆下原来的气路接口，再安装三通阀和压力顺序阀。在确保安装可靠的前提下，进行气动系统的综合调试。

相关知识　安全操作规范

（1）检查压力阀的标签上的符号、型号、参数是否符合现场技术要求。

（2）检查所有的气动元件是否完好无损。

（3）必须将压力顺序阀的管道清洗、吹扫干净。

（4）按箭头方向将压力顺序阀接口与管道安装，并且保证压力顺序阀方便调节。

（5）不用时应旋松旋钮。

（6）其他规范请参考任务 8.1 中对应部分。（解决问题 4）

子任务实施　压力顺序阀安装

气动压力顺序阀安装步骤如下。

第一步：将气缸缩回。

第二步：关闭气源，将回路剩余压缩空气排出。

第三步：按照操作规范断开气路的连接管道。

第四步：按照操作规范安装压力顺序阀，然后连接管道，检查阀和管道安装和连接是否牢固可靠。

第五步：接通气路，检查是否漏气。

第六步：启动控制回路，观察气缸的动作是否正确。

第七步：使气缸缩回，关闭气源。

第八步：将所使用的各种工具、夹具、辅具及场地按照 6S 管理要求进行整理。

任务总结

本任务是在任务 8.1 的基础上，根据推料装置新增加的功能，分析驱动其动作的气动回路功能，然后从功能出发，分析出压力回路的核心元件是压力控制元件。通过对液压压力控制元件的类型、结构、工作原理、功能和应用的分析，引导学习者搭建符合功能要求的压力控制回路，并对推料装置的气动回路进行调整。

••• 任务 8.3　搭建气压速度回路 •••

任务描述

在对任务 8.2 改进的气路进行实际调试时，发现气缸伸出和缩回的速度都很快，容易撞倒工件。现在要求气缸运动过程中能够对速度进行控制，请对回路进行调整。

在接到任务后，请根据任务描述，分析以下问题：

1．本任务中推料装置气动回路增加的功能是什么？

2．实现本任务中推料装置气动回路功能的核心元件是什么？

3．本任务中，这种功能的回路都有哪些类型？

4．该推料装置气动回路调整要遵循什么规范？

读者可尝试按照以下过程解决上面的问题。

子任务 8.3.1　读任务回路图

子任务分析

1．了解推料装置的工作要求

接到任务后，首先向车间技术人员了解推料装置新的工作要求：在任务 8.1 和任务 8.2 实现功能的基础上，要求增加推料装置气缸伸出时慢速，缩回时快速。基于以上工作要求分析，明确该回路的功能是在任务 8.2 的基础上，增加对推料装置速度的控制。由气压传动的工作特性即运动速度取决于流量可知，改变气压传动回路中的流量就能改变缸的运动速度。在气压传动系统中，调节和控制流量的元件称为流量控制元件，简称流量阀。因此本任务实现推料装置运动速度控制功能的核心元件是流量阀。（解决问题 1 和问题 2）

2. 分析推料装置回路图

图 8-2-10 所示的任务 8.2 中推料装置改进后的气压回路中，1V1 是二位五通双气控换向阀，功能是实现缸 1A1 的换向，将工件推送至传送带，从而实现推料装置运动方向的控制，压力顺序阀可实现推料气缸到达终端位置并达到设定压力后自动返回。但推料装置气缸顶部在伸出的过程中运动速度过快，容易撞伤工件。所以该回路的问题就是缺少流量阀，造成不满足控制要求。

相关知识

一、气压流量控制元件的功能和类型

在气压传动系统中，有时需要控制气缸的运动速度，有时需要控制换向阀的切换时间和气动信号的传递速度，这些都需要调节压缩空气的流量来实现。流量控制元件是通过改变阀的通流面积来调节压缩空气流量的控制元件，又称为流量控制阀。流量控制阀包括节流阀、单向节流阀、排气节流阀等。

图形符号

二、气压节流阀

图 8-3-1 所示为圆柱斜切型节流阀的结构及图形符号。压缩空气由 1 口进入，经过节流后，由 2 口流出。旋转阀芯螺杆可改变节流口的开度大小。由于这种节流阀的结构简单，体积小，因此应用范围较广。

图8-3-1　圆柱斜切型节流阀的结构及图形符号

三、气压单向节流阀

单向节流阀是由单向阀和节流阀并联而成的组合式流量控制阀，常用于控制气缸的运动速度，又称为速度控制阀。单向节流阀工作原理及图形符号如图 8-3-2 所示。当压缩空气从 1 口进入，向 2 口流动时，单向节流阀关闭，压缩空气只能经过节流口到达出口，即节流阀节流，如图 8-3-2（a）所示；反向流动，即压缩空气从 2 口进入时，单向阀打开，不节流，如图 8-3-2（b）所示。

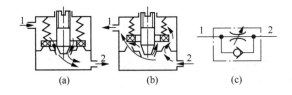

| (a) | (b) | (c) |

图8-3-2　单向节流阀工作原理及图形符号

子任务实施　选择合适的流量控制阀

本任务需要对推料装置气缸运动速度进行控制，而流量控制阀在气压传动系统中的主要功

能就是调节进入执行元件的流量回路中的空气流量，进而调整执行元件的运动速度。考虑到工作环境及要求，本任务可选择单向节流阀，将其安装在推料装置气动回路中合适的位置，以调节推料装置气缸的运动速度。

图 8-3-3 所示为选用的单向节流阀实物和图形符号。

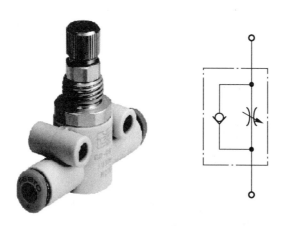

图8-3-3　选用的单向节流阀

子任务 8.3.2　改进任务回路图

子任务分析

选用了合适的流量控制阀，但如何搭建符合功能要求的气动回路呢？

本任务中，推料装置的气动回路在实现任务 8.1、任务 8.2 功能的基础上，需要实现推料装置在运动过程中速度的调节。所以本任务的回路功能就是调速。

相关知识

一、气压速度回路

速度控制回路的作用在于调节或改变执行元件的运动速度。气动系统的工作压力较低、使用功率较小，且气体的可压缩性远大于液体。因此，执行元件的速度控制和液压传动有一定的差别。调速方法主要是节流调速。

二、气压速度控制回路

气压速度控制回路又分为单作用气缸速度控制回路和双作用气缸速度控制回路。

1. 单作用气缸速度控制回路

图 8-3-4 所示为单作用气缸速度控制回路。

图 8-3-4（a）中，两个反向安装的单向节流阀，可分别控制活塞杆的伸出和缩回速度。活塞杆伸出和退回时，只有其中一个节流阀起调速作用，属于双向速度控制回路。图 8-3-4（b）中，气缸伸出时可调速，缩回时则通过快速排气阀排气，使气缸快速返回，属于单向速度控制

回路。该回路的运动平稳性和速度刚度都较差，易受外负载变化的影响，故该回路适用于对速度稳定性要求不高的场合。

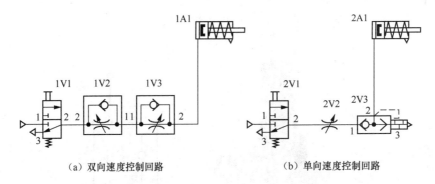

（a）双向速度控制回路　　　　　　　　　（b）单向速度控制回路

图8-3-4　单作用气缸速度控制回路

2. 双作用气缸速度控制回路

双作用气缸速度控制回路主要讲解节流速度控制回路（图 8-3-5）。节流速度控制分为进气节流速度控制和排气节流速度控制两种方式。

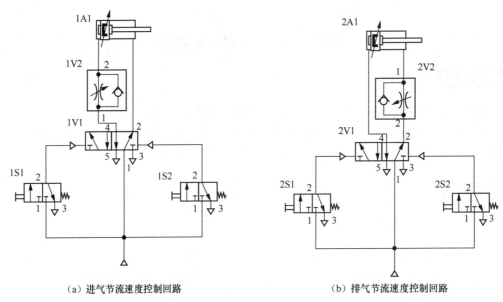

（a）进气节流速度控制回路　　　　　　　（b）排气节流速度控制回路

图8-3-5　双作用气缸速度控制回路

在进气节流速度控制回路中，活塞的运动速度靠进气侧的单向节流阀调节。这种回路存在着明显的问题，具体如下。

当承受负向（负载方向与活塞的运动方向一致）载荷时，有杆腔的压缩空气直接经换向阀快速排出，几乎无任何阻尼，此时，负载易产生"跑空"现象，使气缸失去控制。进气节流速度控制回路承载能力大，但不能承受负值负载，且运动的平稳性差，受外负载变化的影响较大。因此，进气节流速度控制回路的应用受到了限制，多用于垂直放置安装的气缸。

在图 8-3-5（a）所示位置，当节流阀开口较小时，由于进入缸无杆腔的气体流量较小，压力上升缓慢，只有当气体压力达到能克服外负载时，活塞前进，此时缸无杆腔的容积增大，使压缩空气膨胀，导致压力下降，使作用在活塞上的力小于外负载，活塞停止前进；待气体压力再次上升时，活塞才再次运动。这种由于负载及供气的原因使活塞忽走忽停的现象，称作气缸的"爬行"。当负载的运动方向与活塞的运动方向相反时，活塞易出现"爬行"现象。

对于水平安装的气缸，一般采用排气节流速度控制回路，如图 8-3-6（b）所示。调节排气侧的节流阀的开度，可以控制不同的排气速度，从而控制活塞的运动速度。有杆腔存在一定的背压，故活塞在无杆腔和有杆腔的压力差作用下运动，因而减少了"爬行"发生的可能性。这种回路能够承受负值负载，运动的平稳性好，受外负载变化的影响较小。

上述速度控制回路，一般只适用于对速度稳定性要求不高的场合。这是因为，当负载突然增大时，由于气体的可压缩性，将迫使气缸内的气体压缩，使气缸活塞运动的速度减慢；反之，当负载突然减小时，又会使气缸内的气体膨胀，使活塞运动速度加快，此现象称为气缸的"自行走"。故此，当要求气缸具有准确、平稳的运动速度时，特别是在负载变化较大的场合，就需要采用其他速度控制方式来改善其速度控制性能，一般常用气液联动的调速方式。

3. 其他速度回路

除了调速回路外，缓冲回路也可以实现对气缸运动速度的控制。缓冲回路的功能是降低或避免气缸行程末端活塞与缸体的撞击。在行程长、速度快、惯性大的场合，需要对气缸的运动进行缓冲，除采用缓冲气缸外，一般还采用缓冲回路。

如图 8-3-6 所示，气缸向右运动，气缸右腔的气体经机动换向阀及二位五通换向阀排掉；当活塞运动到末端碰到机动换向阀 1S1 时，气体经节流阀排掉，活塞运动速度得到缓冲。调整机动换向阀的安装位置就可以改变缓冲的开始时间。此回路适合于惯性力大的场合。（解决问题 3）

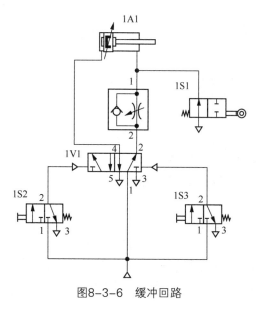

图8-3-6 缓冲回路

子任务实施　搭建符合功能要求的回路图

综上所述，本任务中改进后的推料装置气动回路如图 8-3-7 所示。

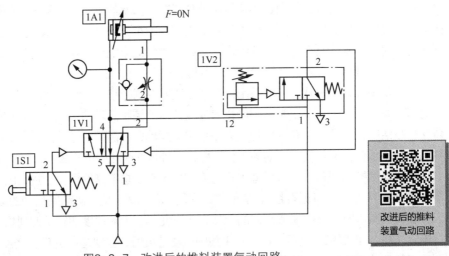

图8-3-7 改进后的推料装置气动回路

子任务 8.3.3 气路调整

子任务分析

前面搭建的推料装置气动回路，经过仿真，功能符合要求。接下来要在自动线上搭建实际的气动回路。主要工作是气动回路的调速元件——单向节流阀的安装。你必须熟知安全规范，并能按照操作规范，拆下气缸排气口的管道，再安装可调单向节流阀。在确保安装可靠的前提下，进行气动系统的综合调试。

相关知识　安全操作规范

参考任务 8.1 对应部分。

子任务实施　气压流量阀安装

第一步：将气缸缩回。

第二步：关闭气源，将回路剩余压缩空气排出。

第三步：按照操作规范断开气路的连接管道。

第四步：根据节流方式，按照操作规范安装气压流量阀，连接管道，检查阀和管道安装及连接是否牢固可靠。

第五步：接通气路，检查是否漏气。

第六步：启动控制回路，观察气缸的动作是否正确。

第七步：调节流量阀阀体的旋钮，观察气缸运行速度是否改变。

第八步：根据控制要求，将气缸运行速度调至合适快慢。

第九步：使气缸缩回，关闭气源。

第十步：将所使用的各种工具、夹具、辅具及场地按照 6S 管理要求进行整理。（解决问题 4）

任务总结

　　本任务是在任务 8.1、任务 8.2 的基础上，根据推料装置新的工作要求，分析调节推料装置运动速度的气动回路功能，建立起回路的实质就是实现气缸流量调节的功能。然后从功能出发，分析出调速回路的核心元件是流量阀。使学习者明白，面对繁复杂的问题，最有效的办法就是深入分析，看透本质，抓住主干。通过对流量阀的类型、结构、工作原理、功能和应用的分析，引导学习者搭建符合功能要求的速度控制回路，并对推料装置的气动回路进行调整。最后指导读者按照规范操作，完成单向节流阀的安装。在这个过程中，采用问题引导、虚实结合、理实一体的讲解方法，让学习者明白学思践悟、知行合一的学习方法才是正确而有效的。强调职业规范和职业道德，使读者养成良好的职业素养。

项目9
识读与分析典型气压系统图

••• 项目导入 •••

项目简介

本项目以自动线分拣单元和气动搬运机械手气动系统为例,带领学习者探索系统相对简单、但控制功能复杂的气压系统图的识读方法和 PLC 控制设计的方法。同时探索在工业实际生产中如何根据主机系统功能要求选用合适的气动元件。

项目目标

1. 能识读气压系统图;
2. 能识别出工业生产中实际应用的气动元件;
3. 能设计出气动系统的 PLC 控制程序;
4. 养成安全、文明、规范的职业行为;
5. 培养敬业、精业的工匠精神;
6. 培养学生学思践悟、知行合一的学习方法。

学习路线

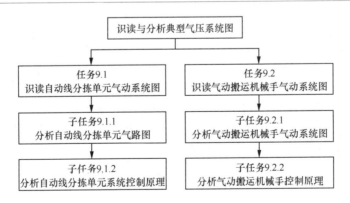

学思融合:勇于挑战

阅读本书提供的拓展资料,并思考以下问题:

1. 识读系统图时,如果不能很快读懂,你会放弃吗?

2. 面对从未遇到过的难题，你打算用什么方法解决？

3. 有哪件事是你克服了困难而坚持做，最终实现目标的？

••• 任务 9.1 识读自动线分拣单元气动系统图 •••

任务描述

主生产计划（MPS）自动线分拣单元在安装时，安装人员不能将气路图和实际的气动元件对应起来，影响安装，对 PLC 控制也不熟悉，影响调试。现在请你为安装人员培训如何识读气压回路图和 PLC 控制回路图。

在接到任务后，请根据任务描述，分析以下问题：

1. 自动线分拣单元的功能是什么？

2. 自动线分拣单元气动系统由哪些回路组成？

3. 自动线分拣单元气路图中阀 0V1 是什么元件？

4. 自动线分拣单元气路图中气动元件和实际的元件如何对应？

5. 自动线分拣单元气路如何动作？

6. 自动线分拣单元如何实现控制？

7. 自动线分拣单元气路如何安装和调试？

读者可尝试按照以下过程解决上面的问题。

子任务 9.1.1　分析自动线分拣单元气路图

子任务分析

气动技术在自动化生产中的应用日益广泛，典型应用包括机器人、各种自动化生产线、机械加工设备等。在电子产品装配、食品包装、数控加工等行业，一般采用 PLC 控制实现动作逻辑。气动系统图相对较为简单。但是在一些典型的应用场景中，会用到一些特殊的气动元件。本任务用项目 5 任务 5.1 提出的方法分析自动线分拣单元气路图，并介绍在工业场景中该如何根据系统要求选择合适的气动元件。

相关知识

一、自动线分拣单元

分拣单元一般是自动化生产线的最后一个单元，功能是将上一个单元加工好或装配好的产品按照预先设定好的分类标准进行分拣，放入不同的料仓。图 9-1-1 所示为 Festo MPS 自动化生产线，其由供料单元、取放单元、压紧单元、分拣单元（电操作手单元）四个站组成。这四个站可以自由组合，以满足各种生产要求。本任务分析分拣单元（电操作手单元）的气动系统图和控制原理。

分拣单元动作

该分拣单元可对工件颜色进行识别，能区分出"黑色"和"非黑色"工件，并将工件根据检测结果放置在不同的滑槽中，使其滑入不同的料仓。分拣单元的主要组成部分如图 9-1-2 所示。其中，电缸安装在横梁上，提升气缸与电缸通过连接盘连接，平行气爪通过连接件安装在提升气缸活塞杆末端。电缸由电动机驱动实现在横梁上左右移动，电缸移动，带动提升气缸移动到支架位置正上方，然后下降以抓取工件；在抓取工件后，提升气缸上升，电缸移动，带动提升气缸移动到滑槽正上方，然后下降，将工件放置到滑槽中。（解决问题 1）

供料单元　　　　取放单元　　　　压紧单元　　　　分拣单元

图9-1-1　Festo MPS自动化生产线

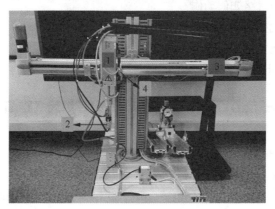

图9-1-2　分拣单元的主要组成部分

1—提升气缸；2—平行气爪；3—横梁；4—电缸

二、自动线分拣单元气动系统图元件

1. 自动线分拣单元气路图

如图 9-1-3 所示，分拣单元气路图有两个气缸，因此将此回路划分为两个子回路：提升气缸回路和平行气爪回路。

（1）提升气缸回路。提升气缸回路由气源、主换向阀 2V1、单向节流阀 2V2、单向节流阀 2V3、提升气缸组成。主换向阀 2V1 采用二位五通单电控气（空气弹簧）复位电磁换向阀。单向节流阀 2V2 实现提升气缸伸出速度的调节，单向节流阀 2V3 实现提升气缸缩回速度的调节，均采用排气节流调速。因此，此回路的功能是换向和调速。

（2）平行气爪回路。平行气爪回路由气源、主换向阀 3V1 和平行气爪气缸组成。主换向阀 3V1 也采用二位五通单电控气（空气弹簧）复位电磁换向阀。因此，此回路的功能是换向。（解决问题 2）

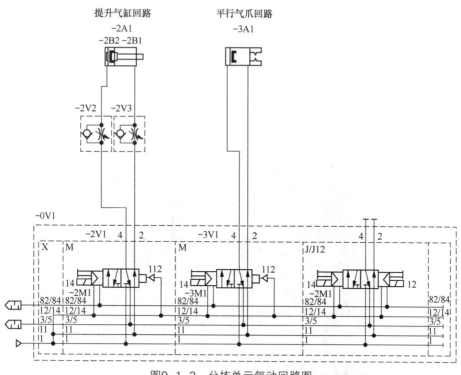

图9-1-3　分拣单元气动回路图

2. 自动线分拣单元气动元件

根据对图 9-1-3 所示的状态进行进气路和排气路分析，可得图 9-1-4 所示气路，图中红线表示进气路，蓝线表示排气路。

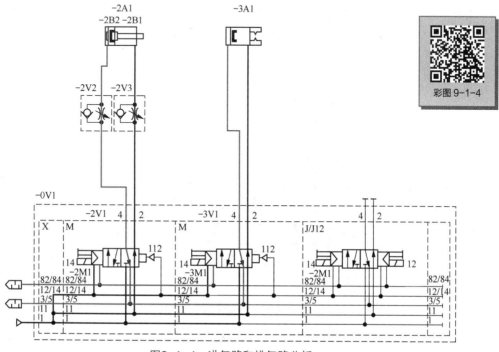

彩图 9-1-4

图9-1-4　进气路和排气路分析

由图 9-1-4 可知，阀 2V1 和阀 3V1 共用进气路、排气路，但是两阀的工作口 2 和 4 各自独立向外供气。实际上，气路图中阀 2V1 和 3V1 组成一个阀 0V1，构成了一个阀岛。

（1）阀岛的结构和接口。如图 9-1-5 所示，阀岛 0V1 由电触发单元、电磁阀、左端板和右端板组成。基座上可以安装四个电磁阀，用 0、1、2、3 表示电磁阀的安装位置，左端板上布置进气口，即气路图中的 11 口、12/14 口；右端板上布置排气口，即气路图中的 3/5 口、82/84 口。因为右端板封装在基座内，所以阀岛 0V1 的接口从外观上能看到的是进气口和电磁阀的工作口，排气口是看不到的，这一点在连接气路时要加以注意。

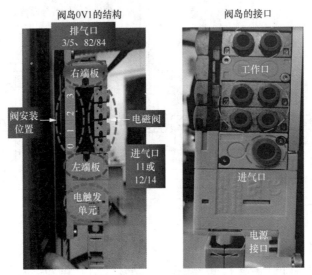

图9-1-5　阀岛的结构和接口

（2）电磁阀 2V1 和 3V1。电磁阀 2V1 和 3V1 是先导式电磁阀，气路图中先导气路如图 9-1-6 所示。

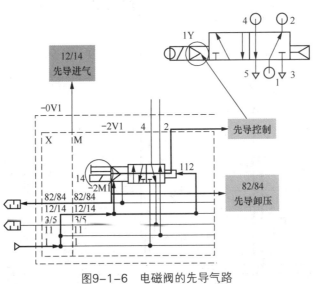

图9-1-6　电磁阀的先导气路

在工作过程中，如果电磁阀异常断电，要求提升气缸能快速退回，以防止发生碰撞事故。所以电磁阀 2V1 和 3V1 均采用压缩空气复位，在系统不通电或者突然掉电的情况下保证气缸快速退回，以保证安全性。在图 9-1-3 所示气路中，阀岛 0V1 共用进气路和排气路，其中 112 号气路表示电磁阀的复位气路，这一点与电磁阀气复位的符号不同。气路图中电磁阀 2V1 和 3V1 的等效符号如图 9-1-7 所示。（解决问题 3）

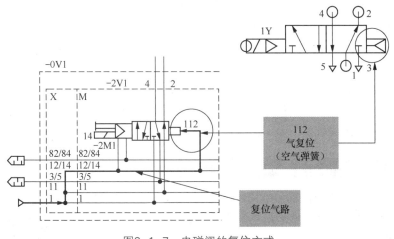

图9-1-7 电磁阀的复位方式

（3）提升气缸。如图 9-1-8 所示，提升气缸为扁平气缸，缸筒呈长方形，活塞杆呈圆形，活塞呈椭圆形。扁平气缸的优点是抗扭转、便于安装、径向尺寸小等。提升气缸在上升和下降过程中考虑到抗扭和安装空间，所以多采用扁平气缸。

（4）平行气爪。平行气爪是气爪中的一个类型，其组成部分如图 9-1-9 所示。其中，两个气爪手指由气缸驱动，该气缸又叫作手指气缸。手指气缸内有两个活塞、一个活塞杆。活塞杆与气爪手指通过两个相同的机械结构形成两个曲柄滑块机构。当活塞带动活塞杆伸出时，两曲柄滑块机构带动两个手指向外运动，即活塞杆伸出，气爪手指打开；反之活塞杆缩回，气爪手指闭合。（解决问题 4）

图9-1-8 提升气缸

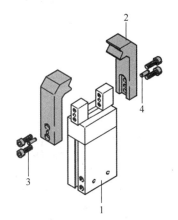

图9-1-9 平行气爪的组成部分
1—平行气爪本体；2—气爪手指；3—安装螺钉；4—定位销

三、自动线分拣单元系统动作气路

提升气缸的动作是下降（伸出）和上升（缩回），以下用"伸出"和"缩回"描述提升气缸的动作。提升气缸的动作由电磁阀 2V1 控制实现。平行气爪的动作是打开和闭合，由平行气爪气缸伸出和缩回实现，平行气爪气缸的动作由电磁阀 3V1 控制实现。

当电磁阀 2V1 中的电磁铁 2M1 通电时，电磁阀 2V1 换到左位，提升气缸无杆腔接通气源，有杆腔排气，提升气缸伸出，调节单向节流阀 2V3 中节流阀的开度，能够调节提升气缸伸出的速度；当电磁铁 2M1 断电时，压缩空气使电磁阀 2V1 复位，提升气缸有杆腔接通气源，无杆腔排气，提升气缸缩回，调节单向节流阀 2V2 中节流阀的开度，能够调节提升气缸缩回的速度。

提升气缸回路

电磁阀 3V1 的电磁铁 3M1 通电时，电磁阀 3V1 换到左位，平行气爪气缸无杆腔接通气源，有杆腔排气，平行气爪气缸伸出，气爪松开；当电磁铁 3M1 断电时，压缩空气使电磁阀 3V1 复位，平行气爪气缸有杆腔接通气源，无杆腔排气，平行气爪气缸缩回，气爪闭合。

子任务实施：绘制自动线分拣单元系统动作气路路线图

提升气缸动作气路路线图如图 9-1-10 所示，平行气爪气缸动作气路路线如图 9-1-11 所示。两图中红色粗实线表示主气路进气路，蓝色粗实线表示主气路的排气路，红色细虚线表示控制气路的进气路，蓝色细虚线表示控制气路的排气路。（解决问题 5）

彩图 9-1-10

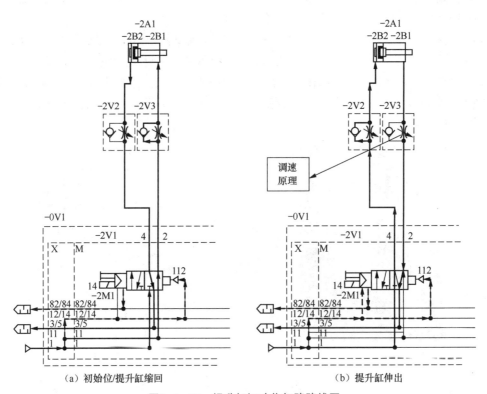

（a）初始位/提升缸缩回　　　　　　　　（b）提升缸伸出

图9-1-10　提升气缸动作气路路线图

彩图9-1-11

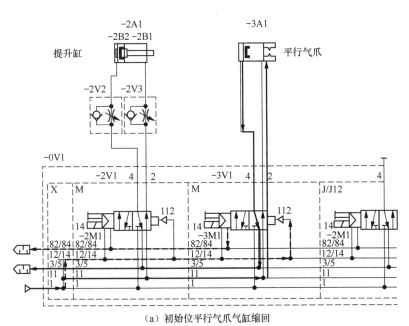

（a）初始位平行气爪气缸缩回

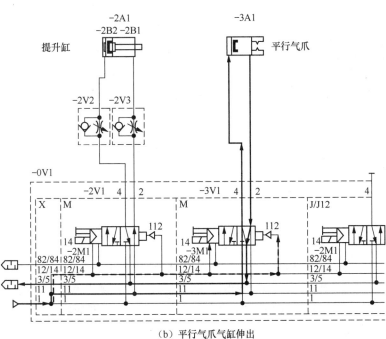

（b）平行气爪气缸伸出

图9-1-11 平行气爪气缸动作气路路线图

子任务 9.1.2 分析自动线分拣单元系统控制原理

子任务分析

前面已经绘制完成了自动线分拣单元提升气缸回路和平行气爪回路的主气路及控制气路的

路线图。两个回路的动作逻辑完全由控制气路实现，这是本任务要解决的问题。

相关知识

一、自动线分拣单元动作逻辑关系和条件分析

1. 自动线分拣单元的动作

自动线分拣单元动作流程如图 9-1-12 所示。

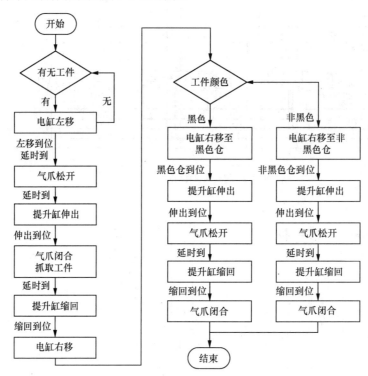

图9-1-12　自动线分拣单元动作流程

2. 自动线分拣单元动作触发条件

自动线分拣单元的传感器布置如图 9-1-13 所示。

各动作触发条件如下：Part-AV 检测支架上有无工件；1B1 检测电缸左移是否到位；2B1 和 2B2 分别检测提升气缸下降和上升的极限位置；3B1 识别工件的颜色；1B2 检测黑色仓（内侧仓）限位，1B3 检测非黑色仓（外侧仓）限位。Part-AV 和 1B1 是光电传感器，其余几个传感器都是电磁传感器。

3. 自动线分拣单元动作逻辑关系

由图 9-1-12 可知，提升气缸和平行气爪气缸的动作存在顺序逻辑关系，且两个缸的动作都是伸出和缩回。两缸动作逻辑如图 9-1-14 所示。

由图 9-1-14 可知，电缸左位抓取工件，电缸右位放置工件。抓取和放置工件时，提升气缸的动作逻辑都是先伸出后缩回，往返运动两次；平行气爪气缸同样如此。但在电缸左位抓取工件时，提升气缸先伸出，平行气爪气缸后伸出，在电缸右位放置工件时，逻辑变成平行气爪气缸先伸出，提升气缸后伸出，两缸缩回的动作逻辑相同。不管在黑色仓还是非黑色仓放置工件，放置工件的动作逻辑都相同。

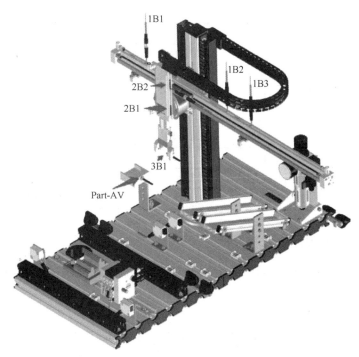

图9-1-13 自动线分拣单元的传感器布置

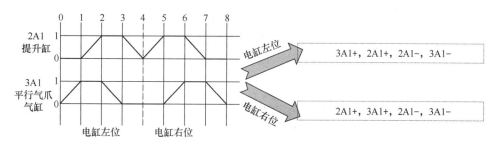

图9-1-14 提升气缸和平行气爪气缸的动作逻辑

由于采用电磁换向阀，所以两个气缸伸出和缩回动作实现的条件都是对应电磁阀的通电和断电。结合图 9-1-12，得出自动线分拣单元动作条件（表 9-1-1）。

表 9-1-1 自动线分拣单元动作条件

序号	动作	条件	触发
1	电缸左移	有工件	Part-AV 有输入
2	气爪松开	电缸左移到位，延时到	1B1，时间
3	提升气缸伸出（下降）	气爪松开延时到	时间
4	气爪闭合	提升气缸伸出（下降）到位	2B1
5	提升气缸缩回（上升）	气爪闭合延时到	时间
6	电缸右移	提升气缸缩回（上升）到位	2B2
7	右移到黑色仓	工件黑色	1B2 有输入
8	右移到非黑色仓	工件非黑色	1B2 无输入，1B3 有输入

续表

序号	动作		条件	触发
9	黑色仓放置	提升气缸伸出	电缸黑色仓，延时到	1B2，时间
10		气爪松开	提升气缸伸出（下降）到位	2B1
11		提升气缸上升	气爪松开延时到	时间
12		气爪闭合	提升气缸缩回（上升）到位	2B2
13	非黑色仓放置	提升气缸伸出	电缸非黑色仓，延时到	1B3，时间
14		气爪松开	提升气缸伸出（下降）到位	2B1
15		提升气缸上升	气爪松开延时到	时间
16		气爪闭合	提升气缸缩回（上升）到位	2B2

二、自动线分拣单元PLC控制原理

自动线分拣单元 PLC 控制回路包括 I/O 地址分配表、I/O 接线图、控制功能图或流程图、梯形图。

1．I/O 地址分配表

根据自动线分拣单元动作流程和动作条件可知，7 个传感器功能上属于 PLC 控制回路的输入元件，电磁阀 2M1 和 3M1 功能上属于 PLC 控制的输出元件。为便于操作，在输入端增加一个启动按钮、一个复位按钮。为便于观察系统状态，在输出端增加一个启动指示灯、一个复位指示灯。由于电动机不能直接接在 PLC 的输出端，将继电器 A1 和 A2 接在 PLC 输出端，由 PLC 通过控制这两个继电器实现对电动机的控制，因此输入端有 9 个电气元件，输出端有 6 个电气元件。

由此可以作出自动线分拣单元 PLC 控制的 I/O 地址分配表（表 9-1-2）。

表 9-1-2　自动线分拣单元 PLC 控制的 I/O 地址分配表

序号	名称	功能	地址	信号类型
1	Part-AV	工件有无识别	I0.0	输入
2	1S1	电缸左移限位（抓取位）	I0.1	
3	1S2	黑色（内侧）仓位	I0.2	
4	1S3	非黑色（外侧）仓位	I0.3	
5	2S1	提升气缸上限位	I0.4	
6	2S2	提升气缸下限位	I0.5	
7	3S1	工件颜色识别	I0.6	
8	S1	启动按钮	I1.0	
9	S2	复位按钮	I1.1	
10	A1	电动机正转（电缸左移）	Q0.0	输出
11	A2	电动机反转（电缸右移）	Q0.1	
12	2M1	提升气缸伸出（下降）	Q0.2	
13	3M1	平行气爪松开	Q0.3	
14			Q0.4	
15			Q0.5	

续表

序号	名称	功能	地址	信号类型
16			Q0.6	输出
17	H1	启动指示灯	Q1.0	
18	H2	复位指示灯	Q1.1	

2. I/O 接线图

PLC 的输入端有 7 个传感器、一个启动按钮、一个复位按钮，共 9 个电气元件。输出端有两个指示灯、两个继电器和两个电磁阀，共有 6 个电气元件。在画 I/O 接线图时要注意，其输入端传感器的 3 口接电源的 0V，1 口接电源的 24V，4 口是传感器的输出口，接入 PLC 输入端对应的地址。特别要注意的是，传感器不能与 PLC 共用电源，即每个传感器的电源必须由 PLC 外部电源提供。本任务使用的是直流 24V 电磁阀和继电器，其两端不用区分正负极。但是由于本任务使用的西门子 300PLC 输出端也是采用晶体管输出的，Q 点接电源 24V，所以输出端继电器和电磁阀的线圈一端接入 PLC，另一端则要接入外部电源的 0V。如果继电器和电磁阀线圈要求区分正负极时，必须注意区分线圈正极还是负极接入 PLC，另一端接入 24V 还是 0V。自动线分拣单元的 I/O 接线图如图 9-1-15 所示。

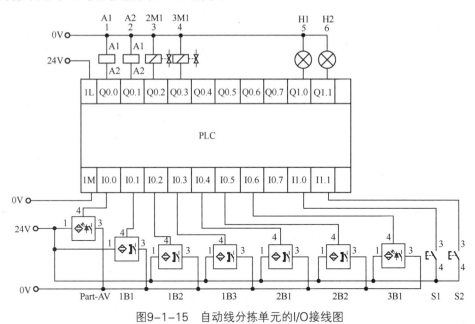

图9-1-15 自动线分拣单元的I/O接线图

3. 控制功能图/流程图

参看图 9-1-12 所示的流程图，请读者根据流程图绘制控制功能图。

4. 控制梯形图

该分拣单元动作有严格的顺序要求，所以本任务使用西门子 PLC Graph 语言进行 PLC 控制程序的编写。Graph 语言编程方法请参考西门子 PLC 相关教材，这里不再赘述。

自动线分拣单元的 PLC 控制梯形图主程序如图 9-1-16 所示；工件抓取控制程序如图 9-1-17 所示；"黑色"和"非黑色"工件放置，只有传感器 3B1 的触点使用及仓位传感器选择不同，其他部分程序均相同。"黑色"工件放置控制程序如图 9-1-18 所示，"非黑色"工件放置控制程

序如图 9-1-19 所示。（解决问题 6）

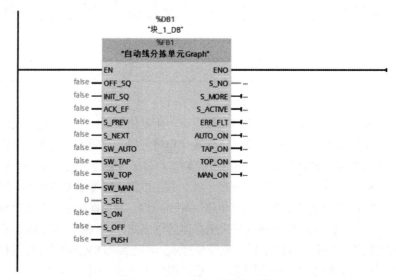

图9-1-16　主程序调用DB块

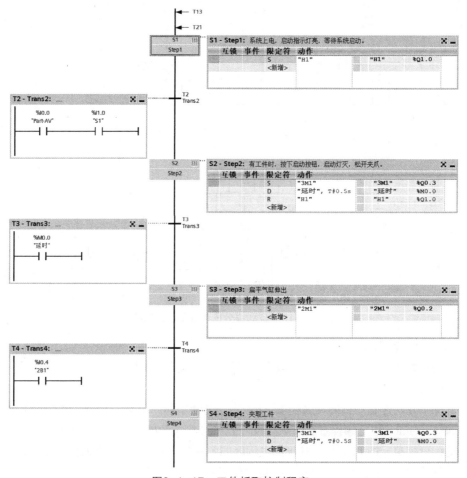

图9-1-17　工件抓取控制程序

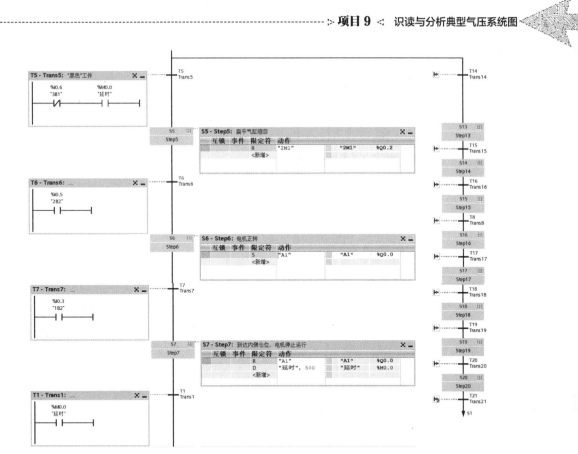

图9-1-17 工件抓取控制程序（续）

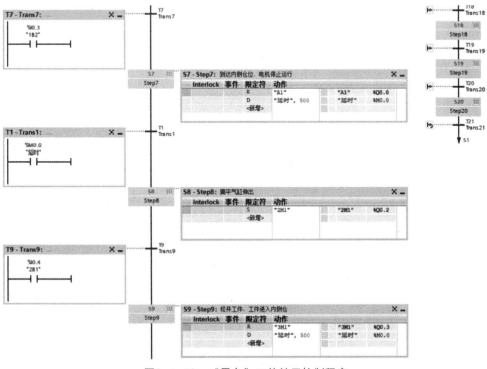

图9-1-18 "黑色"工件放置控制程序

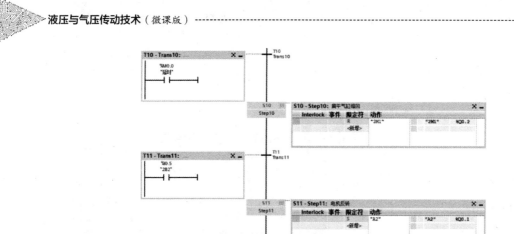

图9-1-18 "黑色"工件放置控制程序（续）

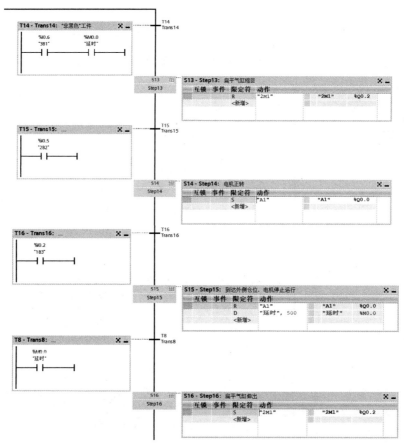

图9-1-19 "非黑色"工件放置控制程序

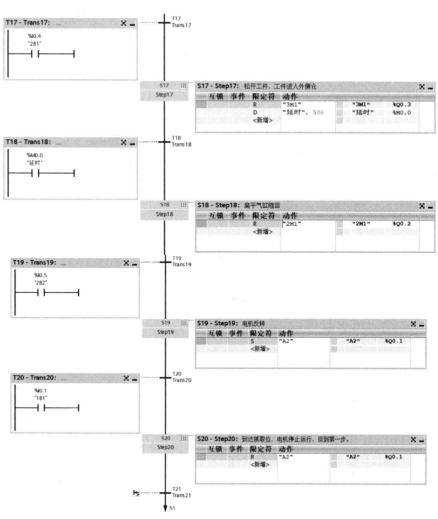

图9-1-19 "非黑色"工件放置控制程序(续)

子任务实施 自动线分拣单元的气路安装与调试

现在安装人员已经识别清楚了气路图的每个元件和电路图,下面进行气路的安装与调试。

一、安全操作规范

(1)按规定穿戴好劳保用品。

(2)调整气路前,必须将气缸缩回,不允许活塞杆裸露在外。

(3)调整气路前,将气缸缩回后,必须确保切断气源,禁止带压操作。

(4)电缆、气管、水管必须分开布置,当电缆和气管连接到移动模块时,所有电缆和气管一起布置是首选。

(5)气管和电缆需用绑扎带和电缆固定座固定。气动接头到第一根绑扎带的距离为60mm±5mm,气管两根绑扎带之间的距离不超过50mm,绑扎带切割不能留余太长,必须小于1mm,以免伤人,且绑扎不能出现气管缠绕、绑扎带变形现象。

（6）所有元件和模块必须紧固。

（7）所有的气缸和工件移动时不得发生碰撞。

（8）所有穿过拖链的电缆和气管都必须固定在拖链末端，使用绑扎带固定。

（9）安装气管时必须将气管垂直插入接口，禁止倾斜插入接口；拆卸气管时，必须一手将接口上的蓝色锁紧装片向下压，同时另一手轻轻垂直向上拔起气管。禁止暴力拆卸气管。

（10）在气缸运动的行程上不允许摆放任何工具、工件及其他物品。

（11）禁止在手动调试前启动电控系统。手动调试时必须使用专用工具——螺钉旋具，禁止用任何尖锐的物品接触手动操作装置。

（12）接通气源前必须保证所有的气动元件和气管安装牢固可靠。

（13）在气缸运动过程中，不允许用任何物品触碰气缸活塞杆。

（14）管路尽量平行布置，减少交叉，力求最短，转弯最少，并考虑到能自由拆装。

（15）应注意阀的推荐安装位置和标明的安装方向。

二、气路安装与调试

第一步：对照气路图，找准每个气动元件及接口位置。

第二步：确保关闭气源，接通系统电源，将气缸缩回，观察传感器 2S1 是否有信号。

第三步：按照规范连接提升气缸气路，并按照规范将气管装入线槽。在安装无杆腔管道时，务必将气缸伸出到下限位，以确定管道的长度。

第四步：在支架上放置一黑色工件，接通气源，先将两节流阀开度开到最大。接通系统电源，用手移动电缸到抓取位置上方，即观察到传感器 1S1 有信号，然后用螺钉旋具轻轻压下电磁阀 2M1 的手动操作装置，并锁定。观察提升气缸能否正常伸出，传感器 2S2 是否有信号，观察传感器 3S1 是否有信号。如果以上信号都正常，说明安装正确。如果安装位置不合适则要移动线槽，调整气路。

第五步：规范地复位电磁阀 2M1 手动操作装置，观察提升气缸能否快速地缩回到上限位。

第六步：再次规范按下电磁阀 2M1 的手动操作装置，先调整单向节流阀 2V3 的开度，由大到小变化，观察提升气缸伸出的速度是否在变小；然后手动复位电磁阀 2M1，调整单向节流阀 2V2 的开度，由大到小变化，观察提升气缸缩回的速度是否在变小。

第七步：调整完成后，关闭气源。

第八步：用同样的方法连接平行气爪气路。

第九步：接通气源，手动调整平行气爪气路，方法可参考提升气缸的手动调整。

第十步：将所使用的各种工具、夹具、辅具及场地按照 6S 管理要求进行整理。（解决问题 7）

阀岛进气路连接　　提升气缸进气路连接　　提升气缸气路手动调试　　平行气爪进气路连接　　节流阀的安装与调试

任务总结

本任务讲解了自动线分拣单元气路图的识读、PLC 控制原理、气路连接的规范、连接步骤以及手动调试方法。再次让学习者明白气路的连接与调试必须建立在正确识读气动系统图的基础上,还必须理解气动系统的控制原理。因此必须合理结合气动技术、控制技术、安全操作规范才能完成气路图的连接与调试。这为学习者提供一种非常好的学习方法。

••• 任务 9.2　识读气动搬运机械手气动系统图 •••

任务描述

任务 9.1 中已经为自动线安装和调试人员培训了如何根据气动系统原理图进行气动系统安装,以及如何根据 PLC 控制回路图进行功能调试,本任务通过自动线上的气动搬运机械手气动系统图,为安装和调试人员巩固气动系统的安装和调试。

子任务 9.2.1　分析气动搬运机械手气动系统图

子任务分析

本任务认识气动搬运机械手的动作,识读气动系统图,并根据其动作绘制气动搬运机械手动作的气路图。

相关知识

一、认识气动搬运机械手

机械手是模仿人的手部动作,按给定程序、轨迹和要求实现自动抓取、搬运和操作的自动装置。图 9-2-1 所示为本任务自动线上气动搬运机械手结构图。

搬运作业是指用一种工具夹持工件,将工件从一个位置移动到另一个位置。主要实现搬运作业的机械手称为搬运机械手。采用气压驱动的搬运机械手就是气动搬运机械手,主要由手部、运动机构和控制系统三大部分组成。

其中,旋转气缸、提升气缸、伸缩双联气缸属于机械手的运动机构,气动手爪是实现抓取动作的手部,PLC 构成其控制系统。

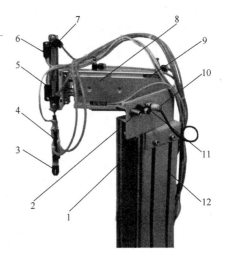

图9-2-1　气动搬运机械手结构

1—旋转气缸;2—定位螺栓;3—气动手爪;4、6、9—磁性开关;5—提升气缸;7—节流阀;8—伸缩双联气缸;10—接近开关;11—缓冲阀;12—安装支架

二、识读气动搬运机械手动作气路图

1. 气动搬运机械手的动作

气动搬运机械手的动作一般包括手爪的松开和夹紧、手爪的竖直上升和下降、机械手的水平伸出和缩回及机械手的旋转。气动搬运机械手的动作如图9-2-2所示。

动作过程是：按下启动按钮，机械手由安全位置移动到抓取位置，机械手下降，气爪夹紧抓取工件，机械手上升，旋转到放置位置，机械手下降，气爪松开放置工件，机械手复位。所以，其动作顺序如图9-2-3所示。

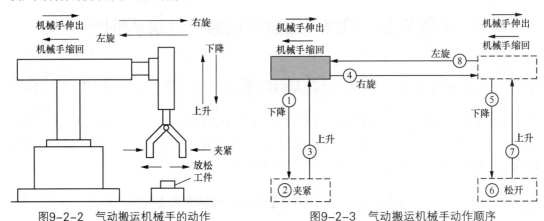

图9-2-2　气动搬运机械手的动作　　　　图9-2-3　气动搬运机械手动作顺序

机械手左位为其初始位置，工作位置为右位。所以其安全位置在左位。

2. 气动搬运机械手气路图

气动搬运机械手气路如图9-2-4所示。图中，提升气缸实现机械手上升和下降，伸缩双联气缸实现机械手的伸出和缩回，手爪气缸实现手爪的松开和夹紧，旋转气缸实现机械手的左旋和右旋。根据功能，该气路系统图分为手爪、提升、伸缩和旋转四个子系统，每个子系统气路都是由气源、主换向阀、节流阀和气缸组成的，构成换向和调速回路，气路相对简单，在此不再赘述气路分析方法。

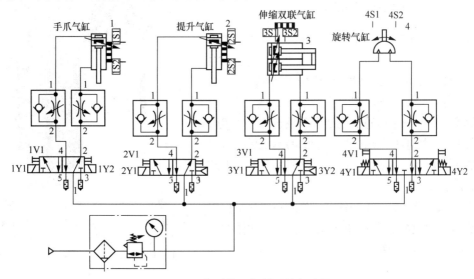

图9-2-4　气动搬运机械手的气路图

由于在机械手上升和下降、气爪松开和夹紧、机械手水平伸出和缩回的动作中，不允许气缸停留，因此提升气缸、气爪气缸和伸缩双联气缸的主换向阀至少选用二位四通电磁阀。当机械手旋转到位后，在固定位置上实现抓取和放置工件，旋转气缸的主换向阀至少选用三位四通电磁换向阀。在气动系统中，一般选择五通阀，其中一个口作为备用。对于提升气缸，从安全角度考虑，在系统未通电或者突然掉电的情况下，要求气缸能快速缩回。因此也应选择气复位方式，其他几个电磁阀则选用弹簧复位方式。

3. 气动搬运机械手气动元件

在图9-2-4 所示的气路图中，用到伸缩双联气缸，这和其他项目中讲解的气缸有所不同，所以下面来认识一下这种气缸。

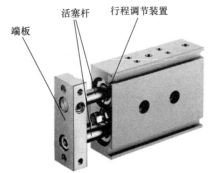

图9-2-5 伸缩双联气缸

如图9-2-5 所示，伸缩双联气缸的活塞缸筒呈扁平状，活塞杆呈圆形。它是将两个单杆气缸并联成一体，两活塞杆又由端板连成一体的气缸，用于要求导向精度高的场合。

伸缩双联气缸的优点是：两个活塞杆均匀承载，动作平滑，寿命长。活塞杆的支承部分较长，能承受一定的横向载荷。由于两活塞杆并联，因此其输出的推力比单活塞杆输出的推力大一倍。两活塞杆由端板连接，所以抗回转精度高。端板上三面都有安装孔，便于多方位安装其驱动的运动机构。

机械手正反转由旋转气缸驱动，实现机械手在抓取位置和放置位置之间做 90°旋转。其余气动元件请参阅项目 7 和项目 8。

子任务实施　绘制气动搬运机械手动作气路路线图

由前文分析，做出气动搬运机械手每个动作气路路线图，如图9-2-6、图9-2-7 所示。其中，两个气路图中红色粗实线表示主气路进气路，蓝色粗实线表示主气路的排气路。

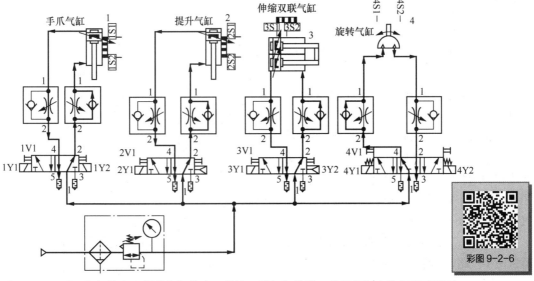

图9-2-6　手爪气缸伸出、提升气缸伸出、伸缩双联气缸伸出、旋转气缸左旋气路线图

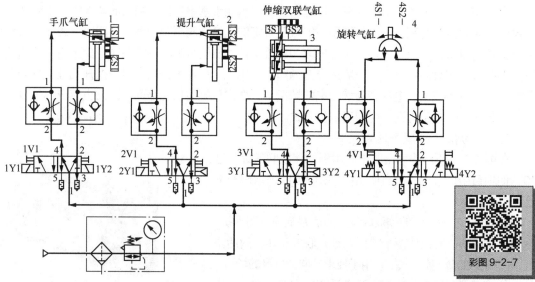

彩图9-2-7

图9-2-7　手爪气缸缩回、提升气缸缩回、伸缩双联气缸缩回、旋转气缸右旋气路路线图

子任务 9.2.2　分析气动搬运机械手控制原理

子任务分析

前面已经绘制完成了气动搬运机械手每个动作的气路路线图。两个回路的动作逻辑完全由控制实现，这是本任务要解决的问题。

相关知识

一、分析气动搬运机械手动作逻辑关系和条件

1. 气动搬运机械手动作流程图

气动搬运机械手动作流程图如图 9-2-8 所示。

2. 气动搬运机械手动作逻辑关系和条件分析

气动搬运机械手的动作逻辑是顺序，其抓取工件和放置工件的动作只有气爪的动作逻辑有变化，其他动作完全相同。对应到图 9-2-4 所示气路图，机械手的伸缩、升降、气爪松开和闭合及旋转都是由电磁阀控制气缸来实现的，因此结合气路图，给出气动搬运机械手气路动作条件，见表 9-2-1。

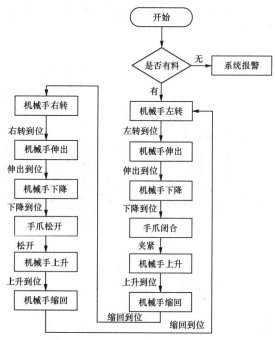

图9-2-8　气动搬运机械手动作流程图

250

表 9-2-1 气动搬运机械手气路动作条件

序号	机械手动作	对应气动元件动作	条件	电磁阀动作	触发元件及名称
1	机械手左转	旋转气缸左转	有料	4Y1+	物料检测光电传感器 1S1 有信号
2	机械手伸出	伸缩双联气缸伸出	左转到位	3Y1+	行程开关 4S1
3	机械手下降	提升气缸伸出	伸缩双联气缸伸出到位	2Y1+	行程开关 3S2
4	手爪闭合	手爪气缸缩回	提升气缸伸出到位	1Y2+	行程开关 2S2
5	机械手上升	提升气缸缩回	气爪夹紧	2Y1−	行程开关 1S1
6	机械手缩回	伸缩双联气缸缩回	提升气缸缩回到位	3Y2+	行程开关 2S1
7	机械手右转	旋转气缸右转	伸缩双联气缸缩回到位	4Y2+	行程开关 3S1
8	机械手伸出	伸缩双联气缸伸出	右转到位	3Y1+	行程开关 4S2
9	机械手下降	提升气缸伸出	伸缩双联气缸伸出到位	2Y1+	行程开关 3S2
10	手爪松开	手爪气缸伸出	提升气缸伸出到位	1Y1+	行程开关 2S2
11	机械手上升	提升气缸缩回	气爪松开	2Y1−	行程开关 1S2
12	机械手缩回	伸缩双联气缸缩回	提升气缸缩回到位	3Y2+	行程开关 2S1
13	机械手左转	旋转气缸左转	伸缩双联气缸缩回到位	4Y1+	行程开关 3S1
14	机械手停止		左转到位	所有电磁铁断电	行程开关 4S1

二、气动搬运机械手PLC控制原理

气动搬运机械手 PLC 控制回路包括 I/O 地址分配表、I/O 接线图、控制功能图或流程图、梯形图。

1. I/O 地址分配表

根据气动搬运机械手动作流程和动作条件可知，传感器 1S1、1S2、2S1、2S2、3S1、3S2、4S1、4S2 这 8 个行程开关为 PLC 控制回路的输入元件，电磁阀 1Y1、1Y2、2Y1、3Y1、3Y2、4Y1、4Y2 这 7 个电磁阀为 PLC 控制回路的输出元件。因此，加上识别有无料的传感器 1B1，PLC 的输入端有 9 个电气元件，输出端有 7 个电气元件。由此可以给出气动搬运机械手 PLC 控制的 I/O 地址分配表（表 9-2-2）。

表 9-2-2 气动搬运机械手 PLC 控制的 I/O 地址分配表

序号	名称	功能	地址	信号类型
1	1B1	有无料识别	I0.0	
2	1S1	气爪夹紧到位	I0.1	
3	1S2	气爪松开到位	I0.2	
4	2S1	提升气缸缩回到位（上限位）	I0.3	输入
5	2S2	提升气缸伸出到位（下限位）	I0.4	
6	3S1	伸缩双联气缸缩回到位（上限位）	I0.5	

续表

序号	名称	功能	地址	信号类型
7	3S2	伸缩双联气缸伸出到位（下限位）	I0.6	
8	4S1	机械手左转到位	I0.7	输入
9	4S2	机械手右转到位	I1.0	
10	1Y1	手爪气缸伸出（松开）	Q0.0	
11	1Y2	手爪气缸缩回（夹紧）	Q0.1	
12	2Y1	提升气缸伸出（下降）	Q0.2	
13	3Y1	伸缩双联气缸伸出	Q0.3	输出
14	3Y2	伸缩双联气缸缩回	Q0.4	
15	4Y1	机械手左转（旋转缸左转）	Q0.5	
16	4Y2	机械手右转（旋转缸右转）	Q0.6	

2. I/O 接线图

气动搬运机械手的 I/O 接线图如图 9-2-9 所示。

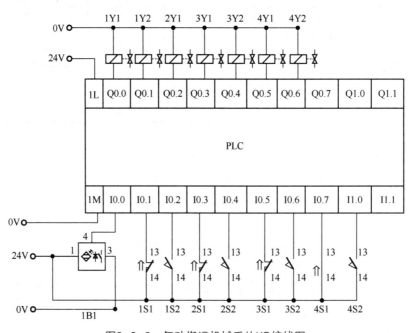

图9-2-9　气动搬运机械手的I/O接线图

3. 控制功能图/流程图

参看图 9-2-8 所示的流程图，请读者根据流程图做出控制功能图。

子任务实施　气动搬运机械手的 PLC 控制程序设计和气路的安装与调试

PLC 控制梯形图如图 9-2-10 所示。

气路的安装与调试，参考任务 9.1 对应部分。

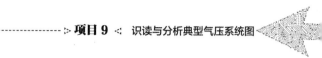

▼ **网络1：** 复位完成后，开始等待工件并进行搬运。

```
%M0.0
"复位完成"                MOVE
  ┤ ├──────────────EN    ENO─────────────────────────────
              1─── IN
                        OUT1── %MW1
                              "工序号"
```

▼ **网络2：** 机械手左转(旋转气缸械转)

```
%MW1              %I0.0                                    %Q0.6
"工序号"           "1B1"                                    "4Y2"
 ══                                                        ─( R )─
 Int ├───────────┤ ├────┬─────────────────────────────────
  1                     │
                        │                                 %Q0.5
                        │                                 "4Y1"
                        ├─────────────────────────────────( S )─
                        │
                        │               ADD
                        │               Int
                        └────────────EN    ENO────────────
                              %MW1                  %MW1
                             "工序号"── IN1     OUT── "工序号"
                                  1─── IN2
```

▼ **网络3：** 伸缩气缸伸出

```
%I0.7            %MW1                                      %Q0.4
"4S1"            "工序号"                                   "3Y2"
 ┤ ├──────────── ══ ├────┬─────────────────────────────────( R )─
                 Int     │
                  2      │                                %Q0.3
                        │                                 "3Y1"
                        ├─────────────────────────────────( S )─
                        │
                        │               ADD
                        │               Int
                        └────────────EN    ENO────────────
                              %MW1                  %MW1
                             "工序号"── IN1     OUT── "工序号"
                                  1─── IN2
```

▼ **网络4：** 提升气缸伸出(下降)

```
%I0.6            %MW1                                      %Q0.2
"3S2"            "工序号"                                   "2Y1"
 ┤ ├──────────── ══ ├────┬─────────────────────────────────( S )─
                 Int     │
                  3      │
                        │               ADD
                        │               Int
                        └────────────EN    ENO────────────
                              %MW1                  %MW1
                             "工序号"── IN1     OUT── "工序号"
                                  1─── IN2
```

图9-2-10　气动搬运机械手PLC控制梯形图

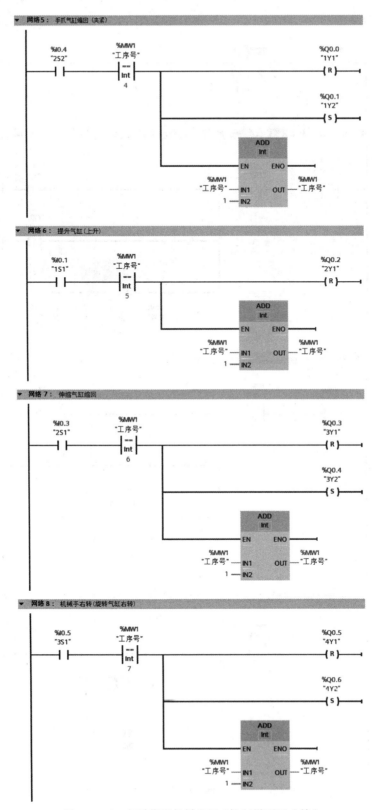

图9-2-10　气动搬运机械手PLC控制梯形图（续）

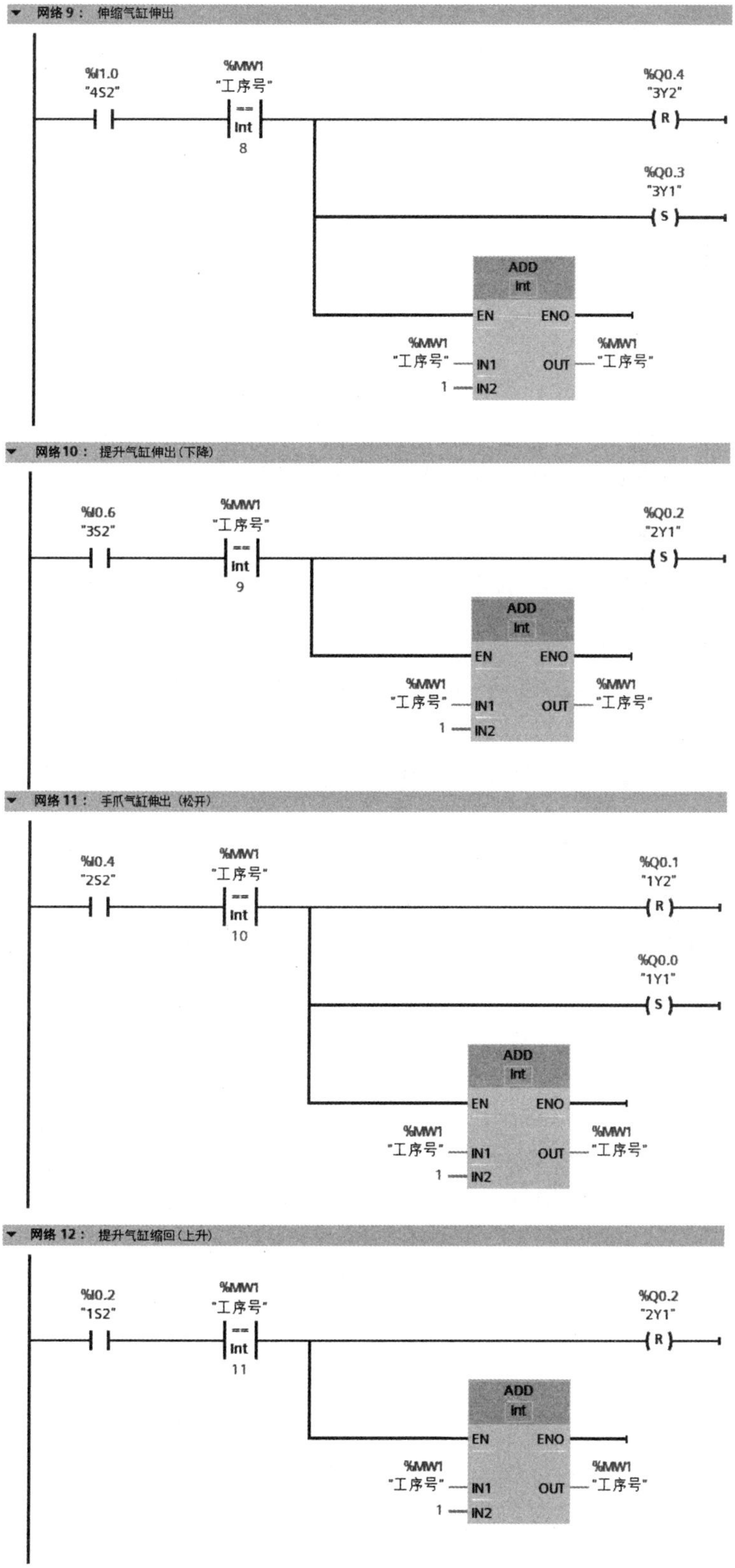

网络 9： 伸缩气缸伸出

```
%I1.0        %MW1                                              %Q0.4
"4S2"        "工序号"                                          "3Y2"
 ┤├          ═══┤├                                           ──( R )──
              Int
              8
                                                              %Q0.3
                                                              "3Y1"
                                                             ──( S )──

                              ADD
                              Int
                          EN      ENO
              %MW1                              %MW1
              "工序号" ─ IN1    OUT ─ "工序号"
                    1 ─ IN2
```

网络 10： 提升气缸伸出（下降）

```
%I0.6        %MW1                                              %Q0.2
"3S2"        "工序号"                                          "2Y1"
 ┤├          ═══┤├                                           ──( S )──
              Int
              9
                              ADD
                              Int
                          EN      ENO
              %MW1                              %MW1
              "工序号" ─ IN1    OUT ─ "工序号"
                    1 ─ IN2
```

网络 11： 手爪气缸伸出（松开）

```
%I0.4        %MW1                                              %Q0.1
"2S2"        "工序号"                                          "1Y2"
 ┤├          ═══┤├                                           ──( R )──
              Int
              10
                                                              %Q0.0
                                                              "1Y1"
                                                             ──( S )──

                              ADD
                              Int
                          EN      ENO
              %MW1                              %MW1
              "工序号" ─ IN1    OUT ─ "工序号"
                    1 ─ IN2
```

网络 12： 提升气缸缩回（上升）

```
%I0.2        %MW1                                              %Q0.2
"1S2"        "工序号"                                          "2Y1"
 ┤├          ═══┤├                                           ──( R )──
              Int
              11
                              ADD
                              Int
                          EN      ENO
              %MW1                              %MW1
              "工序号" ─ IN1    OUT ─ "工序号"
                    1 ─ IN2
```

图9-2-10 气动搬运机械手PLC控制梯形图（续）

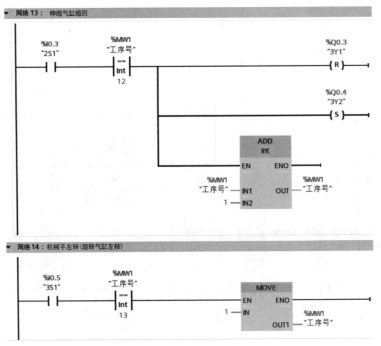

图9-2-10　气动搬运机械手PLC控制梯形图（续）

任务总结

本任务以气动搬运机械手为例，再次强化任务 9.1 提出的气动系统图识读方法、PLC 控制原理的理解、气动系统的安全操作规范及安装调试方法，为气动系统的安装和调试打下坚实的基础，也为学习者提供了一种气动系统 PLC 控制回路的设计方法。